感控视角下医院建筑布局

ARCHITECTURAL LAYOUT OF
HOSPITAL BUILDINGS FROM THE PERSPECTIVE
OF INFECTIOUS CONTROL

姜亦虹　李　阳　编著

东南大学出版社
SOUTHEAST UNIVERSITY PRESS
·南京·

图书在版编目(CIP)数据

感控视角下医院建筑布局 / 姜亦虹，李阳编著.
— 南京：东南大学出版社，2022.10
ISBN 978 - 7 - 5766 - 0245 - 6

Ⅰ. ①感… Ⅱ. ①姜… ②李… Ⅲ. ①医院-建筑设
计 Ⅳ. ①TU246.1

中国版本图书馆 CIP 数据核字(2022)第 172028 号

责任编辑：张 慧 责任校对：子雪莲 封面设计：余武莉 责任印制：周荣虎

感控视角下医院建筑布局
Gankong Shijiao Xia Yiyuan Jianzhu Buju

编　　著	姜亦虹 李 阳
硬笔书法	向隆鸣
出版发行	东南大学出版社
社　　址	南京四牌楼 2 号　邮编：210096　电话：025 - 83793330
网　　址	http://www.seupress.com
电子邮件	press@seupress.com
经　　销	全国各地新华书店
印　　刷	江阴金马印刷有限公司
开　　本	787 mm×1092 mm　1/16
印　　张	17.25
字　　数	450 千字
版　　次	2022 年 10 月第 1 版
印　　次	2022 年 10 月第 1 次印刷
书　　号	ISBN 978 - 7 - 5766 - 0245 - 6
定　　价	120.00 元

＊ 本社图书若有印装质量问题，请直接与营销部调换。电话(传真)：025 - 83791830。

作者简介

姜亦虹

研究员，毕业于南京医学院医学专业；就职于南京大学医学院附属鼓楼医院感染管理办公室，曾任科主任。 曾任江苏省医院感染管理质控中心主任、南京市医院感染监控中心主任。

从事感染管理工作 20 余年，在医院感染相关监测、监督管理及重点部门建筑布局设计审核等方面积累了丰富经验。

李阳

副主任医师，南京大学医学院附属鼓楼医院感染管理办公室感控科科长。 兼任江苏省医院感染管理质控中心秘书、中国卫生监督协会消毒与感染控制专业委员会委员、中华预防医学会第六届消毒分会青年委员、江苏省预防医学会突发急性传染病防控学组组员。

从事感控工作十余年，先后获得中国医院协会医院感染管理专业委员会 2017 年度"全国优秀医院感染管理青年学者"、中华预防医学会医院感染控制分会第三届"百佳青年感控之星"等荣誉称号；入选"十三五"南京市卫生青年人才培养工程；获江苏省新技术引进奖一等奖一项。

前言
PREFACE

三十年砥砺前行，感染管理工作内容及内涵质量有了长足进步，也得到了越来越多行政主管部门及医疗机构的重视。很多地区已经将医疗机构新建或改扩建建筑布局设计图纸指导与审核纳入感染管理常规工作中，从建筑布局流程上为临床感控打好硬件基础。两位笔者长期从事感染管理工作，分别担任江苏省医院感染管理质控中心主任及秘书职务，参与了大量医院建筑图纸指导及审核工作，也在任期内多次参加等级医院评审、医院感染管理专项检查，在建筑布局指导及审核方面积累了大量实际工作经验。在工作中，笔者发现有的感控专家为了遵循感控相关规范和标准，指导医院进行布局流程改造时极少考虑实用性，致使改造后的布局只能应付检查，而在实际工作中难以使用，造成了极大浪费，在临床工作人员中造成了不良影响。与此同时，不同专家对待同一布局的检查指导意见也不一致，医院即使按照专家意见反复整改仍难以保证下次检查时完全符合要求，处于两难境地。另外，建筑设计师由于没有临床工作经历，只能按照规范要求去布局，从理论上讲符合感控相关规范，但缺乏实用性。近两年来全球新冠肺炎疫情肆虐，大量医疗机构在新建、改建发热门诊，如何做到既符合规范要求又满足工作流程需要，同时兼顾平疫结合，建筑布局感控审核成为热门话题。由此，笔者萌生了撰写一本书来重点介绍实际工作流程与感控规范相结合的建筑布局的想法，我们应该提倡"心存善念、换位思考的感控审核"，应站在使用者的角度去看规范

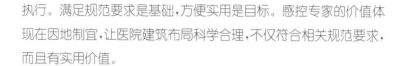

执行。满足规范要求是基础,方便实用是目标。感控专家的价值体现在因地制宜,让医院建筑布局科学合理,不仅符合相关规范要求,而且有实用价值。

本书从科学感控角度对建筑布局进行讨论,并非照搬规范和标准,而是对于规范和标准部分内容进行论证,并对其科学性和必要性提出思考。另外,对实际工作中常见的问题,本书从专业角度给予了解答,以期抛砖引玉,起到启发医疗机构内从事感控工作的专业人员冷静思考感控专业问题的作用。

本书编写及出版得到了重庆医药集团感控科技有限公司的大力支持,书中建筑布局图纸部分由南京回归建筑环境设计研究院有限公司、伍兹贝格建筑设计咨询(上海)有限公司鲍天慧、山东新华医疗器械股份有限公司协助完成。本书撰写期间得到南京大学医学院附属鼓楼医院刘婷、钱静、林泓怡、宋培新,东南大学附属中大医院朱亚东、朱敏生,江苏省中医院黄进、孙慧,苏州市立医院本部张骏骥,沭阳县中医院杨静,东台市人民医院孟德华,江阴市中医院时英,江阴市人民医院赵苑,淮安市洪泽区人民医院朱玉艳,如东市人民医院胡旭等同志的指导及帮助,特此致谢!

由于笔者水平有限,难免管中窥豹,不当之处,敬请批评指正。

姜亦虹

2022 年 9 月

目录
CONTENTS

第一章

概论

自中华人民共和国建立以来，我国对于卫生健康事业的投入不断增加，特别是在经济飞速发展的今天，政府部门关注民生，注重民众健康，越来越多的医院在新建、改建或扩建。医院建筑有别于其他公共建筑，其建筑布局、功能划分复杂且具有很强的专业性。医院不仅有诊室、抢救室、病房、各种辅助检查室等共性医疗用房，还有手术室、产房、血液净化中心等专业医疗用房，水、电、气、污水处理、各种中心气体供应等均需要合理设置；同时，医院还有生活辅助（患者生活辅助、工作人员生活辅助）区域、科研教学区域等，应从多维度去规划建筑布局和功能划分。2019年新型冠状病毒肺炎疫情发生以来，大家切身感受到了传染病的危害，感染相关诊治场所的建筑标准及要求也在不断更新。如何建设符合规范的发热门诊及隔离病房成为近年医院建筑规划与设计的热门课题。

对于新建或改建医院而言，医院管理者应做好长期规划，在资金充足的情况下可以一次性规划和建设，做到新医院建成后十年甚至更长时间内满足临床需要无须改扩建。但许多医院由于各种牵绊无法一次建设到位，此类医院可一次做好长期规划，分步实施，以确保医院整体规划的完整性，不应反复临时改建去满足发展需求，致使医院整体布局凌乱不堪。

医院感染管理即各级卫生行政部门、医疗机构及医务人员针对诊疗活动中存在的医院感染、医源性感染及相关危险因素进行预防、诊断和控制活动。感染管理工作包括医院感染相关监测（医院感染病例监测、消毒灭菌效果监测、环境卫生学监测）、感染风险评估及干预、重点部门监督管理、培训与教育等，其中，感控重点部门的建筑布局设计图纸审核也是非常重要的感染管理工作之一。只有将感控工作流程融入建筑布局中，才能达到事半功倍的效果。

近年来，政府投资新医院建设常采用第三方代建方式，专业的人做专业的事，大大减轻了医院的压力，对投入资金及建设进度等也有较好把握。但应做好沟通与衔接，如医疗机构如何介入，承建方是否遵循使用方意见调整施工方案等。医院建筑布局调整涉及建立新工作流程，在设计之初要预留充足时间给医疗机构对建筑布局进行论证。部分新建医院在交付后就开始着手改建以使其与工作流程相适应，造成极大浪费，这是应该避免发生的憾事。

医院建筑设计阶段主要包括：前期项目立项及设计策划阶段、规划设计阶段（包括一级流程设计阶段、二级流程设计阶段）、优化设计阶段（以三级流程设计为主）、施工图设计阶段。感控思维应融入整个设计阶段，应在规划设计方案完成后进行医疗临床及感控审核，对设计方案从实际应用方面进行优化。工艺流程设计应在施工图设计开始前完成，至少与施工图设计同步进行。但现实中常因规划设计和工艺流程设计分属不同设计单位，设计进度难以衔接，出现边施工边做流程设计的情况，这样一旦感控流程审核有问题需要调整，就会影响施工进度，同时也会造成浪费。在施工完成后才进行感控审核会造成巨大浪费。医院新建或改建不同设计阶段的感控关注重点详见表1-0-1。

表1-0-1　医院新建或改建不同设计阶段的感控关注重点一览表

建筑设计阶段	同期工艺流程设计	感控关注重点
项目立项与设计策划		进行感控风险评估，避免发生原则性错误，如： ・儿童医院与传染病院紧邻； ・传染病院设置在市区人流密集处或幼儿园旁； ・全辖区所有防护用品库设置在传染病医院内； ・综合性医院不设置发热门诊等
规划设计方案	一级流程设计	进行不同感控风险等级区域设置评估 评估平疫结合人流、物流动线可行性与楼宇之间关系的合理性及可行性 评估医院出入口设置的合理性 评估空调分区设置的合理性，如： ・按照不同科室设置楼宇（外科楼、内科楼、感染楼等）； ・发热门诊位置设置及交通； ・医疗废物暂存地及污水处理位置设置及交通等
	二级流程设计	评估感控重点部门相互之间关系的合理性 评估重点部门人流物流动线的合理性，如：手术部与手术科室的位置及交通，手术室与消毒供应室的位置及交通，ICU与手术室等的位置及交通，产房与产科、新生儿室的相对位置及交通，临床科室与医技部门的位置及交通等
规划设计方案应有临床部门和感控部门参与意见		
优化设计方案	三级流程设计	评估各重点科室内部布局相应规范要求体现及合理性、实用性，如： ・呼吸道传染病收治病区的"三区两通道两缓冲间"； ・非呼吸道传染病收治病区的"三区两通道"； ・非传染病收治科室及部门的工作区域、辅助区域设置的实用性等

续表

建筑设计阶段	同期工艺流程设计	感控关注重点
施工图设计方案	四级流程设计	评估重点科室内部具体房间内物品摆放的合理性,如: • 消毒供应室去污区里的清洗流程与设备摆放顺序; • 病区治疗室洗手池的位置; • 急诊抢救室应急插管的位置; • 中医治疗室排烟口的位置等
施工设计方案及四级流程设计方案应经过感控审核,审核通过后开始施工; 应避免进入施工阶段后才做感控流程审核,以免造成改动困难及浪费		

　　医院建筑规划设计阶段应有使用单位参与,医院各科室布局应遵循各自工作流程;满足国家相关规范是基础,符合实际工作流程或做好实际工作流程再造是关键。不同科室各有特点,相应布局也不尽相同。不论是前期设计还是感控流程审核,应充分尊重使用部门意见,做到不仅符合国家规范及标准,也符合实际应用中流程再造,方便、便捷、实用性强。作为感控专业审核应做到心存善念、换位思考。高质量感控专业审核目标:懂得因地制宜、临床实用、便捷的操作流程及相应布局同时符合国家规范及标准。切忌仅遵守国家规范及标准,但在临床实际工作中难以使用,最后演变为应付检查及评审时采用该流程及布局,日常工作时走捷径。

　　在工程建设同期,医院应有领导负责临床对接工作,新建医院单元分配及其负责人指定工作宜同期进行,为建成后交接及进驻提前做好准备。在工艺设计滞后于施工图或改建某科室内部布局时,使用科室在施工过程中宜跟进施工中具体细节,如确定治疗室洗手池及各种电插座位置,确定消毒供应室与手术室之间电梯开口位置及高度,确定内镜室清洗消毒间各种清洗槽位置、顺序等;同时,对于共用单元负责人应尽早确定,避免几个科室共用的场所在进驻时发生各科室抢占地盘或在进驻后各自为政重新划分布局等事件。以DSA为例,使用DSA的科室有放射科、血管科、脑外科、心内科等,医院应事先确定是各科室单独建设还是整合建设。如果各科室都建DSA手术室,则要考虑各自相应的辅助用房设置;如果将DSA整合在一起,则应让各科室负责人了解共用情况,事先对布局做到心中有数。推荐DSA作为平台科室,指定护士长作为负责人,负责手术间安排、护士管理及耗材保管等,具体手术由各科室医生完成,更衣、办公、耗材存放等辅助用房统一设置。

第一节　医院建筑布局基本要求

国家住房和城乡建设部、国家发改委于 2021 年颁布了《综合医院建设标准》（建标 110—2021）和《中医医院建设标准》（建标 106—2021），对我国综合性医院及中医医院建设标准做了修订，对医院建筑基本要求做出了明确规定。

医院在总体平面设计中应做好人流、物流、车流规划；做到洁污、医患和人车等流线组织清晰，避免交叉感染；应设置两处及以上出入口，除了医院主入口，还需要考虑次入口、急救车绿色通道等，污物出入口宜独立设置；另外，应考虑一旦传染病疫情发生，发热门诊及隔离病区如何形成独立区域、独立出入口；对全院人员出入统一扎口管理时，发热患者动线也应做好预案。

综合医院建筑以多层、多层与高层组合形式为主，门诊部、急诊部、医技科室和住院部等主要建筑结构形式应考虑使用的联合灵活性和改造的可能性。

综合医院用地应包括急诊部、门诊部、住院部、医技科室、保障系统用房、业务管理用房和院内生活用房等七项设施用地，教学、科研等建筑占地，道路用地，室外活动场地和绿化用地等，还应配套建设机动车和非机动车停车设施，此外，餐饮、超市等生活设施也应一并规划。

综合医院三层及三层以上医疗用房应设电梯且不得少于两部，其中一部应为无障碍电梯；病房楼应设物品运送电梯（俗称污物电梯），污物电梯及供患者使用的电梯应采用病床梯。

应充分利用地形、地貌，合理组织院内建筑空间，在满足使用功能和安全卫生条件的前提下，医疗业务用房应充分利用自然通风和采光，应根据当地气候条件合理确定建筑物朝向，病房以及医务人员用房应获得良好朝向。建筑间距应达到相应标准。

建筑布局和功能分区应科学合理，充分考虑患者流线，尽可能便捷、短距离到达就诊区域；门诊、急救、住院、平台科室布局应考虑相互之间的联系；门诊、急诊宜相邻，急诊与发热门诊之间宜有绿色通道，住院部与平台科室宜相近；手术科室与手术部宜相邻，手术部与消毒供应室相邻或有垂直直接交通，手术室与病理科、输血科等宜相近；产科病房、新生儿室与产房宜相邻；儿科应设置在独立区域，且出入口独立；健康人群体检、疫苗接种等区域应相对独立；医院内不同建筑群宜通过连廊相通。

中医医院中药制剂室应设通风、空调、除湿等设施，室外下水道必须保持通畅，室内下水道应有可靠液封装置；针灸科、推拿科等科室，中医治疗室应配备保持室内温度的设备；产生刺激性气体或烟雾的中医特色诊疗区域宜设置独立排风排烟设施。

综合医院中感染性疾病科(收治传染病患者病区,俗称隔离病区)位置应相对独立,隔离病区与院内其他建筑或院外周围建筑应设置大于 20 m 的间距或绿化隔离带;新建综合医院应预留空地以备作为应急救治场地和未来发展用地,可铺设草坪或采用盆栽等绿化。

综合医院应建设污水污物处理设施,污水排放、医疗废物和生活废物分类、收集、存放应符合国家相关规定的要求。污水处理站、医疗废物和生活垃圾收集及暂存用房应远离门急诊、医技和住院等用房,并应布置在院区主导风的下风向。发热门诊及隔离病房污水应先流入专用污水预消毒池,处理后进入医院污水处理系统。生活垃圾及医疗废物暂存地不建议设在地下层,尤其是江南地区,由于潮湿天气多,地下室气味难以排出。

新建医院应有较完整的绿化布置方案,绿地率不低于 35%;景观可以改善患者及工作人员的视觉疲劳,起到缓解紧张情绪的作用,但应避免为了让所有诊疗环境可见景观,而将患者流线设计出多处曲折,甚至因此改变功能用房朝向,使房间变得不规整。患者病痛缠身,到医院的主要诉求是解除疾病痛苦,甚至是挽救生命。因此,使患者经最短路径到达诊疗场所得到医护人员救治是首要设计任务。

重点部门布局中不仅要考虑患者诊疗环境,也要给工作人员创建友好的环境,应强调工作人员辅助用房设置。各重点部门应设置工作人员生活辅助区域(包括更衣、淋浴、卫生间、值班室、多功能室等)以及工作人员办公室、谈话室等。

所有建筑布局均应严格执行消防相关规定及要求,包括建筑内各功能区疏散口、疏散楼梯位置及个数,消防栓设置等。

第二节 医院建筑中感染预防与控制基本要求

一、医院感染相关基本概念

医院感染是指住院患者在医院内获得的感染,包括在住院期间发生和在医院内获得、出院后发生的感染,但不包括入院前已开始或者入院时已处于潜伏期的感染。医院工作人员在医院内获得的感染也属医院感染。医院感染对象包括医院工作人员、住院患者、门急诊就诊患者、探视者和患者家属等,这些人在医院获得感染均称为医院感染,但由于就诊患者、探视者和患者家属在医院停留的时间短暂,获得感染的因素多而复杂,常难以确定感染是否来自医院,故实际上医院感染监测对象主要是住院患者和医院工作人员。

感染性疾病(infections diseases)是指由致病性病原微生物(包括朊病毒、病毒、衣原体、支原体、立克次体、细菌、螺旋体、真菌、寄生虫)引起人体发生感染并出现临床症状的一类疾病。感染性疾病根据感染发生地点可分为社区感染疾病和医院感染疾病两类。感染性疾病包括了任何一种病原体引起的感染,涉及医院临床各个科室。传染病是感染性疾病一种特殊类型,其特征是传染性。

传染病(communicable diseases)是各种病原微生物(细菌、病毒和寄生虫)感染人体后产生的具有传染性的在一定条件下可造成流行的感染性疾病,是能在人与人、人与动物或动物与动物之间传播的一类疾病。

随着人类文明的不断进步和医疗技术水平的持续提高,传染病一度被认为正在消亡。然而,艾滋病于1981年被发现,2003年暴发了严重急性呼吸综合征疫情,2012年中东呼吸综合征、2013年人感染H7N9禽流感、2014年埃博拉出血热等新的传染病相继出现,特别是2019年新型冠状病毒肺炎全球大流行,迄今已造成6亿多人感染、600多万人死亡,病毒引发的急性呼吸道传播疾病已经严重影响世界经济发展和社会安定,传染病再次成为人类关注重点。

传染病流行过程就是传染病在人群中发生、发展和转归的过程。流行需要三个基本条件:传染源、传播途径和人群易感性。这三个环节必须同时存在,若切断任何一个环节,流行即告终止。流行过程本身也受自然因素、社会因素和个人行为因素影响。

传染源(source of infection)是指体内有病原体生存繁殖,并能将病原体排出体外的人和动物,传染源包括以下几个方面:患者、隐性感染者、病原携带者、受感染的动物。

传播途径（route of transmission）指病原体离开传染源到达另一个易感者的途径，主要包括空气传播、飞沫传播及接触传播。一种传染病可通过一种或多种途径传播。

空气传播：带有病原微生物的微粒子（直径≤5 μm）能在空气中远距离传播（>1 m）。空气传播的疾病包括专性经空气传播疾病（如开放性肺结核）和优先经空气传播疾病（如麻疹和水痘）。

飞沫传播：带有病原微生物的飞沫核（直径>5 μm），在空气中短距离（≤1 m）移动到易感人群口、鼻黏膜或眼结膜等引发的传播。飞沫传播的疾病如新型冠状病毒肺炎、百日咳。

接触传播：病原微生物通过手、媒介物直接或间接接触传播。其中，直接接触发生感染的疾病如疥疮等。病原体污染食物、水源或食具，易感者进食获得感染，流行病学上称为粪口传播，此类疾病如沙门菌感染性腹泻、甲肝等。接触患者血液体液或通过注射和使用血液制品经血传播感染的疾病如乙型、丙型肝炎和人类免疫缺陷病毒感染导致的艾滋病等。母婴传播是接触传播的一种特殊类型，即病原微生物通过胎盘或产道直接传播给新生儿，也称为垂直传播。这种方式以病毒感染多见，如孕妇感染风疹病毒、巨细胞病毒、乙型肝炎病毒、人类免疫缺陷病毒（HIV）等。也有些病毒存在于孕妇产道，在分娩时可能传染新生儿，此类疾病如疱疹病毒Ⅱ型感染、淋病型结膜炎等。新型冠状病毒也可通过与患者、病原携带者密切接触以及接触带有病毒的冷冻食品外包装传播。

根据上述三种传播方式中的宿主感染的路径不同，也可以将传染病分为呼吸道传染病和非呼吸道传染病（又称接触传播疾病）。呼吸道传染病是指病原体从人体鼻腔、咽喉、气管和支气管等呼吸道侵入而引起的具有传染性的疾病，其传染源为病人和隐性感染者。呼吸道传染病主要通过空气传播、飞沫传播，也可通过带有病菌的手接触鼻黏膜而传染。人群对大多数呼吸道传染病普遍易感，尤其是儿童和基础疾病者。非呼吸道传染病主要是指病原体通过手、媒介物（如血液、体液等）直接或间接传播导致的具有传染性的疾病。

随着对新型冠状病毒肺炎疫情的不断深入研究，部分专家提出气溶胶传播概念，其有别于空气传播。人体在说话和咳嗽时正前方形成气溶胶云，会产生大量不同粒径气溶胶和飞沫的混合物。混合物中飞沫会迅速蒸发，形成粒径<5.0 μm的飞沫核，而微小气溶胶颗粒因不受重力作用，可以悬浮在空气中并存活数小时。一旦新宿主暴露于气溶胶云"笼罩"区域，就有吸入感染风险。同时，气溶胶粒径微小，不受重力作用影响，可在空气中长时间停留，造成空气持续污染，给暴露者带来极大吸入感染风险。从病原体进入路径来看，气溶胶传播疾病仍应归于呼吸道传染病。

易感人群（susceptible population）是指对某种传染病没有免疫能力的人群，如新冠病毒流行早期，所有人群均无免疫力，都是易感人群。

二、建筑布局中感染防控基本要求

医院在新建、改建及扩建之前，应对感控重点部门布局及流程进行论证，应有平疫结合的理念。对于改建和扩建，应对现有医疗用房感控风险进行评估。

根据国家《医院隔离技术规范》（WS/T 311—2009）和《经空气传播疾病医院感染预防与控制规范》（WS/T 511—2016）的要求，医院建筑应根据患者获得感染危险性程度分为四个区域:低危险区域包括行政管理区、教学区图书馆和生活服务区,中等危险区域包括普通门诊、普通病房等,高危险区域包括感染性疾病科门诊及其病房等,极高危险区域(又称感控重点部门)包括手术室、重症监护室、移植病房等。不同风险区域采取不同防控策略,而且,日常环境清洁消毒要求也根据不同区域分别实施。根据分区要求,同一等级区域科室宜相对集中,高危险区域科室应相对独立,与普通病房和生活区分开。但在传染病流行期间,不应按照分区去做不同等级防控。以新冠肺炎为例,高危区域发热门诊,人人穿着防护用品,发生医院感染风险反而不高;而在生活服务区工作的人员由于接触冷链包装被感染,虽然处于低危险区,仍然有极大传播风险。多起新冠肺炎院内感染都是在普通病区出现的。所以,在急性呼吸道传染病流行期间,人人都要有防控意识,做好防控工作。

应明确服务流程,洁污分开,防止人员流线、物品流线交叉导致医院感染。

应正确理解"洁污分开"的理念,其重点是污染不扩散。"污染"通常以两种形式出现:一是活动且不断产生的"动态污染",如呼吸道传染病患者呼吸或咳嗽产生带有病原体的飞沫或气溶胶,飞沫或气溶胶会有一定距离的流动,同时,随着患者移动,污染也随之移动,造成其环境污染及呼吸道传染病传播,因此,其所在区域为污染区。"动态污染"防控重点是患者隔离,通过区域划分限定患者只能在污染区活动,与其近距离接触应戴口罩和洗手。呼吸道传染病患者诊疗区域定义为污染区,与清洁区之间应设缓冲。但并非所有患者诊疗区域都是污染区,以手术室为例,患者血液有可能带有病原体(如乙肝病毒、丙肝病毒等),但其不产生带病原体(乙肝病毒、丙肝病毒等)的飞沫或气溶胶,不造成环境污染或呼吸道传染病传播,手术室无须定义为污染区;同理,血液净化中心透析区也无须定义为污染区或潜在污染区。另外一种"静态污染",为诊疗过程中产生的带有患者血液、体液等(有携带病原体的可能)的污染物,接触可能会导致感染发生或造成环境污染,如手术中的止血纱布、血透透析器及管路等,但其并不产生气溶胶且无自行活动,只要指定污物存放地点并密闭包装即可。这类"静态污染"防控重点是做好接触隔离,无须强调呼吸道防护,也不必为其设计专用通道。对于"清洁"的理解也应辩证看待,疫情期间,虽然划分清洁区,工作人员也有可能为无症状感染者,在清洁区工作也应戴口罩。

医院诊疗环境可以按照是否收治传染病做不同布局,非传染病患者收治场所应按照工作区域、辅助区域(包括工作辅助区、生活辅助区)布局。传染病(包括呼吸道传播疾病和非呼吸道传播疾病)诊疗场所应按照"三区两通道"(污染区、清洁区、潜在污染区,工作人员通道及患者通道)布局。

经呼吸道传播疾病防控要点:应遵循"早发现、早报告、早隔离、早治疗"原则,早发现传染源并隔离是首要任务。呼吸道防护是关键防控措施。

就诊者(含患者及其家属)应佩戴外科口罩,正确手卫生;工作人员应戴医用外科口罩、防护口罩或呼吸道防护装置;诊疗区域应加强通风、增加清洁消毒频次以减少病原体对环境的污染。应强调正确佩戴口罩和洗手(减少在手部停留的病原体以及降低污染的手触摸鼻部或眼部导致感染的风险),防护服或隔离衣作为防污染物品可以使用,但并非呼吸道传播疾病防控之必需。强烈反对让患者、密接者或次密接者穿着防护服转运的做法。其穿着防护服会增加诸多风险:防护服宽大,活动及生活不便,增加跌倒风险;未受专业培训,穿脱时容易污染;影响紧急情况时的抢救;防护服透气性差,容易出汗、脱水,反而降低机体抵抗力;增加恐惧、紧张等心理负担等;增加医疗废物处置量;增加费用支出等。

呼吸道传播疾病病区建筑布局要求

应设置在医院相对独立区域,远离儿科病房、重症监护室和生活区,设置独立出入口。

该区域内部划分为清洁区、潜在污染区和污染区,三区之间有物理屏障。设立两通道和三区之间的缓冲间,缓冲间两侧门不应同时开启,且门应朝向相对清洁区域方向打开,以减少区域之间的空气流通和污染。

经空气传播疾病隔离病区宜设置负压病室;该区域通风系统应区域化,防止区域间空气交叉污染。

接触传播疾病防控要点:手卫生,接触患者血液及体液应戴手套,诊疗用品专人专用,环境清洁与消毒等。

接触传播疾病病区建筑布局要求

应设置在医院相对独立区域,远离儿科病房、重症监护室和生活区,设置独立出入口。

应明确分区,划分为清洁区、潜在污染区和污染区,但不强调区域之间物理隔离。无须设置缓冲间,可以通过地标显示不同区域;不同类型感染性疾病患者应分室安置,每间病室不超过4人,床间距不低于1.1 m,应通风良好,可自然通风或安装通风设施。

应配备适量非手触式开关流动水洗手设施。

医院空调系统相关设计应最大程度利用自然通风、自然采光,空气消毒设施应首选与中央空调通风系统结合起来,在新风口、回风口配置空气净化消毒装置,实现对源头的控制。新建医院应避免后续配置壁挂式、移动式空气消毒装置。

改建或扩建重点部门感控要求

重点部门在改建或扩建开工前应做好感控风险评估。尤其是在仍有患者入住的诊疗区域进行的部分改建或扩建项目,在评估的基础上应采取必要干预措施。

感控风险评估应包括拆除和重建过程风险,如:空气中感染风险因素增加,旧建筑中真菌滋生,拆除过程会导致真菌孢子大量溢出;下水管路拆除与重建;各种气体管路处理,特别是负压吸引管路处理;环境污染等。应采取相应对策,如:密闭整个施工区域,密闭施工区域与诊疗区域之间相通的空调通风管,尽可能减少灰尘对诊疗环境的影响;施工区域应有防尘措施;施工人员做好施工安全防护,如佩戴口罩等。

感控风险评估还应包括使用中诊疗环境(紧邻施工现场)的风险评估及对策,如:梳理空调通风管是否与施工现场相通,清除空调通风管内积尘,密闭与施工现场之间的缝隙,增加保洁次数等。

手术室、ICU 等重点部门边施工边收治患者,存在较大感控风险,施工期间应暂停手术或患者收治。如无法停止患者收治,则应选择入住患者少的日期(如节假日)进行改建,且应尽可能错峰施工,同时应做好防尘降噪措施。

三、建筑布局图纸感控审核基本方法及要求

新建医院或重点部门感控审核应首先确定整体布局是否符合国家相关规范或标准,如发热门诊应设置在医院下风向,应远离儿科诊室等。在符合国家规范或标准的基础上,重点关注各个科室人员(患者及其家属、医务人员等)动线和物流(无菌物品、清洁物品、污物等)动线的合理性,使工作流程能够按照建筑布局顺利进行。重点把握设计中存在的感控风险点。以人员动线为例,发热门诊患者与工作人员动线相交点应在工作人员完成防护用品穿戴后,以避免感染发生,无须强调通过不同的门进入诊室才能相遇;手术部人员动线亦然,综合性医院(除了传染病定点医院)手术部工作人员在完成更衣后进入手术部内部走道,该走道可与患者共用,该人员交叉点或相遇点并不增加感控风险,无须强调内部各自走道从不同的门进入手术间。其次是动线便捷性,尽可能缩短工作人员动线,减少工作人员不必要的体力消耗。物流动线亦然,有条件的,无菌物品、清洁物品与污物分开设置;没有条件的,通过有效管理(如污物密闭包装运送)实现洁污分开。

应把握污染不扩散原则,强调洁污分区的传染病诊疗场所(包括门诊、留观病区、收治病区等)应明确清洁区、潜在污染区、污染区。其中,呼吸道传播疾病收治场所三区之间应设缓冲。手术室、消毒供应中心(CSSD)、内镜中心、口腔门诊等重点部门使用后器械处置应做到洁污分开,有相对独立污物存放及处理区。

应在有效管理前提下实现污染不扩散。污物运送前密闭包装且确保其运送过程并无气溶胶产生,无散落或飘散即可,不提倡设置污物通道。重点部门中 ICU、新生儿室等污物通道设计易造成阳光被挡,通风受阻,空间浪费。对手术部等洁污分流的理解应是动态的,允许通过密闭转运实现使用同一通道而污染不扩散。

重点部门诊疗环境布局中,临床具体操作空间应得到充分保证,如保证监护床位面积、血液净化中心透析床位床间距等,同时也应关注各类辅助用房。

按照相关部门工作流程完成布局,应充分考虑临床实用性。

表 1-2-1 综合医院建筑设计规范中的感控要点

项目		感控要求
总平面		合理功能分区,洁污、医患、人车等流线清晰
		尸体运送路线应避免与出入院路线交叉
一般规定		三层及以上医疗用房应有至少2部电梯,宜设供医护专用客梯、供送餐和污物转运专用货梯
		医疗废物与生活废物应分别处置
门诊部用房	一般规定	设置预检分诊处
	妇科、产科和计划生育用房	妇科、产科和计划生育用房应自成一区,可设单独入口
		妇科应有妇科检查室
	儿科	儿科用房应自成一区,可设单独出入口
		儿科用房应增设预检室、候诊室、儿科专用卫生间、隔离诊室等用房,隔离区应有单独对外出口
	口腔	诊查单元每椅中距不应小于1.8 m,椅中心距墙不应小于1.2 m;应有诊疗器械清洗消毒专用房
急诊部用房		抢救监护室及观察室平行排列观察床净距不应小于1.2 m,有吊帘分割时不应小于1.4 m;床沿与墙面净距不应小于1.0 m
		可设置隔离观察室或隔离单元,并应设独立出入口
感染性疾病门诊用房		独立成区,呼吸道和非呼吸道传染病门诊应分别自成一区,并应单独设置出入口
		设置分诊、接诊、挂号、收费、药房、检验、隔离观察、治疗、缓冲、专用卫生间等用房
住院部用房	一般规定	住院部应自成一区
		病房单排病床不宜超过3床,双排病床不宜超过6床
		平行两床净距不应小于0.8 m
		病房不应设置开敞式垃圾井道
	重症监护病房	监护室床间净距不应小于1.2 m
		单床间面积不应小于12 m^2 或 15 m^{2*}
	儿科	宜设配奶室、奶具消毒室、隔离病室
	妇产科	产科应设隔离待产室、隔离分娩室等用房,隔离待产和隔离分娩可兼用
		母婴同室或家庭产房应与其他区域分割

续表

项目		感控要求
住院部用房	烧伤病房	应设单人隔离病房或重症监护病房等
		可设洁净病房
	血液病房	可根据需要设置洁净病房,洁净病房应自成一区
		洁净病房应仅供一位患者使用,并在入口处设换鞋、更衣区域
	新生儿室	应设配奶及奶具消毒室、隔离新生儿室
	血液净化中心(室)**	应设隔离透析治疗、污物处理、水处理、库房等用房
		应有医护、患者入口
手术部用房		手术部不宜设在首层
		平面布置应符合功能流程和"洁污分开"要求
		入口处应设医护人员卫生通过
		每2~4间手术室宜单独设立1间刷手间或区,可设于清洁区走廊内;刷手间不应设门;每间手术室不得少于1个洗手水龙头***,并应采用非手触式水龙头
核医学科用房		应有贮运放射性物质及处理放射性废弃物设施
检验科用房		微生物学检验用房应设于检验科相对独立区域,应与其他检验区域分区布置
		检验科应设洗涤及消毒设施
		检验科应设废弃消毒处理设施
		工作(含危险化学试剂使用)区域应设有紧急洗眼处和淋浴处
药剂科用房		儿科和各传染病门诊宜设单独发药处
中心(消毒)供应室用房		应按照去污区、检查包装及灭菌区、无菌物品存放区三区布置,且按单向流程布置
		面积与工作量吻合
给排水	给水	重点部门采用非手动开关用水点
	排水	传染病收治病房污水应单独收集,预消毒处理
		牙科废水宜单独收集处理
	污水处理	消毒处理工艺
暖通及空调系统	一般规定	各功能区域空调系统宜独立
		各空调分区应互相封闭,并应避免空气传播途径的医院感染
		有洁净度要求的房间和严重污染房间应各自单独成一个系统
		核医学检查室、放射治疗室、病理取材室、检验科、传染病病房等含有有害微生物、有害气溶胶等污染物质的场所排风,应处理达标后排放
	洁净用房通用要求	洁净用房内不宜采用上送上回气流组织
	消毒供应室	应保持有序压差梯度和定向气流,定向气流应经检查包装及灭菌区流向去污区

注：

* : GB 51039—2014《综合医院建筑设计规范》要求单人间面积不应小于 12 m²；《重症医学科建设与管理指南(试行)》规定单间面积至少 15 m²。

** :血液透析用房可设置在住院部或门急诊等其他区域。

*** :《综合医院建筑设计规范》要求水龙头数量为每手术间多于 2 个水龙头,但由于免冲洗外科手消毒方法的普遍使用,刷手过程已被取消,对水龙头的需求也大幅减少。推荐每间手术室不得少于 1 个洗手水龙头。

四、医院感染防护基本要求

非传染病流行期间工作人员应穿工作服,戴医用口罩或外科口罩。推荐手术室、ICU、血液净化中心、消毒供应室、口腔科等重点部门工作人员穿分体式圆领工作服(宜每天或隔日更换),戴外科口罩。

在进行如气管插管、吸痰等可能有气溶胶产生的操作时,应戴外科口罩、戴手套,可加穿隔离衣,戴防护面屏或护目镜。

重点部门(如重症监护室、血液净化中心等)工作区域,防护用品应可以随时随地拿取;同时,预留通风良好或有负压的区域及房间供传染病疑似患者隔离用也是重要防护手段。

从科学感控角度,重点部门工作人员无须换鞋,尤其不应换露脚趾拖鞋,无须常规使用鞋套,也不必设置消毒地垫、消毒鞋底。从方便工作角度,推荐更换舒适性强、便于清洁的工作鞋。

传染病流行期间,工作人员在为病因不明呼吸困难患者进行各种操作时应加穿隔离衣,戴医用外科口罩或医用防护口罩,戴手套。进行如气管插管、吸痰等容易有体液喷溅的操作时,可戴防护面屏或护目镜,必要时加穿防护服。

第二章

感染性疾病相关建筑布局及感控要求

感染性疾病是指由细菌、病毒、真菌、寄生虫、支原体、衣原体等致病微生物感染而引起的疾病。 其中，有一部分具有传染性的感染性疾病也称之为传染病。 传染病防控是医院感染管理的重要方面。 本章将逐一介绍传染病预检分诊、感染性疾病门诊（俗称发热门诊）、隔离病房等建筑布局，同时对平疫结合病房设置、方舱医院建设方案以及核酸采样点做基本介绍，每节附建筑布局示意图及改建案例。 建筑布局在防控中可以发挥重要作用，但进行所有人员行为管理才是防控成功的关键因素。

第一节　传染病预检分诊处

传染病预检分诊(简称预检分诊)是指医疗机构及其医务人员按照有关法律、法规及规章制度,为早期发现和有效控制传染病疫情,防止医疗机构内交叉感染,根据《中华人民共和国传染病防治法》有关规定,对来诊患者和陪同人员等预先进行有关传染病甄别、检查与分流,并采取必要防控措施的过程。

预检分诊是及时发现传染病的第一关口,做好预检分诊,才能早发现、早隔离。预检分诊是一个职能,《医疗机构门急诊应急管理规范》提及可通过挂号时询问、咨询台咨询和医生接诊时询问等各种方式对患者开展传染病预检。

预检分诊处是工作人员进行预检分诊的场所,可根据不同情况进行设置:传染病疫区应尽可能设置在医疗机构总入口处,减少传染病患者进入医疗机构造成交叉感染机会;传染病流行期间应在进入诊疗环境前进行预检分诊,并设置独立预检分诊,减少就诊人员聚集导致交叉感染的风险;非传染病流行期间应在急诊、感染性疾病科及儿科门诊设置预检分诊,可与协诊台等合并。

传染病流行期间低风险区域预检分诊要求

预检分诊处建筑布局要求:预检分诊处应独立设置,应设置在诊疗区域入口附近,空间应尽可能宽敞,保持通风良好。

应根据就诊人流量配备足够的预检分诊工作人员以保证预检分诊工作有序开展,预检分诊工作人员应经传染病相关知识培训后上岗。

医院应根据疫情期间传染病流行情况及时通报疫情流行区域并调整流行病学史询问内容,同时以宣传展板等形式发布公告,内容包括传染病流行特点、防范要求等。

预检分诊发现具有传染病流行病学史及相关症状患者,应当立即让患者佩戴外科口罩并由专人引导至感染科门诊或医院指定隔离地点就诊,做好患者的交接工作。

鉴于目前新冠病毒感染症状具有不确定性,新冠肺炎患者出现发热症状的情况并不多见,因此,预检分诊测量体温的意义不大,预检分诊时查验健康码、行程码以及填写预检分诊流调表的实际防控意义有待证实,应集中主要精力,专业而精准地开展传染病患者流行病学调查和封控区管理。

防护要求

必备防护：穿工作服，戴外科口罩，戴一次性圆帽。

可选防护：加穿隔离衣，换医用防护口罩、手套（清洁手套）。配备快速手消毒剂、外科口罩及应急防护箱*。

传染病高风险区域和疫区预检分诊要求

除了传染病流行期间基本要求外，可将预检分诊处设置在室外，利用集装箱、帐篷、板房等临时搭建场所将发热患者与其他就诊患者分流，以保证就诊环境安全。

防护要求

必备防护：穿工作服并加穿隔离衣，戴外科口罩或医用防护口罩，戴一次性圆帽、手套（清洁橡胶手套等）。

可选防护：护目镜、防护面屏、防护服。配备快速手消毒剂、外科口罩及应急防护箱*。

预检分诊处应根据传染病流行情况及公共卫生事件应急响应等级决定是否全院统一扎口管理。对于一级公共卫生应急响应，应全院统一扎口预检分诊。

非传染病流行期间预检分诊处设置要求

急诊、感染性疾病科及儿科应设预检分诊。门诊就诊患者应尽量采取预约方式分时段就诊，减少候诊人员聚集。对于门诊非预约患者，各门诊诊室应做好传染病患者识别。

预检分诊处建筑布局要求

预检分诊处可与协诊或导医台等合并设置，应设置在诊疗区域入口附近，空间应尽可能宽敞，保持通风良好。

预检分诊处应设置卫生健康教育展板或手册（内容如咳嗽礼仪、手卫生等，引导大家注

注：

*：应急防护箱：在遇到患者呕吐、大出血等紧急情况下或突发公共卫生事件，可供工作人员应急使用的防护用品。包括医用防护口罩12个、医用外科口罩12个、隔离衣6件、防护眼罩2个、防护面屏2个、清洁手套2副、无菌手套2副、一次性圆帽6个、500 mL 小喷壶1个、大于80 cm×80 cm 的一次性吸水布巾**4块、含氯消毒片1瓶，酌情加消毒湿巾一包。（本节下同）。

**：一次性吸水布巾可以用旧工作服或床单裁剪，缝制成大于80 cm×80 cm 的帕子，主要用于覆盖去除大量呕吐物、排泄物及血迹，去除污染物后采用2 000～5 000 mg/L 含氯消毒剂作用30 min；也可使用一次性消毒覆盖包。

意保持 1 m 以上安全距离）。医院传染病管理部门应关注全球传染病疫情,至少每三个月更新一次全球传染病流行区域及主要症状公告,预检分诊等感染相关科室所有工作人员应知悉公告内容。

预检分诊工作人员应相对固定,并经过传染病相关知识培训,经考核合格后上岗。

对于预检分诊发现具有呼吸道传染病流行病学史及相关症状患者,应当立即让其佩戴外科口罩并引导至感染科门诊(俗称发热门诊)或医院指定隔离地点就诊,做好患者交接工作。

防护要求

必备防护:穿工作服,戴医用口罩或外科口罩。

可选防护:戴外科口罩或医用防护口罩,戴圆帽(布质或一次性)。配备快速手消毒剂及应急防护箱*。

预检分诊处消毒要求

空气:开窗通风,保持通风良好;如自然通风不良,采用机械通风;可配备人机共存的空气消毒机(上照式紫外线灯、循环风紫外线空气消毒机等)。

物体表面:非传染病流行期间,物体表面保持清洁,每班清洁擦拭,每天用 500 mg/L 含氯消毒剂或消毒湿巾擦拭消毒 1 次。传染病流行期间,物体表面保持清洁,每班用 500～1 000 mg/L 含氯消毒剂或消毒湿巾擦拭消毒。

体温计:① 直接接触体腔测量的。使用 500 mg/L 含氯消毒剂浸泡 30 min。② 经体表测量的。用 75％乙醇或者其他消毒纸巾擦拭消毒。

医疗废物:使用后的手套、口罩等一次性物品作为感染性废物处理,放入黄色垃圾袋。

预检分诊医务人员脱卸防护用品流程

| 工作结束 |
| 实施手卫生 |
| 脱工作服或隔离衣 |
| 摘除工作圆帽 |
| 实施手卫生 |
| 摘除外科口罩 |
| 实施手卫生 |

预检分诊医务人员穿戴防护用品流程
（注“*”为必需步骤）

| 实施手卫生* |
| 佩戴外科口罩* |
| 穿工作服*（必要时加穿隔离衣） |
| 戴工作圆帽（必要时加面屏） |

常见问题解答

❶ 为什么强调设置预检分诊？

答 因为预检分诊是发现传染病第一个关口，将疑似传染性疾病患者分开收治，才能减少交叉感染，保证整个医疗环境安全。除了传染病流行期间，平日也应重视传染病预检分诊工作。

❷ 为什么要求预检分诊工作人员相对固定？

答 从传染病的流行病学特点来看，传染病流行初期，疾病分布呈散发形式，短时间内出现症状相似患者不断增多的现象。只有预检分诊人员相对固定，才能及时发现流行苗头（即同一类就诊患者人数在增加），及时预警传染病的流行与暴发。

❸ 预检分诊工作人员需要经过哪些传染病知识培训？

答 对于预检分诊工作人员，要了解不同季节常见传染病的流行病学特点、传播途径以及相应易感人群。同时还需掌握不同级别防护要点、传染病患者收治流程等。

❹ 为什么非传染病流行期间也要求每三个月梳理传染病流行情况信息并通报？

答 因为各季节传染病及其流行特点不同，如流行性感冒等呼吸道传染病常好发于冬春季，而腹泻等肠道传染病好发于夏季；不同国家各地区流行病也有所不同，国际交流日益增加导致人员流动性大，发生输入性感染的风险也相应增加。因此，即使当地处于非传染病流行期间，也要关注其他地区或国家的传染病流行情况。传染病流行期间要及时更新流行病学情况，如不同地区的新冠病毒感染流行风险不一，每天都有可能更新高风险区域，作为医疗机构也要每天更新新冠肺炎高风险区域提示。

❺ 传染病患者戴口罩有什么要求？是否需要在预检分诊处给患者更换口罩？

答 呼吸道传播疾病患者应佩戴口罩，以防咳嗽及打喷嚏向体外喷出带有病毒的飞沫。有流行病学史的呼吸道感染患者应佩戴外科口罩，如果患者佩戴带有呼气阀的口罩，必须立即更换，其他情况可酌情处理。无须每位患者更换口罩，因为患者更换口罩的过程增加了其暴露机会，同时，工作人员指导患者更换口罩加长了他们与每位患者近距离接触的时间，感染机会也随之增加。

❻ 为什么预检分诊处在传染病流行期间需要独立设置？

答 传染病流行期间，预检分诊的主要目的是发现疑似传染病患者，并将其隔离。预检分诊需要询问流行病学史，会占用较多时间，患者的等待时间较长，若与其他咨询患者混在一起，短时间内容易造成病人聚集，反而会增加交叉感染机会。

❼ 预检分诊处设在小房间内是否更安全些？

答 不推荐将预检分诊处设在小房间内。空间越狭小，空气流动性越差。一旦有传染病患者出现，狭小空间内病原体密度高，反而容易引发感染。

❽ 为什么传染病流行期间需要有宣传展板？

答 宣传展板主要介绍该时期传染病的流行特点以及防控要求，起到醒目提醒及普及教育的作用，这样可以让所有人都对该传染病有一个基本的认识，缩短预检分诊询问时间。同时，它也可以让患者加强自身防护意识，自觉采取防护措施，减少交叉感染风险。

⑨ 为什么传染病疫区推荐将预检分诊处放到室外？

答 呼吸道传染病可以通过飞沫传播，而患者聚集容易造成交叉感染。传染病疫区患者会明显增加，现有医院建筑布局难以保证宽敞通风，应急状态下，可以在室外增加临时设备来解决人员疏散问题，最大程度减少人员聚集。

⑩ 为什么在预检分诊处要必备快速手消毒剂？

答 预检分诊处常设在人员密集处，洗手需求多，但大多数预检分诊处无法安装流动水龙头，而且水洗需要占用较多时间，国际卫生组织推荐以手消毒剂消毒作为手卫生主要方式，可以有效杀灭常见细菌及病毒（包括新冠病毒），所以应必备快速手消毒剂，以便及时实施手卫生。

⑪ 为什么在预检分诊处防护是可选加穿隔离衣，而不是必须穿隔离衣？

答 隔离衣一般用于防止病原体污染身体或作为工作服，而预检分诊处的主要工作是询问，并不涉及操作，所以并非必须穿隔离衣。当然在传染病流行期间，特别是在疫区，预检分诊人员可能会遇到大量传染病患者，应穿隔离衣以减少污染机会。

⑫ 预检分诊人员在传染病流行期间为什么必须戴外科口罩？

答 外科口罩具有微生物滤过以及防体液喷溅的作用。传染病流行期间，预检分诊人员可能会遇见大量患者，询问时可能会有飞沫溅到面部，因此必须佩戴外科口罩。

⑬ 预检分诊人员为什么平时可以不戴一次性帽子，而在传染病流行期间需要戴一次性帽子？

答 戴帽子可以减少被病毒或细菌污染的机会。非传染病流行期间，病原微生物密度低，可以不戴帽子。而传染病流行期间，存在大量患者，可能会使空气中病原微生物密度增高，所以建议戴一次性圆帽。

⑭ 什么是医院统一扎口预检分诊管理？

答 传染病流行期间，特别是一级公共卫生事件响应时，医院仅留少数出入口，对于所有进入人员进行统一管理，测量体温，询问流行病学史。小医院可以留一个出入口来做预检分诊，大型医院可以确定 2～3 个出入口做预检分诊，所有人员进入医院都须经过筛查。

⑮ 预检分诊处空气一定要消毒吗？

答 不一定。由于空气是流动的，病人带来的少量病原体在流动空气中浓度较低，并不构成感染风险，所以以开窗通风为主。

⑯ 空气消毒可以采用消毒剂喷雾式消毒吗？

答 不建议预检分诊处采用消毒剂喷雾方式进行空气消毒。以过氧乙酸喷雾消毒空气为例，在门窗关闭且无人的条件下，0.2% 过氧乙酸 $10～20\ \text{mL/m}^3$ 作用 60 min 才能起到空气消毒作用；且消毒结束通风换气后，人员才可进入。目前，预检分诊处大多数设置在开放空间，人员流动性大，难以做到无人及空间密闭，因此喷雾消毒不适用于预检分诊处。

⑰ 预检分诊处开窗通风需要像空气消毒一样做记录吗？

答 并不要求对开窗通风情况进行记录。外窗可保持开放状态。

⑱ 需要对预检分诊处进行空气培养吗？

答 不建议做空气培养。因为进行空气培养的目的是了解空气消毒的效果，其结果是根据细菌菌落数来计算的，而呼吸道传染病的大多数病原体是病毒，进行空气监测没有实际防控意义。

⑲ 预检分诊处物体表面采用 500 mg/L 含氯消毒剂消毒，浓度够吗？

答 预检分诊处物体表面消毒实质是预防性消毒，用 500 mg/L 含氯消毒剂符合消毒技术规范要求。

⑳ 新冠肺炎流行期间，预计分诊处需要做物体表面消毒效果监测吗？

答 新冠肺炎流行期间，预检分诊处没有必要进行物体表面消毒效果监测。物体表面消毒效果监测是对消毒剂消毒效果进行评价的方法，它根据细菌菌落数来判断消毒是否合格。已知新冠肺炎是亲脂病毒，大多数消毒剂对其杀灭作用可靠。因此，无须增加没有实际意义的监测。现阶段有文件要求开展新冠病毒核酸检测以监控诊疗环境是否存在新冠病毒污染；推荐在彻底清洁消毒后采样，新冠病毒核酸检测出现阳性也不必紧张，常为消毒剂杀灭的新冠病毒的"尸体"所导致，推荐增加清洁消毒一次，而不是关闭诊疗场所。

㉑ 预检分诊处医疗废物需要作为特殊医疗废物处理吗？

答 预检分诊处医疗废物就是感染性废物，如医护人员用过的手套和口罩等，应作为感染性废物直接放入黄色垃圾袋，无须特别处理。

㉒ 什么是呼吸道咳嗽礼仪？

答 呼吸道咳嗽礼仪是指由于咳嗽和打喷嚏时产生的飞沫可能携带细菌或病毒，会导致疾病传播，因此当咳嗽或打喷嚏时，应尽量避开人群，用纸巾、手绢捂住口鼻，防止飞沫喷溅；来不及使用纸巾等用品时，可采用前臂而不是双手遮盖口鼻，避免手部沾染病原体，带有病原体的手可能会污染环境，增加交叉感染的机会。为了他人及自身健康，每个人都应遵守呼吸道咳嗽礼仪。

第二节　感染性疾病科门诊

感染性疾病科门诊(简称感染病门诊,俗称发热门诊)主要用于接诊由病原体(包括细菌、病毒、支原体等)造成感染的相关疾病患者,包括发热门诊、肠道门诊、结核门诊、肝炎门诊、HIV门诊、手足口病以及其他病原体引起的感染患者。国家卫生健康委要求二级及以上综合性医院应设置感染性疾病科门诊。除了上述传染性疾病诊疗外,还应包括多重耐药菌感染等感染性疾病诊疗。由于我国实行传染病定点收治,目前,大多数综合性医院感染性疾病科门诊萎缩明显,基本以肝炎门诊为主,真正能够承担各种感染性疾病诊治任务的感染性疾病科门诊占少数。所以,除建筑布局要求外,感染性疾病科专业人员培养显得更加重要。

发热门诊及肠道门诊通常在流行季节开放,常被医院忽视,人员也无法做到相对固定。目前,新冠肺炎流行期间,发热门诊通常承担经呼吸道传播疾病诊治任务,由于该类患者常有发热等临床表现而称为发热门诊。从科学命名来说,发热门诊并不确切,发热症状是很多疾病都有的表现,但并不需要到发热门诊来诊治。此外,感染性疾病种类众多,以疾病命名门诊初衷是将患有传染性疾病的患者按照病种集中起来,减少其交叉感染的机会,但实际防控意义有限,因为很多感染性疾病症状类似,患者自己无法判断所得疾病(如:患者同时有腹泻和发热症状应该去哪个门诊就诊?艾滋病患者出现咳嗽和低热应该去哪个门诊?),而且很多疾病需要通过病原学检测才能诊断,未明确诊断的初诊患者应该在哪里就诊?因此,不宜以病种来命名门诊。

在日常感染科预检分诊中,常以患者是否有呼吸道症状来判断其应在呼吸道传播疾病诊疗区域就诊还是在非呼吸道传播疾病诊疗区域就诊。呼吸道传播疾病诊疗区域所有患者均戴口罩做呼吸道防护,非呼吸道传播疾病诊疗区域所有患者应强调手卫生执行。

感染性疾病科门诊建筑布局

感染性疾病科门诊应独立设置,远离儿科、ICU以及其他门诊、急诊及生活区;出入口与普通门急诊分开,与急诊区域宜有绿色通道相连,方便患者快速转运;应设立醒目标识及道路指引;挂号、就诊、检验、检查、取药等在该区域完成;设置诊室、治疗室等诊疗用房;可设置抢救室,配置独立CT室;应设置不同区域接待由不同传播途径感染的患者,至少应分呼吸道传播及非呼吸道传播两大类;设置可移动预检分诊处;应设立独立医护人员清洁区域,医护人员有专用通道进出。

对于没有感染性疾病科门诊的基层医疗机构,应有预案指定机构内一个相对独立且通风良好的区域用于传染病患者暂时隔离观察。

感染性疾病科门诊布局应按照三区划分设置

清洁区:应设有医务人员出入口、更衣室、卫生间、淋浴间等,可根据实际情况设置治疗准备室、休息室、清洁库房、视频会诊室等。

在新冠肺炎流行期间,鉴于新冠病毒传染性强,穿戴防护用品区可设在该区,以减少体表被污染的可能。

潜在污染区(或称缓冲区):非传染病流行期间,该区可分为存放及穿戴防护用品区、脱卸防护用品区及摆放使用后防护用品区。可设两个相邻的房间,靠近清洁区的房间用于存放及穿戴防护用品,接近污染区的房间用于脱卸防护用品及摆放使用后防护用品,将洁污完全分开。在新冠肺炎流行期间,将整个潜在污染区用于脱卸防护用品,分为防护服等脱卸区(一脱间,靠近污染区)和口罩脱卸区(二脱间,靠近清洁区)。脱卸区尽可能选择通风良好处,一脱间尽量宽敞些。

可根据实际情况设置治疗准备室、库房、护士工作站等。

污染区:应设有患者出入口、候诊区(三级综合性医院至少可容纳 30 人候诊,二级综合性医院至少可容纳 20 人候诊)、诊室(综合性医院建议设置 4 间,设发热门诊;卫生服务中心至少设置 1 间)、发热患者就地隔离留观室(三级综合性医院设置 10~15 间,二级综合性医院设置 5~10 间,卫生服务中心设置 1~3 间,留观室内应有独立卫生间)、污物间、公共卫生间,设独立挂号、收费、取药及检验等辅助用房,可设治疗准备室。

上述发热门诊候诊面积及留观室数量为国家标准要求,新建医院可以实现,但对于大多数医疗机构而言,发热门诊实际使用面积有限,难以满足要求。建议室内候诊区至少可容纳 6~8 人,室外预留或者划定候诊区域满足 30 人候诊。在发热门诊设置 3~5 间留观室用于患者暂时留观。医疗机构同时应做好预案,指定机构内相对独立区域作为留观室预备用房。这样既能满足患者留观需要,又能避免发热门诊平日空置的现象。同时,挂号、收费与取药处等也可采用智能挂号付费及自助发药机等来替代。设置 CT 检查室,除了考虑供发热门诊使用,还应预留直接对外出入口,以便非传染病流行期间非感染患者使用 CT 检查。

有文件要求综合医院发热门诊设置儿科诊室,并有相对独立的出入口和区域。对此,建议预留儿科诊室,仅用于有流行病学史患儿就诊。而无流行病学史但有发热症状的患儿不宜全部到发热门诊就诊。发热是儿童最常见临床表现,可由多种原因引起,推荐在儿科门诊设置预检分诊处、隔离诊室及隔离留观室,减少到发热门诊就诊患儿,同时减轻数量明显不足的儿科医生的排班压力。

部分医院为了满足新增发热门诊要求,采用新建板房的做法,由于面积有限,常设置两层楼,一楼作为门诊,二楼作为留观室。笔者推荐一楼设置诊室及部分留观室,二楼也设置诊室及留观室。如此设置,在疫情暴发患者激增时,可以将患者分流,一楼作为有流行病学史患者候诊室、诊室及留观室用,二楼作为无流行病学史患者候诊室、诊室及留观室使用。而在感染风险较低、发热患者较少的情况下,只需开放一楼满足就诊及留观需要,节约运行成本。同时,临时板房条件有限,常不设置电梯,老人、行动不便者以及呼吸急促者不宜在二楼留观,一旦病情加重,无法自行走动,还需要担架搬运,增加了救治难度和工作人员职业暴露风险。

非呼吸道传播患者诊疗功能区域及用房类似发热门诊,部分辅助功能区域可共用。主要用于肠道门诊区域宜设置输液室,以方便严重腹泻患者救治。

诊室设置要求

诊室应尽可能宽敞,不得小于 8 m²,推荐大于 10 m²,应至少可以摆放 1 张诊察床、1 张宽工作台,或者 2 张普通工作台并排摆放(通过工作台分隔,使医生与患者之间距离达到 1 m 以上)。

留观室应设置在感染性疾病科门诊内,应为单人间并有独立卫生间。如果考虑未来平疫结合,可设置为三人间。疫情流行期间作为发热门诊留观室,仅收治一名留观患者;疫情结束后作为日间病房用,可收治三名患者。疫情期间,医院还可选择相对独立区域增加留观室。

发热门诊可以采用自然通风,若自然通风不良,增应加机械通风。

医务人员管理要求

感染性疾病科门诊应配备感染性疾病专业医护人员开展诊治工作。疫情流行期间应配备有临床经验、经过传染病知识培训的医务人员,应掌握传染病流行病学特点、诊断标准、治疗原则和防护措施等相关知识及技能,传染病流行期间发热门诊需 24 h 开诊,工作人员宜每 4～6 h 一个班次,轮班工作。

传染病流行期间,工作人员应做好健康监测,每天测量体温,对咳嗽等身体不适症状进行记录。

感染性疾病科门诊防护要求

非传染病流行期间:

必备防护:穿工作服,戴医用外科口罩;

可选防护:隔离衣、医用防护口罩、圆帽、手套、护目镜或防护面屏、工作鞋。

(工作服应采用圆领分体式样,应覆盖所有内衬衣物,确保内衬衣服不受到污染)

医用防护口罩、隔离衣、手套、护目镜/防护面屏等在采集患者咽拭子标本、气管插管等可能引起分泌物及血液喷溅的情况下使用,问诊及体检等无须常规使用。

传染病流行期间(如新冠肺炎流行期间):

必备防护:穿工作服加清洁隔离衣*、工作鞋或鞋套、一次性工作帽、医用外科口罩、护目镜或防护面屏、一次性乳胶手套。

可选防护:医用防护口罩、一次性防护服。必要时,配备正压头套。

注: *:工作服如每班次更换,可以不加穿清洁隔离衣;不是每班次更换,则须加穿清洁隔离衣。隔离衣若可重复使用,应注意密闭送洗,采用带加热清洗程序清洗,无须灭菌。

　　医用防护口罩、防护服、手套、护目镜或防护面屏等在采集患者咽拭子标本、气管插管等可能引起分泌物及血液喷溅的情况下使用,问诊、体检等无须常规使用。

　　反对在防护服外加穿隔离衣或者在隔离衣外加穿防护服的做法。

　　应配备应急防护箱一个。

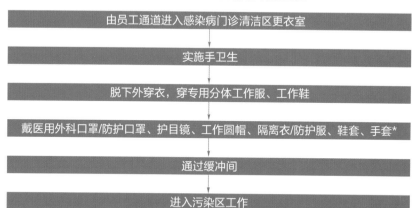

感染病门诊工作人员穿戴防护用品流程

　　注:＊:具体防护用品穿戴顺序应根据实际防护用品种类来确定;非新冠肺炎流行期间,防护用品穿戴也可以在缓冲间内完成。

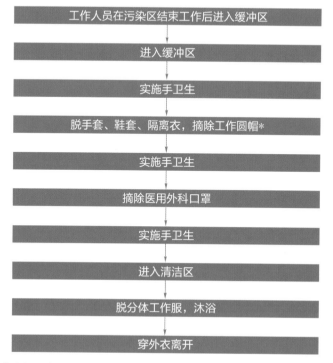

感染病门诊工作人员脱防护用品流程

　　注:＊:穿脱顺序应根据实际防护用品类型而定,重点在于正确佩戴口罩并在最后脱卸。防护用品脱卸时应避免接触到外表面,减少被污染的机会。

感染性疾病科门诊消毒要求

空气：通风是感染性疾病科门诊的防控关键点，应保持自然通风或机械通风。自然通风应确保清洁区与污染区之间空气无直接对流。门宜朝向相对清洁的区域打开，以减少开门时空气反向流动带来的污染。不宜考虑设置过多通道，以免自然通风全部被阻断。采用机械通风，可通过不同通风机组来确定三区不同压力梯度，达到组织气流目的，确保气流方向为清洁区→潜在污染区→污染区。门宜朝向空气压力相对高的方向打开。也可以通过安装不同方向的排风扇来组织气流以减少空气对清洁区的影响。自然通风不良又无法做到机械通风的密闭空间，可配备人机共存空气消毒机（如过氧化氢等离子空气消毒机、循环风紫外线空气消毒机等）。

物体表面：非传染病流行期间物体表面（含桌面及地面）保持清洁，每班清洁擦拭，每天用消毒湿巾或 500 mg/L 含氯消毒剂擦拭消毒 1～2 次。传染病流行期间物体表面保持清洁，每班用消毒湿巾或 500～1 000 mg/L 含氯消毒剂擦拭消毒。

诊疗器械及用品：可重复使用医疗器械密闭包装送消毒供应室处理，清洗、消毒、灭菌方法按照《医疗机构消毒技术规范》要求。鉴于新冠病毒具有高度传染性，可在感染病门诊先浸泡消毒处理以减少转运风险。消毒供应室污染区及感染病门诊的消毒工作人员应做好标准防护。

体温计按照《医疗机构消毒技术规范》处理。① 直接接触体腔测量的温度计：可选择使用 500 mg/L 含氯消毒剂浸泡 30 min。② 经体表测量的温度计：用 75% 酒精擦拭消毒。

血压计袖带采用 70%～75% 乙醇擦拭消毒。

隔离衣等织物：放入橘色织物袋或自溶性黄色织物袋密闭，用专用洗衣机清洗，程序中应有 75℃ 水洗 30 min 或 80℃ 水洗 10 min；也可以采用含氯消毒剂浸泡后常规清洗。

医疗废物：使用后的手套、口罩等一次性物品作为感染性废物处理，放入黄色垃圾袋。

病人卫生间应使用带盖坐便器，如厕后加盖冲水以减少气溶胶产生；蹲坑厕所应开启排风扇并保持房门关闭，以减少气溶胶集聚。推荐增设预消毒装置用于发热门诊污染区污水处理，污水经消毒处理后排入医疗机构污水管路。若没有污水预消毒处理系统，则应先将排泄物消毒后排放，可倒入漂白粉或 5 000 mg/L 含氯消毒剂作用后排放至下水道。

常见问题解答

❶ 感染科门诊与发热门诊有什么区别？

答 发热是一种临床症状，有发热症状的疾病非常多，并非所有发热症状的患者都需要到发热门诊就诊。发热门诊主要接待患有呼吸道传染性疾病，同时有发热症状的患者，称为感染性疾病科门诊更适合。感染科门诊除了发热患者，还有其他感染性疾病患者诊疗。

❷ 感染性疾病科门诊为什么要远离儿科？

答 感染性疾病科门诊以接待患有传染性疾病的患者为主，儿童免疫力低，容易发生交叉感染，应尽可能使发热门诊远离儿科，减少交叉感染机会。

❸ 发热门诊是否需要设立儿科诊室？

🈴 通常不主张在发热门诊单独设立儿科诊室。发热门诊主要用于传染病诊疗。儿童各种疾病都可能有发热症状，传染病仅占少部分。若患儿发热均在发热门诊就诊，会造成发热门诊候诊人员拥挤，反而会使交叉感染机会增加，通常的做法是在儿科门诊设置独立隔离诊室。同时，绝大多数医院儿科医生数量少，难以满足门诊、急诊和发热门诊同时排班的需要。

❹ 感染性疾病门诊"三区两通道"是指什么？

🈴 "三区"是指清洁区、潜在污染区（或称半污染区）和污染区。"两通道"分别是指工作人员通道和患者通道。

❺ 工作人员通道和患者通道必须分开吗？

🈴 必须分开设置发热门诊人员通道。从工作人员安全角度出发，在进入工作状态、遇见患者之前应先穿好防护用品。

❻ 在发热门诊内部，所有诊室、留观室等必须设供患者、工作人员、污物进出的不同的门吗？

🈴 并不要求发热门诊内部必须每一间诊室及留观室等设不同的门，可以从一个门进入诊室或留观室。因为，此时工作人员已经穿戴了防护用品，与患者从同一个门进出并不增加感控风险。污染物品经密闭包装后拿出诊室，且污物也是由工作人员打包运输，没有必要在每个房间设置专用的门供污物运出。

❼ 为什么在清洁区和潜在污染区都可以设库房？

🈴 库房主要用于存放物资，包括诊疗用品、防护用品、清洁用品等。这些物品可以存放在清洁区。发热门诊面积有限，清洁区无法设库房的，也可以在潜在污染区设置。当然库房管理要有要求，如进入库房应洗手，不得穿着已污染服装进入库房等。

❽ 在发热门诊三个区域之间需要分别设缓冲间吗？门朝向哪里开比较好？

🈴 发热门诊潜在污染区就是清洁区与污染区之间的缓冲间。缓冲间主要用于空气传播疾病防控，双门互锁减少开门时空气交叉。三个区域之间不需要再分别设缓冲间。有文件要求门应从清洁区开向潜在污染区、潜在污染区开向污染区；但大量实验证实空气流动与开门方向相反，在自然通风情况下，门应朝向相对清洁方向打开，空气在开门瞬间从相对清洁区域流向相对污染区域，使流向清洁区域的污染气流减少。三区之间有压力梯度，门应向压力梯度高（相对清洁区域）的方向开。一来随着开门气流从压力高区域流向压力低区域，减少污染气流影响。二来由于有压差存在，门开向压力高的方向一定要有外力作用，而不会因为门锁损坏自动打开，同时，压力可以保证门可靠和持久关闭。

❾ 清洁区进入污染区和返回清洁区的缓冲间需要分开设置吗？

🈴 缓冲间可以分开设置，进一步减少工作人员被污染机会，但并非必须分开设置。实际工作中，缓冲间分开设置需要占用一定空间，反而将有限空间进一步减小。在狭小空间脱卸防护用品，被污染的机会增加；工作人员进入污染区接班后，前一班工作人员才会离开污染区进入缓冲间脱卸防护用品，在缓冲间相遇的机会不多；而且，接班工作人员穿戴防护用品后进入缓冲间，即使与脱卸防护用品的人员相遇也是在防护状态下，暴露风险并不增加。

⑩ 为什么在清洁区设置视频会诊室?

答 在清洁区设置的视频会诊室主要用于多科室会诊或者上级医院专家会诊。专家可通过视频完成会诊而不用现场接触患者,节省专家时间及防护用品使用。

⑪ 治疗准备室设置在哪个区比较好?

答 治疗准备室是用来存放治疗用品和配制用药的,设置地点各有利弊。设置在清洁区,进入人员应着清洁服装,治疗准备和污染区治疗在两个不同区域,需要有人配合,同时,需要设置两个区域之间的传递窗,会造成人员浪费。在潜在污染区和污染区设置治疗准备室对于工作人员而言使用方便,但需注意,应尽可能在接触患者前进入治疗准备室,以减少治疗准备室被污染的可能。

⑫ 为什么发热门诊被要求设置专用 CT 室?

答 新冠肺炎流行期间,要求发热门诊设置专用 CT 室是行政层面的要求,出发点是减少其他患者与发热患者之间交叉感染的风险,从而减轻医疗机构其他科室新冠肺炎疫情防控压力。但是,发热门诊独立设置 CT 室并非防控法宝。在发热门诊就诊的患者不全是新冠肺炎患者,其中也可能有甲流患者、肺结核患者和普通发热患者,他们之间也存在交叉感染的风险。所以,应强调进入 CT 室正确戴口罩,而不是设置专用 CT 室。

⑬ 发热门诊 CT 室每位患者做检查后需要进行 30～60 min 空气及物体表面消毒吗?

答 新冠肺炎流行期间,进入发热门诊 CT 室的每位患者应正确佩戴口罩,必要时进行手卫生;不必每检查一位患者就进行空气及物体表面消毒。同理,发热门诊诊室也无须每接待一位患者就做空气及物体表面消毒。

⑭ 感染病门诊各区域内设置必须全省统一吗?

答 不必统一。医院可以根据实际情况去做布局及功能划分,诊室、留观室等有患者区域为污染区,工作人员更衣等在清洁区;库房、医护办公室等可设置在清洁区、潜在污染区或污染区,不同区域的防护穿着要求不同,应加强管理。

⑮ 发热门诊比较小,清洁区内更衣室可以脱防护用品吗?

答 不可以。发热门诊清洁区与污染区应该分开。清洁区更衣室主要用于存放工作人员清洁衣服,可以在此处穿戴防护用品,但不能在此处脱防护用品。应该在返回清洁区前脱去防护用品,因为脱卸防护用品过程中可能会污染环境。

⑯ 潜在污染区里穿和脱防护用品可以在同一间房间里进行吗?

答 鉴于新冠病毒具有高度传染性,不建议在同一间房间里穿脱防护用品;可以在进入房间前脱卸防护用品,进入房间后立即更换口罩。非疫情期间,如果只有一间房间,则靠近清洁区一侧作为穿防护用品区域,靠近污染区一侧作为脱防护用品区域,穿防护用品和脱防护用品时间应错开,不能同时进行。

⑰ 穿防护用品房间和脱防护用品房间可以共用一个走道吗?

答 可以。因为并不在走道内穿脱防护用品,污染走道的可能性很小,所以共用一个走道不会增加感控风险。

⑱ 防护用品有很多种类,穿脱顺序各有不同,应该如何选择?

答 应该根据现有防护用品种类,结合工作性质选择不同防护用品,穿脱顺序可有不同。使用防护用品重点是为了保障医务人员体表被全部覆盖,而且一旦有明显污染能够立即更换。脱防护用品重点是保证防护用品外污染面不污染到自己体表,特别强调口罩的最后脱卸。

⑲ 为什么强调口罩最后脱卸?

答 因为呼吸道传播疾病主要是通过呼吸道传播的,正确佩戴和最后脱卸口罩是呼吸道防护之关键。最后脱卸口罩可以防止在脱卸其他防护用品过程中吸入污染物。

⑳ 由于面积有限,潜在污染区很小,污染区与潜在污染区之间走道很宽敞,可以在进入潜在污染区之前脱掉防护服吗?

答 根据实际情况来定,可以在进入潜在污染区之前脱掉防护服。

㉑ 在哪一个区域脱卸口罩较合适? 重新佩戴口罩在哪个区进行?

答 在潜在污染区内进入清洁区之前脱去口罩;重新佩戴口罩推荐在进入清洁区后进行。潜在污染区存在污染可能,脱去口罩后需要做手卫生才能戴新口罩,而且,新口罩存放在潜在污染区也有污染风险。当然,如果潜在污染区比较宽敞,也可以在进入清洁区前重新戴口罩。

㉒ 发热门诊患者进、出通道需要分开设置吗? 确诊患者需要专用通道转运吗?

答 没有必要。患者可以从同一个通道进出,应强调所有患者正确佩戴口罩;不要求设确诊患者专用通道,应让患者戴好口罩后再转运。

㉓ 发热门诊工作人员进入、离开通道需要分开吗?

答 没有必要分开设置发热门诊工作人员进入和离开通道。工作人员在工作时佩戴防护用品,有呼吸道防护,工作结束脱去防护用品后进入清洁区穿上自己衣服从同一个通道离开。如果进出分开,工作人员离开前要折返进入通道取回自己的衣服,非常不方便。

㉔ 为什么要求候诊区至少可同时容纳 4~8 人候诊? 空间有限怎么办?

答 考虑到传染病流行季节传染病人聚集的问题,有一定面积的候诊区能够使患者相对分散地等候,尽可能减少交叉感染的机会。若空间有限无法保证候诊区域,传染病流行期间可以在室外指定区域搭建帐篷或安装集装箱或板房,甚至露天建立候诊区。

㉕ 为什么要求发热门诊内设卫生间,还要有挂号、收费及检验等辅助用房?

答 就传染病而言,应尽量就地隔离,减少对整个医疗环境的影响。在空间有限的情况下,可以采用挂号、收费、取药等共用房间的办法来节约辅助用房,但要保证诊室等关键用房设置。

㉖ 为什么对发热门诊诊室有面积要求,同时需要摆放 1 m 宽的工作台?

答 从工作人员职业安全防护角度考虑,呼吸道传播疾病主要通过近距离飞沫传播,即飞沫核在空气中短距离(1 m 内)移动到易感人群口、鼻黏膜或眼结膜等引发的传播。所以,房间应尽可能宽敞,摆放 1 m 宽的工作台,可保证工作人员与患者之间间隔 1 m 以上的距离。

㉗ 为什么留观室设置为单人间,并有独立卫生间?

答 留观室用于疑似患者留院观察或等待检测结果。疑似患者一旦确诊,定点医院收治;排除感染,则解除留观。疑似患者所患疾病可能具有传染性,须单间隔离。单间隔离时间根据医院检测时间而定,一般为数小时甚至数天,需要有独立卫生间以减少其对外界环境影响。

㉘ 留观室没有独立卫生间怎么办?

答 可以与发热门诊共用卫生间,但应错开使用,每次用后消毒;或增加移动卫生设施。

㉙ 留观室需要设前室做缓冲吗?

答 可以不设前室,但留观室房门应保持关闭状态。呼吸道传播疾病主要通过飞沫传播,需要将疑似患者隔离在单人间留观室。留观室有缓冲前室当然好,但发热门诊面积有限,留观室如果再设缓冲间,反而使留观室更加狭小,不利于空气流通。

㉚ 发热门诊特别强调通风要求,为什么?

答 因为呼吸道传播疾病主要通过飞沫传播,飞沫在空气中可以短距离运动,如果通风良好,带有病毒的飞沫就会随着气流分散,门诊区域空气中病毒密度就会进一步降低,从而确保了环境安全。

㉛ 为什么在发热门诊不强调空气消毒?

答 空气消毒可以起到降低空气中病毒或细菌密度的作用,但消毒过程需要一定时间,对于感染性飞沫无法做到一出现就杀灭。近距离接触患者时,即使做了空气消毒,仍然需要采取呼吸道防护措施。

㉜ 如何理解用不同通风机组来保证三区不同的压力梯度?

答 由于发热门诊分清洁区、潜在污染区和污染区,为确保清洁区空气不被污染,气流应由清洁区向潜在污染区向污染区流动,因此,采用不同换气次数的通风机组来保证气流方向,污染区应保持排风大于送风。

㉝ 感染性疾病科门诊医生应该固定吗?

答 日常感染性疾病科门诊由感染科医生承担,但在传染病流行期间,感染性疾病科专业医生不足,需要多科医务人员共同承担。所有医务人员进入发热门诊前均应经过系列培训,掌握传染病流行特点、诊断标准和治疗原则。

㉞ 在发热门诊工作,一定要戴手套吗?

答 建议传染病流行期间佩戴手套,平日可以不戴,但应严格执行手卫生。

㉟ 为什么感染病门诊工作服要求圆领分体式?

答 为了保证工作服能够覆盖里面所有衣物,减少被污染的可能。西装领工作服无法覆盖里面衣服的领口部分,有感染暴露风险。

㊱ 在感染病门诊是否必须穿隔离衣? 必须穿一次性隔离衣吗?

答 在平日感染病门诊不一定穿隔离衣,特别是每天更换工作服就可以不穿隔离衣;但在进行采集咽拭子等可能引起液体喷溅的操作,或者中心静脉穿刺等可能有血液喷溅操作时应穿隔离衣。在传染病流行期间,应在工作服外加穿隔离衣。

隔离衣起防污染作用,重复使用清洁布质隔离衣或穿一次性无纺布隔离衣均可。新冠肺炎传染病疫区尽可能使用一次性无纺布隔离衣,减少感染性织物运送及清洗消毒的压力。

㊲ 在发热门诊是否一定要戴 N95 口罩?

答 不一定。发热门诊可以佩戴外科口罩,在进行采集咽拭子等可能引起液体喷溅的操作或者做中心静脉穿刺等可能有血液喷溅操作时应佩戴专用防护口罩,且应佩戴防护面屏或护目镜。N95 口罩属于颗粒物防护口罩,可以过滤直径在 0.3 μm 以上的微小颗粒,也可以过滤直径在 0.3 μm 以上的细菌和病毒,所以每当有大型流行性传染疾病扩散时,戴 N95 口罩是常见的选择。

㊳ 在发热门诊可以穿清洁隔离衣吗?

答 可以。隔离衣的作用是保护工作人员手臂和身体暴露区域,并防止血液、体液和其他可能具有感染性的物质污染暴露的皮肤、衣服。隔离衣的选用取决于患者的情况,若预期有与感染性物质接触以及体液穿透屏障可能性,在进入房间时应同时穿戴隔离衣和手套以预防无意中接触受污染环境表面,起到防污染作用。

㊴ 在感染病门诊工作,需要穿胶靴吗?

答 根据疾病流行特点而定。接诊一般呼吸道传播疾病患者无须穿胶靴,但接触埃博拉病毒感染等容易接触较多血液、体液的传染病患者时应该穿胶靴。

㊵ 在感染病门诊工作,必须穿防护服吗?

答 不一定,要根据具体情况而定。平日无须穿防护服;在甲类或按照甲类管理的乙类传染病流行期间,为患者采集咽拭子和进行气管插管等易引起体液喷溅的操作时建议穿;在传染病疫区发热门诊建议穿防护服。

㊶ 在感染病门诊工作,必须戴护目镜吗?

答 不一定,要根据具体情况而定。为患者采集咽拭子和进行气管插管等易引起体液喷溅的操作时应戴护目镜;在传染病疫区发热门诊工作时应戴护目镜。

㊷ 在感染病门诊工作,必须戴防护面屏吗?

答 不一定,要根据具体情况而定。为患者采集咽拭子和进行气管插管等易引起体液喷溅的操作时应戴防护面屏。防护面屏与护目镜二选一即可。

㊸ 感染病门诊一定要配备动态空气消毒机吗?

答 不一定。动态空气消毒机可以在有人的情况下对空气进行消毒,但由于呼吸道传播疾病大多数是通过飞沫近距离传播的,即使空气消毒机一直工作能够减小空气中病原微生物的密度,但只要有患者在,近距离接触仍然有感染可能。而且,通风也同样可以起到减少病原微生物的作用。

㊹ 感染性疾病科门诊可以采用空气喷雾消毒吗?

答 可以,但不推荐。空气喷雾消毒有浓度、用量及作用时间要求,以过氧化氢消毒为例,3% 过氧化氢 20 mL/m³,在门窗密闭情况下作用 30 min 可以起到消毒作用。而且,消毒结束后通风 30 min 才可以进入。发热门诊需要 24 h 开诊,且在传染病流行期间患者较多,难以做到无人及空间密闭，操作难度大。

㊺ 在传染病流行期间，发热门诊人员穿两套防护服来进一步保证安全，可以吗？

答 不建议穿两套防护服。一套防护服就可以起到阻隔病原微生物作用，没有必要浪费。同时，由于防护服有防水性，穿两套会非常不舒服，导致大量出汗，体力消耗很大。不但没有加强防护作用，反而会降低机体抵抗力。

㊻ 在发热门诊穿一套防护服，外面再加穿隔离衣来进一步保证安全，同时节约了防护服，可以吗？

答 没有必要在防护服外加隔离衣。工作人员身着防护服在污染区工作 4～6 h，出污染区脱下的防护服不论是否有污染都作为感染性废物处理。而且，发生明显体液等污染机会并不多，无须加穿隔离衣。

㊼ 在发热门诊戴一个防护口罩再戴一个外科口罩，可以进一步保证防护效果吗？

答 不推荐。平日在发热门诊应戴外科口罩。外科口罩对病原微生物的阻隔效果明确，如果进行可能有体液喷溅的操作，应加戴防护面屏。在传染病流行期间，可以佩戴防护口罩，并做好密闭性检查。有文献通过对流体力学和密封压力的分析建模，论证了 N95 防护口罩被外科口罩覆盖时，颜面部与口罩之间密封泄漏的风险增加。如果使用外科口罩覆盖 N95，则多孔介质厚度增加，呼吸压力随着阻力增加而增加，因此相对于室内空气压力，口罩内及气道内呼吸压力更高，进而出现吸气时负压更低，呼气时正压更高。较大压差导致 N95 口罩边缘与颜面部柔性机械密封处出现有规律的搏动，从而使空气泄漏潜在风险增加。

㊽ 三级防护是否可以理解为穿三层防护服，戴三个口罩，戴三副手套？

答 不可以这样理解。三级防护是指标准预防的基础上实行空气、飞沫及接触隔离。穿一层防护服，戴一套呼吸保护装置，戴一层手套就是三级防护。考虑到一层手套在操作中一旦破损就需要更换，会有手部暴露，可以加一层手套。

㊾ 在感染病门诊上班，下班可以回家吗？

答 可以回家的。因为在工作时采用呼吸道防护，并非直接暴露，不必作为密切接触者来管理。目前，采取闭环管理政策主要是从人性化的角度考虑，减少工作人员后顾之忧。

㊿ 在新冠肺炎流行期间，发热门诊工作人员结束工作后需要隔离 14 天吗？

答 从专业技术角度讲，在新冠肺炎流行期间，发热门诊工作人员有呼吸道防护，不必作为密切接触者管理，结束工作后并不需要隔离 14 天。但大多数医院从人文关怀角度出发，提供集中休养观察，进一步缓解工作人员心理压力。

(51) 新发热门诊标准要求独栋建设，且与周围建筑间隔 20 m，在实际情况下无法做到，怎么办？

答 新发热门诊标准基于新冠病毒的强传染性而制定，并无循证依据。发热门诊与周围建筑保持 20 m 以上距离减少交叉感染机会，真正防控意义不大。在发热门诊就诊的患者并非都是传染病患者，但他们与传染病患者在同一个发热门诊就诊；同时，大多数医院设置在市区人群密集的地区，在医院内无法找到与周围建筑距离 20 m 以上的建筑。新冠病毒防控关键点在于正确佩戴口罩，严格执行手卫生。现有建筑应尽可能加强通风，与周围建筑距离 20 m 的要求不具备实际防控意义。

有专家认为已有建筑维持原样，增加排风处理即可；新建医院或门诊应满足新标准。但新建医院面积也有限，设置发热门诊会占用大量用地，让医院整体布局不协调。既然已有建筑没有按照国家新标准要求设置也能够发挥防控作用，新建筑是否有必要按照新标准设置发热门诊是个值得思考的问题。

㉒ 国家卫生健康委发布的新发热门诊标准中要求做到人流、空气流、物流实现完全物理隔断，同时，又要求所有外窗全部可以打开，如何实现这些要求？

答 从科学防控角度，打开窗户实现自然通风是行之有效的防控措施，我们在实际工作中应尽量做到。人流、物流分开在实际工作中相对容易做到；至于空气流，通过物理隔断来实现，体现在发热门诊三个区域之间，而不是发热门诊与其他建筑之间。应强调患者正确佩戴口罩。

㉓ 需要在发热门诊污染区与潜在污染区之间设置双门互锁传递窗吗？

答 不推荐。在发热门诊污染区与潜在污染区之间设置双门互锁传递窗的目的是通过传递窗传递物品，减少工作人员进入污染区的机会。但是，发热门诊工作人员一般成组工作，有医师接诊，护士协诊，还有收费、保安、保洁等，工作时间都穿戴防护用品进入污染区。很少有医院同时派出两组人员分别在潜在污染区和污染区工作来完成传递，使用传递窗概率极低，对于感控而言无实际意义。

㉔ 在发热门诊发现了新冠肺炎患者，需要关闭整个发热门诊吗？

答 不需要。发热门诊是用来诊断新冠肺炎等传染病的场所，所有工作人员均采用了防护措施，并非传染病密切接触者；同时，每天都会对发热门诊进行清洁消毒。所以，检出新冠肺炎患者，不需要对发热门诊进行关闭处理。

㉕ 发热门诊可以安装分体式空调吗？

答 发热门诊可以安装分体式空调。有不少文件规定发热门诊不可以安装分体式空调，主要是基于空调所在房间有回风循环，一旦有新冠肺炎患者在诊室长时间停留，其呼出的气溶胶可能会携带新冠病毒，通过回风循环会附着于空调滤网，再被空调风吹入房间，导致后续进入人员感染。但对于基层医疗机构发热门诊来说，通风和维持一定温度同样重要。没有空调，温度达到 38 ℃，工作人员如何在穿着防护服的情况下工作？如果患者不戴口罩，呼出的气溶胶确实会带有病毒，会通过回风进入分体式空调，空调滤网中可能会有少量病毒存在，但空调滤网中不具备病毒大量复制的条件；同时，进入发热门诊的患者均佩戴了口罩，即使新冠肺炎患者透过口罩排出病毒，量也很有限，且工作人员也戴好了口罩。故无须过多纠结空调滤网中可能存在的病毒。

㉖ 有专家要求发热门诊工作人员穿两层鞋套，分别在一脱间和二脱间脱下鞋套。是否需要按照专家要求整改？

答 没有必要穿两层鞋套。新冠肺炎是通过呼吸道传播和密切接触传播的，手接触鞋后须做好手卫生。

附 感染性疾病科门诊(发热门诊)建筑布局示意图(图 2-2-1)

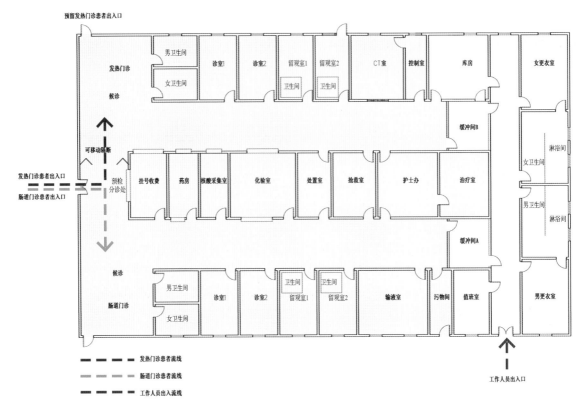

图 2-2-1 感染性疾病科门诊(发热门诊)建筑布局示意图

感染性疾病科门诊(发热门诊)建筑布局示意图示说明:

1. 非传染病流行期间:

感染性疾病科门诊分设呼吸道传播疾病门诊(俗称发热门诊)和非呼吸道传播疾病门诊(包括俗称肠道、肝炎、HIV 门诊等)。所有患者从同一个门进出,通过室内一个预检分诊点分诊后分别进入各自候诊区及诊疗区。共用挂号收费化验等辅助用房。

绿色区域为清洁区,设置工作人员出入口、更衣室、淋浴间、卫生间、值班室等,可设库房。在此区域脱卸生活外衣,穿工作服。

蓝色区域为潜在污染区,设置缓冲间,用于防护用品穿戴和脱卸,在缓冲间里靠近清洁区的为防护用品穿戴区域,靠近污染区的为防护用品脱卸区域。推荐工作服加穿(清洁布质可重复使用或一次性使用)隔离衣,进入发热门诊的工作人员应戴外科口罩,戴手套。缓冲间门应朝向相对清洁区域打开。

红色区域为污染区,设置预检分诊台、候诊区、诊室、卫生间、留观室、输液室、抢救室、挂号、收费、化验、污物间等用房。留观室内应有独立卫生间,推荐在发热门诊设置 3~5 间留观室。所有诊室不得小于 8 m²,推荐大于 10 m²。与 CT 室相邻的留观室对外设常闭门,疫情结束后,其他患者可由此进入行 CT 检查。污物间对外开门作为污物通道,用于污物转

运。(注:污物间可以在发热门诊和肠道门诊分别设置,或只设置一间,所有感染性废物密闭包装存放在污物间)

白色区域为库房,推荐库房在不同区域预留门并保持常闭,根据工作需要及人员安排决定在哪个区域打开房门使用。日常仅作为清洁区库房,打开在清洁区的门则属于清洁区范围。疫情期间,打开在污染区的门属于污染区,打开在潜在的污染区的门则属于潜在污染区。

2. 传染病流行期间:

在平日三区划分的基础上,感染性疾病科门诊预检分诊前移至感染性疾病科大门处。疫情严重,患者人数众多时则移至门外。设置有流行病学史发热(如新冠发热)门诊,由预留发热患者出入口进出;设置没有流行病学史(普通发热)发热门诊,从现有大门进出。关闭移动隔断,使两个区域的患者分开。

重新规划工作人员动线:鉴于新冠病毒的高传染性,工作人员应在清洁区穿好防护用品后,经过缓冲间 A 进入污染区,将库房朝向污染区和缓冲间 B 的门打开,变为防护用品脱卸间,实现工作结束后脱防护服与脱口罩分开。缓冲间门应朝向相对清洁区域打开。

应将整个红色区域作为污染区,工作人员均应做好防护。污染区里的留观室不必再设置缓冲间,CT 室无须再设置"三区两通道"。

有文件要求在发热门诊设置 10～15 间甚至 20 间留观室。医院应根据实际情况,在发热门诊设置全部留观室,或在发热门诊外预留带独立卫生间的房间用于大量患者留观。该区域应相对独立,不对医院其他人群形成干扰。

注:

推荐将预检分诊台设置为移动大工作台(带轮子并有刹),根据实际情况决定分诊台位置,不宜做成固定台子。治疗室及护士站内不宜设置固定操作台,以便紧急情况下改为其他功能用房。

所有房间标识采用插卡方式,根据需要随时调整,以减少浪费。

实例1 如何规划平疫结合的发热门诊(图2-2-2,图2-2-3,图2-2-4)

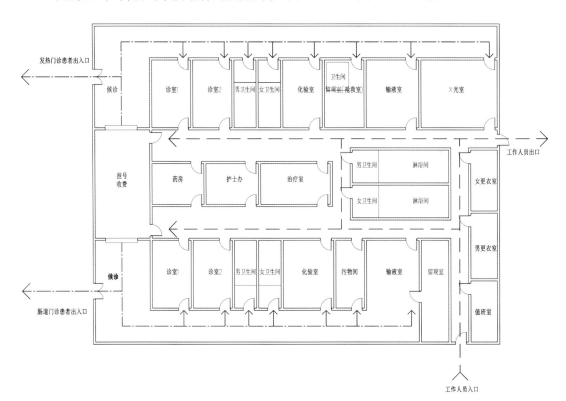

图2-2-2 原设计图

原设计图说明:

特点:

分别设置患者通道和工作人员通道,且工作人员通道入与出分开,患者通道与工作人员通道完全分开,只在进入诊室等业务用房后才相遇,最大程度减少了工作人员与患者之间的接触。

发热门诊和肠道门诊完全分开,减少了交叉感染机会。

共用挂号收费,减少工作人员浪费。

有工作人员更衣、值班区域。同时,设置了从污染区出来后的更衣及淋浴用房,用卫生通过连接污染区与清洁区,确保清洁区安全。

不足:

没有做到三区间设置实际物理屏障,特别是潜在污染区与清洁区之间没有实际屏障,洁污界限不清晰。

患者通道细长(长25 m,宽1.2 m),不利于抢救或者患者转运。同时,通道的设置使诊室等功能用房的自然通风大打折扣。

发热及肠道门诊完全物理分开在平日工作中会增加人员成本,各门诊均要设协诊护士。

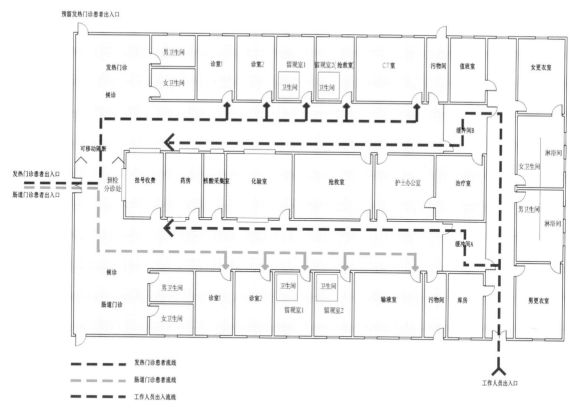

图 2‑2‑3　修改后日常使用图

在原图基础上修改后日常使用的感染科门诊说明：

将三区通过物理隔断完全分开，清晰划分三区。

清洁区仅设置一个工作人员出入口。由于工作人员进入污染区已经采取了防护措施，且并非传染病密切接触者，故无须进出分开设置。而且，若外衣存放在入口处更衣室，如何在出口处穿回自己的外衣也是难题。

从实用性考虑，在清洁区更衣室内设卫生淋浴间，而不是设在潜在污染区。淋浴结束后需要穿回自己衣服，如果淋浴间与更衣室之间有距离，则淋浴结束后需要大浴巾遮体才能进入更衣室；或者更换干净洗手衣裤，或者工作人员需要先回到更衣室拿自己衣服再到淋浴间冲淋。

设置大门供所有感染科患者进出，预留发热门诊患者出入口，在有疫情时使用。

平日预检分诊处设置在大门内，由一名护士完成预检分诊及协诊工作。增设可移动隔断，日常打开，有需要时关闭形成物理分隔。

分设进入肠道门诊的缓冲间 A：肠道门诊等非呼吸道传播疾病防控措施以洗手、戴手套、环境清洁消毒为主。应戴医用口罩／外科口罩，穿工作服，可外加隔离衣。进入发热门诊的缓冲间 B：呼吸道传播疾病防控措施以通风、戴口罩、戴手套、环境清洁消毒为主，应戴医用外科口罩／医用防护口罩，穿工作服，可外加隔离衣。缓冲间门朝向相对清洁区域打开。

　　工作人员进入污染区前应穿戴好防护用品,进入污染区后与患者共用通道。这样通道宽 2.5 m,方便患者运送等。

　　通道合并,候诊区面积增大,利于空气流动。诊室等业务用房靠墙设置,可开窗,增加自然通风。CT 室靠墙设置,其紧邻的污物间对外开门,疫情期间,作为污物通道将发热门诊医疗废物等污物直接运送出去;非疫情期间可将此间腾空,作为 CT 室的对外通道,在 CT 室彻底清洁消毒后,对其他患者或者体检患者开放。既可以增加 CT 使用频率,又不会引发患者对感染的恐惧心理。

　　护士办公室对两侧开门共用。治疗室预留门开向缓冲间 B。护士办及治疗室不设置固定操作台,以便疫情期间改作防护用品脱卸用房。

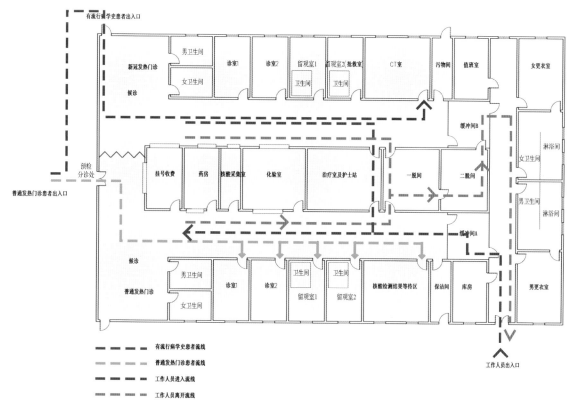

图 2‒2‒4 修改后疫情期间使用图

在原图基础上修改在传染病流行期间使用的感染科门诊说明：

整个感染科门诊包括发热门诊和肠道门诊，二者统一布局使用，分设新冠发热门诊和普通发热门诊，前者用于有流行病学史患者诊疗及留观，后者用于无流行病学史的患者诊疗及留观。

预检分诊移至大门外，有流行病学史的发热患者通过预留的发热门诊出入口进入新冠发热门诊；没有流行病学史的发热患者通过大门进入普通发热门诊。可移动隔断关闭，将两个区域完全分开。

重新规划工作人员动线：所有工作人员在更衣室穿戴好防护用品从缓冲间 A 进入发热门诊污染区各区域；工作结束后进入一脱间脱去(除口罩外的)防护用品，再进入二脱间脱去口罩，通过缓冲间 B 进入清洁区。缓冲间门朝向相对清洁区打开。

治疗室和护士站前移至抢救室。在普通发热门诊增设核酸检测结果等待室。无须设置确诊患者专用通道。所有患者进入发热门诊均须佩戴口罩。

实例 2 优化已建成的感染性疾病科的多个出入口(图 2-2-5,图 2-2-6)

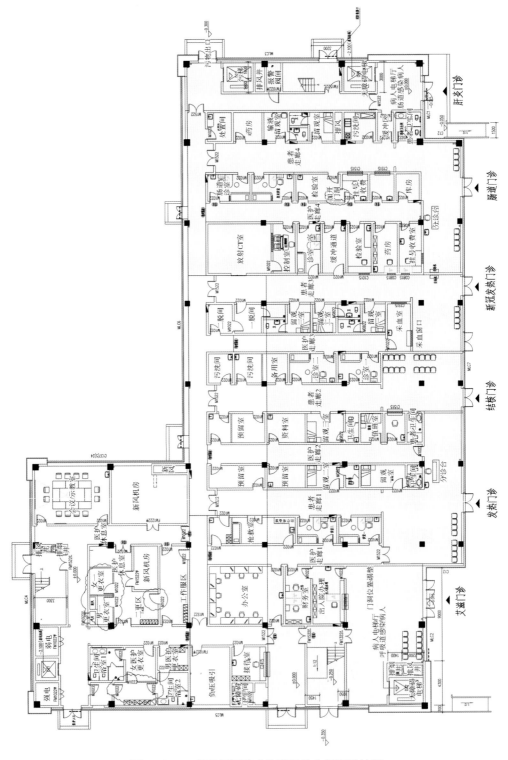

图 2-2-5 某三级医院感染科门诊布局原设计图

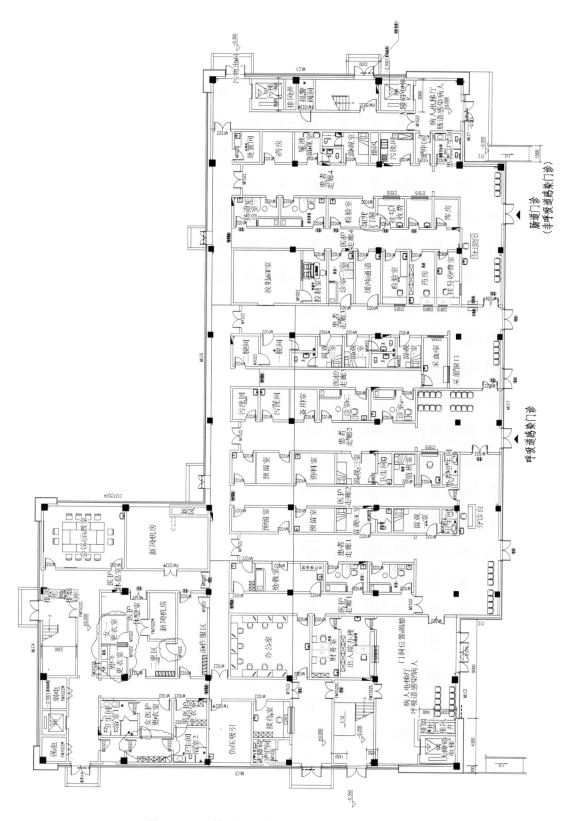

图 2-2-6 某三级医院感染科门诊布局修改后设计图

某三级医院感染科门诊布局原设计图说明：

特点：

感染科门诊面积大，各功能区设置宽敞，三区划分明确。按照每个病种分别设置出入口，可最大限度减少交叉感染，符合规范要求。

不足：

按照病种设置各种疾病患者出入口，力图最大程度减少患者交叉感染，理论上讲非常好，但实际工作中操作困难。作为患者如何知道自己应去哪个门诊就诊？有发热又有腹泻症状的患者应该从哪个门走？艾滋病患者和结核病患者常有发热，该去哪个门诊就诊？且作为艾滋病患者，其免疫力受损，应远离主要接诊呼吸道传播疾病患者的发热门诊。

另外，工作人员有限，每个病种都设挂号、收费、检验区域，造成了人员的极大浪费。感染科医生人数更少，每个病种都有一位医生坐诊，如何实现？设多个入口，且内部不相通，在哪里设置预检分诊？需要多少护士来完成预检分诊及协诊工作？

某三级医院感染科门诊布局修改后设计图说明：

对于已经完成施工的图纸，在无法做大布局改动情况下，将整个区域做了重新整合。

划定呼吸道感染患者门诊区域和非呼吸道感染门诊区域，呼吸道感染患者虽然感染病原体类型不同，但防护要求一致（全部戴口罩）；而非呼吸道感染患者就诊强调洗手。

将分隔各个候诊区的墙打通，改为门。无疫情期间，内部全部打开，对外开一个门，经过一个预检分诊处，分设呼吸道感染（发热）门诊和非呼吸道感染（肠道、肝炎等）门诊。同时，共享挂号、收费及检验区域。一旦出现疫情，则对外打开两个门形成两个独立区域，将预检分诊处前移至大门处或外，将患者分为有流行病学史患者和无流行病学史患者两类。这样可最大程度地节约人力、物力，同时可进可退。

实例3 不同板房类型发热门诊的建筑布局(图2-2-7,图2-2-8)

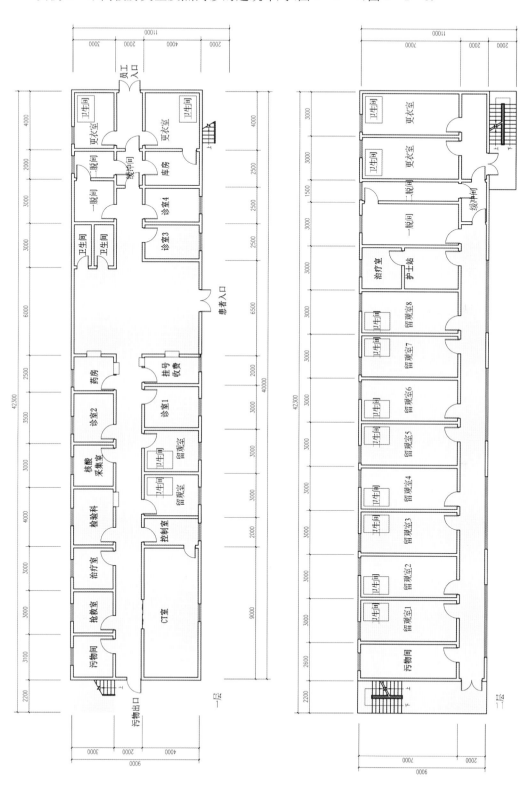

图2-2-7 长条形地块上的板房类型的发热门诊建筑布局示意图(两层)

长条形地块上的板房类型的发热门诊建筑布局示意图说明：

设置为两层楼，外设楼梯，可设电梯，一层以发热门诊诊室及辅助检查等功能为主，二层以患者留观室为主。内部为医患共用单通道。

绿色区域为清洁区；蓝色为潜在污染区，设置一脱间和二脱间，尽可能设外窗；红色为污染区。缓冲间门应朝向相对清洁区域打开。白色库房可以根据打开门的方向决定所属区域：打开朝向清洁区的门使用，则为清洁区；打开朝向潜在污染区的门则属于潜在污染区。

推荐在一楼设置2～4间患者留观室，用于病情较重或者行动不便的患者留观；二楼以留观室为主，同时，在1～2间留观室内预留诊室所需的设备（如电脑等）接口，一旦疫情严重，将其改为诊室，将新冠发热门诊和普通发热门诊分开设置在不同楼层，进退有度。同时，在患者不多的情况下，可仅开放一楼区域，减少人力资源配置。

所有患者留观室为单人间（含卫生间），或将留观室设置为三人间，预留三组设备带，疫情期间三人间仅收治一名患者，疫情结束后可以作为日间病房使用，收治三名患者。

CT室靠近一端，疫情结束后，打开污物出口，其他患者可由此进入CT室，增加CT使用率，同时，可消除患者进入发热门诊时的恐惧心理。

将收费处、药房设置在候诊区附近。疫情结束后，以候诊区为界，分为发热门诊和肠道门诊，可实现预检分诊、挂号、收费、药房共享。

如果有相邻地块设置患者留观室，则无须设置二楼。应考虑与发热门诊之间的布局，如清洁区共用或相邻、留观患者转运路径等。

图2-2-8 "L"形地块和方形地块上的板房类型的发热门诊布局图

"L"形地块和方形地块上的板房类型的发热门诊建筑布局示意图说明：

板房搭建的发热门诊应根据可用地块实际情况进行布局,不论哪种形式,均应满足发热门诊基本需求,符合"三区两通道"设置,诊室、留观、各功能区均具备。同时,应兼顾非疫情期间合理使用。

推荐：

所有功能用房采用插卡式标识,以便更换房间用途时及时调整标识,不造成浪费。

注：

由于页面布局所限,横、纵坐标比例有所不同。

实例 4　优化原有建筑的发热门诊（图 2-2-9，图 2-2-10）

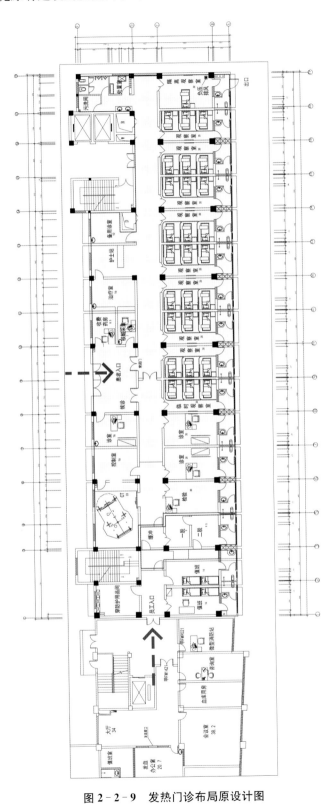

图 2-2-9　发热门诊布局原设计图

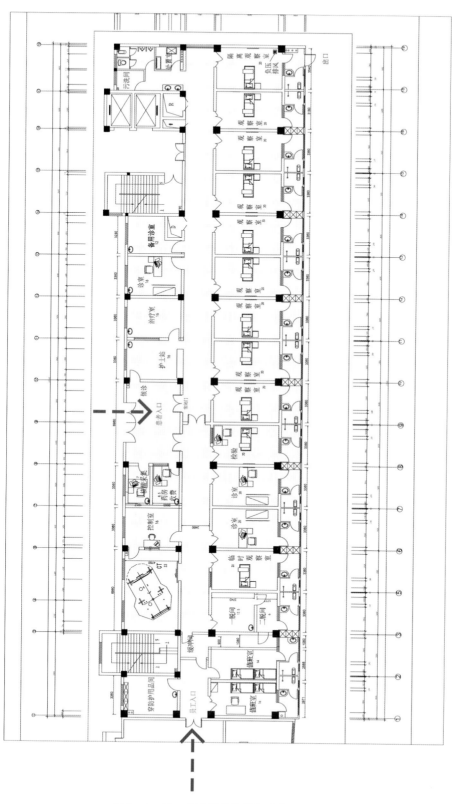

图 2-2-10 修改后的发热门诊布局设计图

原设计图特点：

原建筑布局中分别设置了清洁区与潜在污染区、潜在污染区与污染区之间的缓冲间。缓冲间门朝向相对污染区域打开。将患者留观区域与发热门诊在走廊两端分开设置，一端是三间诊室、CT室和检验区域，另一侧为患者留观室、一间备用诊室，且护士站和治疗室都设在患者留观区域一侧。

修改后的发热门诊布局设计图说明：

取消了污染区与潜在污染区之间的缓冲间，使走道尽可能宽敞。同时，CT室入口处面积增大，方便检查等待。

将四间诊室分开设置，走廊两端各设两间诊室和留观室，疫情期间分别作为新冠门诊和普通发热门诊。同时，在只有1～2位患者留观等待检测结果时，不需要两端都安排工作人员。疫情结束后，可以一端作为肠道或肝炎门诊，一端作为发热门诊。

将护士站前移到入口，在就诊人数不多的情况下，可以照顾到留观患者，同时可担任预检分诊、协诊工作，最大程度节约工作人员。

收费药房位置与核酸采集室互换，使核酸采集室能够有良好通风条件。

缓冲间门变为朝向相对清洁区域打开，以减少反向流动气流的影响。

建筑布局除了"三区两通道"设计，要充分考虑实用性以及节约人力资源，做到进退自如。

注：

图2-2-1至图2-2-6由伍兹贝格建筑设计咨询(上海)有限公司鲍天慧协助完成。

图2-2-7至图2-2-10由南京回归建筑环境设计研究院有限公司协助完成。

第三节　感染科病区

医院应重视感染性疾病科学学科设置,应将感染(包括社区感染与医院感染)诊断及治疗、预防与控制融为一体,整合感染科、感染管理科及临床微生物专业人员,打造和培养抗感染药物合理应用与管理专业团队。医院宜单独设置感染楼,可包括感染病门诊、感染科病房(含隔离病区及非隔离病区,非隔离病区收治普通感染性疾病患者,隔离病区收治呼吸道传播疾病和非呼吸道传播的传染病患者)。可设隔离手术室及重症监护室(内设内窥镜检查室、便携式心电图及B超设备等),还可将病原微生物实验室纳入其中。感染病门诊与感染科病房之间宜设独立通道,用于快速转运传染病患者。

感染楼应位于医院内相对独立的空间并设置独立出入口,且宜常年处于下风口位置。感染楼应与周围建筑保持20 m间距或设置绿化带。应当遵照控制传染源、切断传播途径、保护易感人群的基本原则,力求满足传染病患者收治的医疗流程要求,满足机电改造的基本要求。

感染科病房楼二层及以上应设置至少两部电梯。一部为清洁梯,用于工作人员、清洁及无菌物品运送;另外一部为污染梯,用于患者进出、污染物品运出等;有条件的可增加一部污物梯,用于医疗废物、脏被服等污物清运。不必按照收治病种设置电梯,如结核患者梯、肝炎患者梯、艾滋病患者梯等。病房楼三层以上可分楼层使用电梯,设呼吸道传播疾病患者病区电梯和非呼吸道传播疾病患者电梯,前者要求进入人员均戴口罩,后者强调出电梯洗手。若条件有限,仅能设置一部病员梯,应要求所有乘坐电梯人员戴口罩及做好手卫生。

感染科隔离病区布局要求

感染科病区可设隔离病区与非隔离病区,非隔离病区按照普通病区设置,隔离病区应当按照传染病收治流程布局。不同传播途径传染病的患者宜分楼层收治,至少分区域收治。呼吸道传染病患者收治病房应做好气流组织,确保通风良好。宜设负压病房,用于收治不同种类呼吸道传染病的患者。

严格实施医患分区,可分为清洁区、潜在污染区、污染区,三区之间设置缓冲间。具体设置如下:

清洁区:在隔离病区一端或一侧设有医务人员出入口(或称通道)、医务人员更衣室、卫生间、淋浴间、清洁库房等,可设休息室、值班室,有条件的还可设置专家会诊室和监控观察室。

潜在污染区(或称半污染区):该区可设医护办公室、治疗准备室及库房等。可分开设置防护用品穿戴和脱卸区域。可采用同一走道两个相邻房间靠近清洁区的房间用于穿戴防护用品,接近污染区的房间用于脱卸防护用品;或分设两个通道,将防护用品穿戴和脱卸完全分开。穿防护用品区域应设穿衣镜,脱卸防护用品区域宜设监控以便监督与指导。

污染区:在隔离病区另一端或一侧设有患者出入口(或称通道),可设隔离单人间(负压隔离单人间面积≥15 m²,房间开间>3.3 m)、隔离双人间及隔离三人间病房(床间距≥1.1 m)。所有病房内设卫生间,卫生间设坐便器、淋浴、洗手池及地漏,下水均需设水封。治疗区走廊>2.4 m,办公区走廊≥1.2 m。由于对呼吸道传播疾病传染源控制有相应要求,不建议加设患者走廊,各病房可设独立封闭阳台;有患者走廊的,要加强轻症患者管理,患者原则上在房间内活动。

防护要求

清洁区:换工作鞋,穿分体式工作服(或洗手衣裤)或工作服,戴口罩(进入潜在污染区工作可戴医用外科口罩,进入呼吸道传染病污染区应戴医用防护口罩),戴工作圆帽。

潜在污染区:可在清洁区防护要求基础上加穿工作服、布质隔离衣或一次性隔离衣(适用于仅在此区域办公人员)。

注明:鉴于新冠病毒具有高度传染性,文件要求新冠疫情期间所有防护用品穿戴在清洁区完成,潜在污染区用于防护用品脱卸,可设置一脱间用于除口罩以外的防护用品脱卸,二脱间用于脱卸或更换口罩。

污染区:可酌情加戴护目镜/防护面屏,穿医用防护服,穿鞋套,戴手套。

隔离病区设置要求

隔离病区冷热水系统应采用断流水箱或增设减压型倒流防止器;加热设备热水出水温度应达到60 ℃以上。隔离病区排水应设预消毒处理池,经过预处理后排入医疗机构污水处理系统。应急隔离病区没有预消毒处理池,增设预消毒箱消毒后排放到污水处理系统,或先将排泄物消毒后排放(可倒入漂白粉或5 000 mg/L含氯消毒剂消毒后排放至医疗机构污水处理系统)。

隔离病区应设置机械通风系统。污染区通风室内采用"上送下回"方式,机械送、排风系统应当按清洁区、半污染区、污染区分区设置独立系统。空气压力应从清洁区、半污染区至污染区依次降低。

应关注机械送风安全性。新风应直接取自室外,并且周围不存在污染情况,新风机组宜设在独立房间。

隔离区排风机应当设在排风管路末端,排风系统排出口不应临近人员活动区,排气宜高空排放,排风系统排出口、污水通气管与送风系统取风口不宜设置在建筑同一侧,并应当保持安全距离。

对于普通病房应急改建呼吸道传染病(如新冠肺炎)患者收治病区的,应梳理已有通风系统及空调,不必过多纠结空调回风问题。中央空调回风大多在各自房间内循环,房间内空气有回风,只要有呼吸道传播疾病患者存在就有可能使房间空气中带有病毒。所以,疑似患者不能与确诊患者收治在同一房间。但疫情期间整个呼吸道传染病隔离病区收治确诊新冠肺炎患者,只要做到不同感染病毒变异株患者分房间收治即可。空调开启使室内温度得以保证,同时,空气流动会进一步降低病毒密度。使用中央空调是重要的防控措施之一。当然,中央空调应是按照要求有新风各级过滤并正常运行维护的空调;也可以加装回风空气消毒装置。

机械通风的关注重点是确保清洁区气流相对独立及安全。对于整栋楼收治患有不同呼吸道传染病患者的病房,不宜采用竖式排风管路,避免出现空气串层导致交叉感染。但对于整栋楼全部收治同一种确诊疾病患者(如新冠肺炎患者)的病房,重点是做好排风过滤或消毒处理,确保排出空气的安全性;不必强调关闭病房竖式排风,也无须将竖式排风应急改建成同层横向排风。

不同楼层卫生间排风共用管路有可能导致空气交叉。推荐在顶楼增加排风机组持续工作,使病房卫生间排风管路形成相对负压而不发生气流倒灌。实际工作中尽可能减少会产生气溶胶的动作,如开放式吸痰、支气管镜检查、坐便器未加盖冲水等。

负压隔离病房设置要求

负压隔离病房平日主要用于收治尚未明确诊断传染病患者和烈性传染病患者。若同楼层有不同种类传染病患者,应尽可能收治在负压隔离病房以减少其交叉感染机会。明确诊断患者(如新冠肺炎患者)并非必须收治在负压隔离病房。

由于造价高、使用成本高、使用率低,负压隔离病房设置数量不宜过多。一般综合性医院设置 3～6 间,传染病医院设置 10～20 间为宜。

为收治呼吸道传染病重症患者而设置的负压隔离病房,应当满足《医院负压隔离病房环境控制要求》(GB/T 35428—2017),设双门互锁缓冲间及传递窗。该缓冲间为潜在污染区,也可以用于穿脱防护用品。传递窗用于物品及食品传递。

负压隔离病房宜采用全新风直流式空调系统。强烈建议创新设计负压隔离病房,采用变频空调并增设带有止回阀的回风装置,用于非疫情期间患者收治以减少能源消耗。送风口应当设在医护人员常规站位顶棚处,排风口应当设在与送风口相对的床头下侧。相邻相通的不同污染等级房间的压差(负压)以 5 Pa 为宜,按负压由高到低排列依次为病房卫生间和病房(一般为－15 Pa)、缓冲间(一般为－10 Pa)、潜在污染区(医护人员通道,一般为－5 Pa)。相对负压的存在可以保证气流按照设计方向流动,推荐相邻房间压差以 5 Pa 为宜,不宜使负压病房里压差达到－40～－30 Pa,以避免开门困难和出现明显啸音。有压差区域应设置微压差计。微压差计应安装在进入人员能够目视的区域,并有明显安全压差范围提示。负压隔离病区内所有门应设置自动闭门器,区域内门均向压力高的一侧开启,增加门的密闭性;污染区、半污染区内玻璃窗必须为密封性良好的玻璃窗(注:作为负压隔离病房使用时不得打开玻璃窗并应确保密闭性,在日常使用时可以打开玻璃窗)。各类灯具箱与吊顶之间的孔洞也应密封不漏气,其管道通过顶棚通向隔离病房时,贯穿部位应完全密封。负压隔离病房位置设计还应充分考虑到自然采光,再利用通透玻璃隔断,尽最大可能给予自然光甚至引入自然景观,这可在一定程度上缓解患者的压抑感与不安感,有助于患者治疗康复。

负压隔离病房应当设置医护对讲系统。负压隔离病房及重症监护室应当设置视频监护系统。

污物间设置要求

应设污物间,收纳所有医疗废物。污物间可设对外通道,减少医疗废物运输过程中对医疗环境造成的影响;如没有对外通道,按照感染性医疗废物收集要求,出病房后加套黄色垃圾袋,鹅颈式密闭,专人定时收集,从患者出入口运出。推荐在隔离病区设置卫生小循环设备,对重复使用物品进行就地清洁消毒,同时,对需送至消毒供应室的器械等做预消毒处理。

可设保洁间,存放、清洗消毒保洁用品及用具。或在污物间内设置对应区域存放保洁用品及用具。

医用真空系统设置要求

感染科病房应独立设置负压吸引管路,末端使用负压吸引(调节)器须设防倒吸装置。可以在感染科污染区设置小型独立负压吸引系统。

医用真空系统应保持站内密闭,真空泵排放气体须作消毒处理,如果是水环式真空泵房,则房间需设消毒设施,排水要消毒后再排入医院污水处理系统。应急状态下可使用移动式负压吸引设备。

隔离手术间设置要求

可在隔离病区设置隔离手术间及相应辅助用房,供呼吸道传染病患者急诊手术用。推荐采用有气流组织的、带强排风的手术室,手术室设置前和后缓冲间,前缓冲间可设置外科洗手处,后缓冲间可用于使用后物品预处理。但由于该类患者需要急诊手术的概率低,从手术室利用率而言,不推荐常规设置隔离手术间。

使用医院手术部隔离手术间开展呼吸道传染病患者急诊手术,患者应从专用通道(常为污物电梯)进入手术部隔离手术间,如没有专用通道,患者须佩戴医用防护口罩(至少佩戴医用外科口罩)进入手术部隔离手术间,且所有医务人员应做好呼吸道防护。隔离手术间应设置独立空调机组,以负压为宜。手术结束,应按照要求进行终末消毒。

重症监护室设置要求

有条件的医疗机构,可在隔离病区设置重症监护室;没有条件的,可以使用病房作为应急监护室。重点是满足强电、弱电、高流量氧气供应等。

附

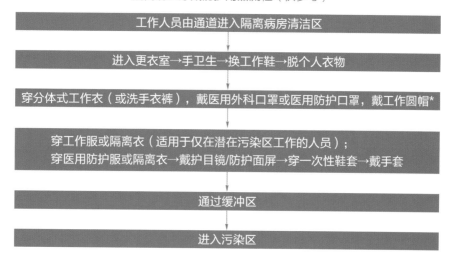

隔离病区穿戴防护用品流程（供参考）

工作人员由通道进入隔离病房清洁区

进入更衣室→手卫生→换工作鞋→脱个人衣物

穿分体式工作衣（或洗手衣裤），戴医用外科口罩或医用防护口罩，戴工作圆帽*

穿工作服或隔离衣（适用于仅在潜在污染区工作的人员）；
穿医用防护服或隔离衣→戴护目镜/防护面屏→穿一次性鞋套→戴手套

通过缓冲区

进入污染区

注：

＊：具体防护用品穿戴顺序应根据实际防护用品种类来确定；非新冠肺炎流行期间，防护用品穿戴也可以在缓冲间内完成。

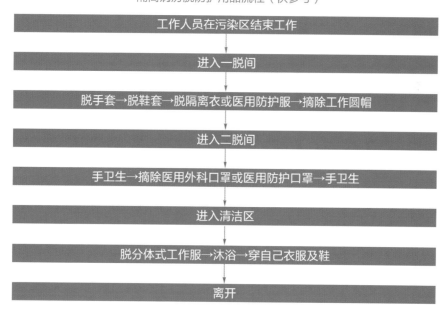

隔离病房脱防护用品流程（供参考）

工作人员在污染区结束工作

进入一脱间

脱手套→脱鞋套→脱隔离衣或医用防护服→摘除工作圆帽

进入二脱间

手卫生→摘除医用外科口罩或医用防护口罩→手卫生

进入清洁区

脱分体式工作服→沐浴→穿自己衣服及鞋

离开

注：

＊：穿脱顺序应根据实际防护用品类型而定，重点在于正确佩戴口罩并在最后脱卸。防护用品脱卸时应避免接触到外表面，减少被污染的机会。

感染科病区清洁消毒要求

空气:通风(而不是空气消毒)是感染病区防控的关键点,应保持自然通风,自然通风应达到 160 L/(s·床)。自然通风不良的,采用机械通风,非隔离病区最小换气次数应达到 3 次/h,负压病房最小换气次数应达到 6 次/h,负压隔离病房换气次数应达到 10～15 次/h。自然通风状态下,应确保清洁区与污染区之间空气无直接对流。不宜过多考虑通道设置而使自然通风全部被阻断。采用机械通风,可通过不同通风机组来确定三区的不同压力梯度,达到组织气流目的,确保气流方向为清洁区→潜在污染区→污染区。也可以通过安装不同方向的排风扇来组织气流以减少空气对清洁区的影响。自然通风不良又无法做到机械通风的密闭空间,应配备人机共存空气消毒机(如过氧化氢等离子空气消毒机、循环风紫外线空气消毒机等)。强烈反对在整个患者和医护走廊及病房悬吊多个紫外线灯用于空气消毒,尤其是采用一个开关控制的紫外线灯组。

缓冲间门朝向相对清洁区域或空气压力相对高的方向打开,以减少开门时空气反向流动带来的污染。

物体表面:物体表面(含桌面及地面)要保持清洁,应每天清洁擦拭,每天用 500 mg/L 含氯消毒剂或消毒湿巾擦拭消毒 1～2 次。

诊疗器械及各类用品:可重复使用医疗器械密闭包装送消毒供应室处理,清洗消毒灭菌方法遵循《医疗机构消毒技术规范》要求。鉴于新冠病毒有高度传染性,推荐在感染病区设置卫生小循环设备用于器械预处理。

(1)体温计:按照《医疗机构消毒技术规范》处理。① 直接接触体腔测量的体温计:可选择使用 500 mg/L 含氯消毒剂浸泡 30 min。② 经体表测量的体温计:用 75%乙醇擦拭消毒。

(2)血压计袖带:采用 70%～75%乙醇擦拭消毒。

(3)隔离衣等织物:放入橘色织物袋或自溶性黄色织物袋密闭,用专用洗衣机清洗,程序中应有 75℃水清洗 30 min 或 80℃水清洗 10 min;或者采用含氯消毒剂浸泡后常规清洗。

(4)医疗废物:污染区里的所有垃圾(包括患者生活垃圾),工作人员使用后的手套、口罩等一次性物品都作为感染性废物处理,放入黄色垃圾袋。垃圾袋达到 3/4 满时应做鹅颈式结扎,离开房间时外套一层黄色垃圾袋以减少污染的可能,不推荐在垃圾袋外面进行喷雾消毒。

病人卫生间应使用带盖坐便器,如厕后加盖冲水以减少气溶胶产生;蹲坑厕所应开启排风扇并保持房门关闭,以减少气溶胶积聚。

常见问题解答

❶ 隔离病区医务人员卫生间设在清洁区域内。传染病流行期间,每次上厕所都需要更换防护服吗?

🈀 在疫情期间,防护用品被污染风险高,工作人员进入清洁区卫生间之前应脱去防护用品并洗手。在防护用品供应紧张的情况下,工作人员常少喝水或穿尿不湿以减少防护服更换。

❷ 隔离病区清洁区医务人员更衣室主要用来更换什么衣服？

答 主要用于摆放自己的外穿衣，更换分体式工作服或者洗手衣裤。因为分体式工作服或洗手衣裤可每日更换，清洗消毒，下班后脱下洗手衣裤，洗澡后即可穿自己的外穿衣回居住地。这样符合隔离防护要求。

❸ 传染病流行期间，可以在隔离病区清洁区域用餐吗？

答 可以，但不提倡。清洁区主要供工作人员更衣、休息，可以用餐。应严格各区管理，在不同区域穿戴不同防护用品，保洁工具也应该严格区分。但疫情期间，进入污染区工作时间为 $4\sim6$ h，工作结束后返回住地用餐更为稳妥。

❹ 传染病流行期间，在隔离病区潜在污染区应佩戴什么口罩？

答 在潜在污染区工作时（如从事病历书写、处理医嘱、配制药品等工作），应佩戴医用外科口罩。

❺ 为什么医护办公室和治疗室宜设潜在污染区，而不是清洁区或污染区？

答 在传染病流行期间，大量处理医嘱、配制药品、病历书写等工作需要完成。如果医护办公室和治疗室设在清洁区，工作人员进出需要不停穿脱防护用品，耗时耗力；如将其设在污染区，三级防护情况下，操作多有不便。因此放在潜在污染区较为合适。在不同区域使用正确的防护用品，既能保证医护人员安全，又不至于浪费防护用品，同时也便于操作。

❻ 将医生办公室设置在潜在污染区可以吗？ 传染病流行期间，在此区如何进行防护用品穿戴？

答 可以将医生办公室设在潜在污染区。传染病流行期间，在此区可以穿着分体式工作服，外加一次性隔离衣或者工作服，戴医用外科口罩。

❼ 为什么要求在穿防护服区域设置穿衣镜，脱防护服区域安装监控？

答 单人穿戴防护用品时，通过穿衣镜能够充分看到自己防护是否到位，口罩是否与面部贴合，身体所有表面是否全部覆盖。在脱卸区域安装监控是为了监督和指导医务人员脱防护用品。由于脱卸区域是容易有污染的区域，不宜让工作人员现场监督与指导，通过监控可以了解脱卸防护用品情况，保障工作人员职业安全。

❽ 隔离病区为什么会有双人间或三人间，而非全部是单人间？

答 对于病种相同的确诊患者，可以安置在同一房间进行隔离治疗。患者即使发病时间不一致，恢复期的患者对同一种传染病也具备保护性抗体，无须担心交叉感染问题。而疑似患者还未确定是否患病，不同患者在同一房间容易发生交叉感染，所以疑似患者需要单间隔离收治，确认患者可以收治在多人间。

❾ 为什么隔离病区不提倡建立患者专用通道？

答 患者专用通道，顾名思义就是专供患者行走的通道，将患者与工作人员严格区分开来，以减少对医务人员的影响。但患者必须在医务人员陪同下才能进入隔离病区到达指定床位，因此，单设患者专用通道从感染防控来说意义不大。医务人员穿戴好防护用品且病人戴医用外科口罩，使用同一通道是安全的，不需要设立患者专用通道。而且，设置患者通道常会影响病房自然通风。

⑩ 为什么建议在隔离病房内设置独立阳台？

答 在患者病情允许时，独立阳台可以供患者适当走动，锻炼身体增强体质。同时，晒太阳有助于缓解患者的焦虑紧张情绪。还可以解决患者衣服晾晒的问题。独立阳台在满足通风、患者适当运动需要的同时，也能减少交叉感染机会。

⑪ 负压病房和负压隔离病房的区别在哪里？

答 负压病房和负压隔离病房内的气压均低于病房外的气压，病房空气经过气流计算及组织，送风量小于排风量。负压病房新风换气次数一般为 6 次/h，空气会有部分内循环；而负压隔离病房新风换气次数为 12 次/h，空气是全新风直流，没有空气内循环。从理论上讲，后者空气没有内循环，患者呼出病原体迅速随空气排出，安全性更高。负压病房由于有内循环存在，患者呼出的病原体可能会在房间内停留一定时间，对于患者以及工作人员来说，接触到病原体的机会更多。当然，就运行成本而言，前者明显小于后者。另外，因相同病种的患者才会收治在同一房间，而且工作人员进入时已经做好呼吸道防护，故从实际防控来讲，两者没有太大区别，但后者运行费用明显高于前者。

⑫ 为什么不建议隔离病房都建成负压病房？

答 建立负压病房的作用是保证病区内的走廊空气安全，使病房内排风大于送风，主要用于经空气传播疾病。目前，大多数急性呼吸道传染病主要以病毒感染为主，经飞沫传播为主要传播方式，开窗通风可以快速降低室内病毒密度，因此保证通风比建立负压更加重要，实用性更强。负压病房建设和运行成本都比较高，所以，保证房间开窗通风比建立负压病房间性价比更高。同时，工作人员在呼吸道传播疾病收治区域都必须采取呼吸道防护措施，这是呼吸道传染病防控的关键。

⑬ 为什么医疗及护理操作中，要尽量减少产生气溶胶的操作？

答 因为医疗护理操作产生的气溶胶会携带病毒，可随着气流传播到较远距离，促进病毒播散，增加防护难度。减少产生气溶胶的方法如将开放式吸痰方式改为密闭式吸痰方式。

⑭ 为什么在隔离病房要强调坐便器加盖冲水？

答 隔离病房患者排泄物内可能存在病原微生物，坐便器在冲水时容易产生气溶胶，这些病原微生物会随着气溶胶传播到较远距离，给工作人员防护带来不利影响。因此，要强调坐便器加盖冲水。

⑮ 隔离病房必须安装感应式冲水马桶吗？

答 可以在隔离病房安装感应式冲水马桶，但并非必须安装。应要求患者入住后做到饭前便后洗手，患者出院后对病房包括卫生间做好终末消毒。

⑯ 隔离病房医疗废物如何包装？隔离病区必须有污物通道吗？

答 隔离病房里的废物属于感染性废物，当废物到 3/4 满时，应该采用鹅颈式结扎方法密闭，在离开污染区时再套一层黄色垃圾袋，以保证垃圾袋外面清洁。而不是将垃圾桶内套两层黄色垃圾袋，再收集垃圾。当然，如果垃圾袋质量不佳，则使用双层垃圾袋以减少破损风险。污物通道是医疗废物的运送通道，而医疗废物已经过双层密闭包装，放置于垃圾桶内密闭转运，其对通道环境并无影响。所以并非必须设立污物通道。

⑰ 为什么隔离病区通风系统在三区要各自独立设置？

答 从隔离病区收治呼吸道传染病患者的情况考虑，可能存在空气传播，要确保污染区气流单独排放，而不能向半污染区和清洁区域流动。

⑱ 隔离病区排风系统是否要增加高效过滤器？

答 排风系统增加高效过滤器是从保障排出空气安全性出发而设定的，但在实际应用中存在不少问题。高效过滤器只能阻隔病原体，但并无杀灭作用。随着排风系统工作积累，高效过滤器内会有病原体积聚。是每收治一位患者就更换高效过滤器，还是对其进行特殊消毒处理？更换高效过滤器属于高感染风险操作，如何确定更换频率？采用什么级别防护？上述问题有待进一步研究及论证。推荐排风系统增加消毒装置而不是增加高效过滤器。

⑲ 负压隔离病房高效过滤器必须安装在病房患者床头下侧墙面吗？

答 标准确实有这样的要求，主要从减少排风管路的污染角度考虑，但其实际防控意义不大。在实际工作中推荐在病房内排风口设置初效过滤设施，每位患者出院后清洗消毒初效过滤设施，排风末端安装消毒设施（如等离子消毒设施）。

⑳ 为什么隔离房间内送风口一般位于医务人员常规站立位置上方，而排风口一般位于患者床头下方？

答 这样的气流可以保证医护人员接触的空气相对清洁。新风从医护人员上方进入，患者呼吸或咳嗽有可能带有的病原微生物从床头下方被吸走。但即使在这样有气流组织的房间内，正确戴口罩仍是不可或缺的防控措施。

㉑ 为什么需要设置微压计？

答 工作人员进入负压病房之前，应观察微压计数值是否符合要求，从而了解自己的工作环境是否安全，空气从清洁区流向半污染区和污染区，相邻区域间应该都有 5 Pa 压力差。

㉒ 为什么要关注医院真空系统（俗称负压装置系统）？

答 医院真空系统主要用于吸痰等负压吸引操作，这些吸引操作可产生大量含有病原微生物的液体，中央性真空装置可能吸附大量病原微生物，有引发感染的风险，所以需要关注。

㉓ 新冠患者的脏衣服如何处理？

答 新冠患者的脏衣服应用专用橘色布袋或者自溶性洗衣袋存放，放入专用洗衣机清洗，洗涤和消毒同时进行，75℃清洗 30 min 或 80℃清洗 10 min 或洗衣过程加消毒剂，也可以经床单元消毒机消毒后送洗。患者入院带来的衣服也可以密闭存放在整理箱或塑料袋等包装里，经过一个住院周期（一般 7～10 d）的存放后，出院时带回家晾晒即可。因为病毒在没有活体细胞的衣服上无法存活，一般 2 d 就会死亡，放置一周以上就不会有传染性，无须再消毒处理。

㉔ 工作人员出隔离病房污染区需要设置消毒地垫做鞋底消毒吗？

答 不需要。消毒地垫所含消毒剂浓度无法保证，且会对环境造成影响。无须设置消毒地垫做鞋底消毒。如果收治传染性极强的患者，可以通过戴鞋套或靴套来防护。

㉕ 工作人员出隔离病房污染区需要设置风淋吗？

答 不需要。风淋可以吹落防护服上的颗粒，但吹风过程也是扬起颗粒的过程，反而有可能因此吸入更多颗粒物，在一定程度上加大了感染风险。

㉖ 工作人员出隔离病房污染区需要进行全身喷雾消毒吗？

答 不建议使用全身喷雾消毒。消毒剂喷雾需要一定的量、浓度、作用时间才能达到消毒效果，而喷雾过程可能会对医务人员造成伤害，大量消毒剂也会对环境造成不良影响。

㉗ 工作人员出隔离病区，换上自己衣服后需要进行喷雾消毒吗？

答 不需要。工作人员外衣在清洁区即被更换，没有进入潜在污染区及污染区，不必进行喷雾消毒。

㉘ 隔离病区工作人员需要隔离吗？

答 隔离病区工作人员如果有呼吸道防护，从感染防控角度讲无须隔离，进行集中休养是行政部门的人文关怀。

㉙ 在隔离病区污染区工作，需要穿三层防护吗？

答 不需要。按照新冠肺炎传染性，应做好三级防护。但三级并非穿三层防护。应戴医用防护口罩、防护服或隔离衣、手套、圆帽、护目镜等。

㉚ 从传染病隔离区出来，工作人员必须持续淋浴 30 min 吗？

答 根据自己情况而定，洗干净即可，不需要淋浴 30 min。因为工作人员采取了防护，不必强调淋浴时间。

㉛ 工作人员出隔离病房需要常规消毒鼻部及耳道吗？

答 没有必要常规消毒。遇到体液喷溅可以预防性消毒。

㉜ 进入隔离病房污染区必须戴防护面屏吗？

答 不一定，可以根据情况决定。进行有创操作可能会发生体液喷溅时戴。建议在病区的适当位置摆放有包装的防护面屏，有需要时加戴。

㉝ 隔离病区污染区废物应如何处理？

答 作为感染性废物处理，应使用带盖垃圾桶，内套黄色垃圾袋，产生的废物（含生活废物）直接放入黄色垃圾袋。3/4 满时采用鹅颈式结扎，出污染区时再套一个黄色垃圾袋交接运送。

㉞ 新冠肺炎患者医疗废物需要贴"新冠"或者"高度感染性废物"标签吗？

答 按照国务院联防联控指挥部发（2020）28 号文《关于依法科学精准做好新冠肺炎疫情防控工作通知》精神，新冠病毒感染确诊或疑似患者产生的医疗废物纳入感染性医疗废物管理，严格按照《医疗废物管理条例》和《医疗卫生机构医疗废物管理办法》有关规定，进行规范处置。所以，无须再贴"新冠"或者"高度感染性废物"标签了。

㉟ 新冠肺炎患者衣物需要焚烧吗？

答 没有必要焚烧。可以通过消毒或晾晒来解决病毒携带问题。

㊱ 为了保证安全，在出隔离病房时，每脱一件防护用品需要更换一个房间吗？

答 没有必要。防护用品脱卸是一个系列连贯动作，无须分步骤拆解动作，增加无意义的洗手机会。在脱卸防护用品时可能会对环境造成污染，口罩应最后脱卸，在其他防护用品脱卸时有呼吸道保护，更换房间并没有实际意义。脱卸口罩应更换一个房间，即二脱间。

㊲ 移动负压吸引器使用中应注意哪些问题？

答 传染病流行期间，尽可能使用一次性吸引瓶或袋，用后直接作为医疗废物处理。重复使用吸引瓶可以采用含氯消毒剂浸泡消毒（用 500～1 000 mg/L 含氯消毒剂浸泡 30 min 后冲洗晾干备用）。

㊳ 为什么反对在隔离病区走廊和房间安装紫外线灯，特别是采用一个开关控制的紫外线灯？

答 因为紫外线灯用于空气消毒，需要在密闭环境下，设定一定强度并照射一定时间才能够将空气中微生物杀灭，但只要有呼吸道传染病患者存在，即使刚做完消毒，患者呼出的空气仍有病原体，工作人员进入病房及走廊仍需要做呼吸道防护。病房有住院患者存在，很难统一清空，采用一个开关控制整个病区的紫外线灯很难有使用机会。推荐采用通风的方法稀释空气中病原体。

㊴ 隔离病区缓冲间门为什么朝向相对清洁度高的方向开？

答 缓冲间存在是为了减少清洁区与污染区之间的空气流动，门打开时应尽量减少对于相对清洁区域的影响。经过实验发现，门在打开的瞬间，空气气流向门打开相反方向流动。所以，将门朝向清洁区域方向打开，则瞬间空气向相反的方向，即相对污染区域流动，这样进一步减小了对清洁区域空气的影响。

㊵ 为什么缓冲间门要朝向空气压力高的方向打开？

答 在隔离病区，空气压力梯度是清洁区＞潜在污染区＞污染区。在门打开瞬间，空气气流向门打开相反的方向流动。在有空气压力梯度的情况下，气流从压力高的区域流向压力低的区域，减少了压力高区域污染的可能。向压力高方向开门需要人力推动，门不会因为门锁损坏自动向压力低的方向打开。同时，压力会使门始终处于关闭状态。

附 医患共用走廊(俗称单通道型)隔离病房示意图(图2-3-1)。

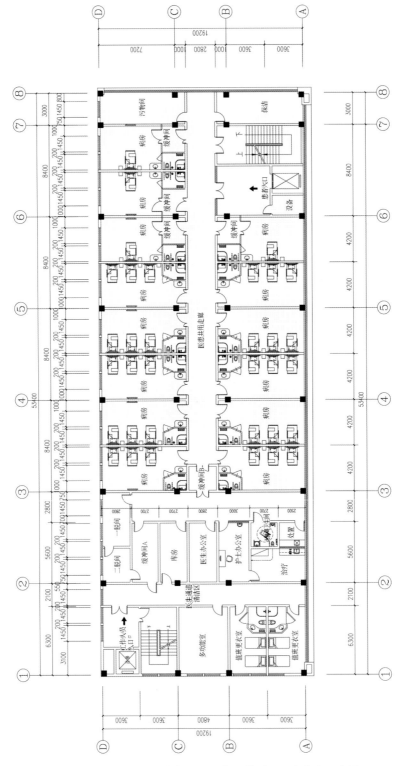

图2-3-1 医患共用走廊(俗称"单通道型")隔离病房示意图

医患共用走廊(俗称单通道型)隔离病房示意图说明:

病区使用面积为 1 025 m²,每床使用面积>30.2 m²。设置 10 个三人间、4 个单人间,也可根据不同情况设单人间、双人间及三人间;床间距大于 1.1 m;部分病房设置为负压病房,其他病房可增加强排风设施。应兼顾日常使用,建议病区设置多于 30 张床位,以利于人力资源节约。

隔离病房采用"三区(清洁区、潜在污染区、污染区)两通道(工作人员通过清洁电梯出入、患者通过患者电梯出入)"模式。三区之间设缓冲间,缓冲间门朝向相对清洁区域打开。内部走廊为医患共用(俗称单通道型)。

绿色区域为清洁区,包括工作人员值班更衣室、卫生淋浴间、库房等。缓冲间 A 为清洁区与潜在污染区之间的缓冲区域。

蓝色区域为潜在污染区,按照现在文件要求设置了包括脱防护用品间(一脱间和二脱间)、医护办公室、库房等。缓冲间 B 为潜在污染区与污染区之间的缓冲区域。

红色区域为污染区,包括病房、污物间、保洁间等。通过缓冲间 B 后进入的走廊全部定义为污染走廊,医患共用。该区宜采用风机变频技术来实现排风大于送风;同时,有利于非疫情期间节约能耗。

白色库房的门可以在不同区域预留并保持常闭,根据工作需要决定在哪个区域打开房门使用。该库房日常仅作为清洁区库房,打开在清洁区的门则属于清洁区范围。疫情期间,打开在潜在污染区的门则属于潜在污染区,潜在污染区库房存放量不宜超过一周的周转量。

由于整个医患走廊定义为污染区,无须再设置缓冲间进入病房。单间病房设置缓冲间,可用于疑似患者收治。

如果设置负压隔离病房需设前室缓冲,负压隔离病房卫生间、负压病房、缓冲间、走廊之间应有 5 Pa 的压力梯度,以确保空气流向为走廊→缓冲间→负压病房→卫生间。

隔离病房按照三人间设置,相同感染性疾病患者可收治在同一间;疑似患者则收治在单人间,或者三人间仅收治一位患者。

患者通过患者电梯经医患共用走廊进出病房。污物也在密闭包装后通过患者电梯运出。

工作人员通过清洁电梯或工作人员入口进入清洁区,在更衣室脱下生活外衣,穿洗手衣裤,穿戴防护用品(隔离衣/防护服、口罩等),通过缓冲间 A 进入潜在污染区。在潜在污染区的工作人员戴外科口罩,穿隔离衣;在污染区的工作人员通过缓冲间 B 进入污染区工作。

工作人员结束病房工作后,通过医患共用走廊在一脱间脱去防护用品(除口罩外),在二脱间脱去或更换口罩后进入缓冲间 A,然后进入清洁区,脱掉洗手衣裤,淋浴后穿生活外衣离开。

无须纠结进出使用同一个缓冲间。两班工作人员交接班通常是在患者床边或医护办公室,上下班人员同时出现在缓冲间的概率不高;即使他们相遇,也已经穿着好防护用品,不会增加感染机会。

强烈推荐按照单通道型设置感染科病房,符合"三区两通道"要求,将污染区划定为病房及其走廊。在有限的建筑面积中最大化布局房间和走廊,所有病房及防护用品脱卸间均设对外窗户,有利于自然通风。

附　医患独立走廊(俗称"双通道型")隔离病房示意图(图 2-3-2)

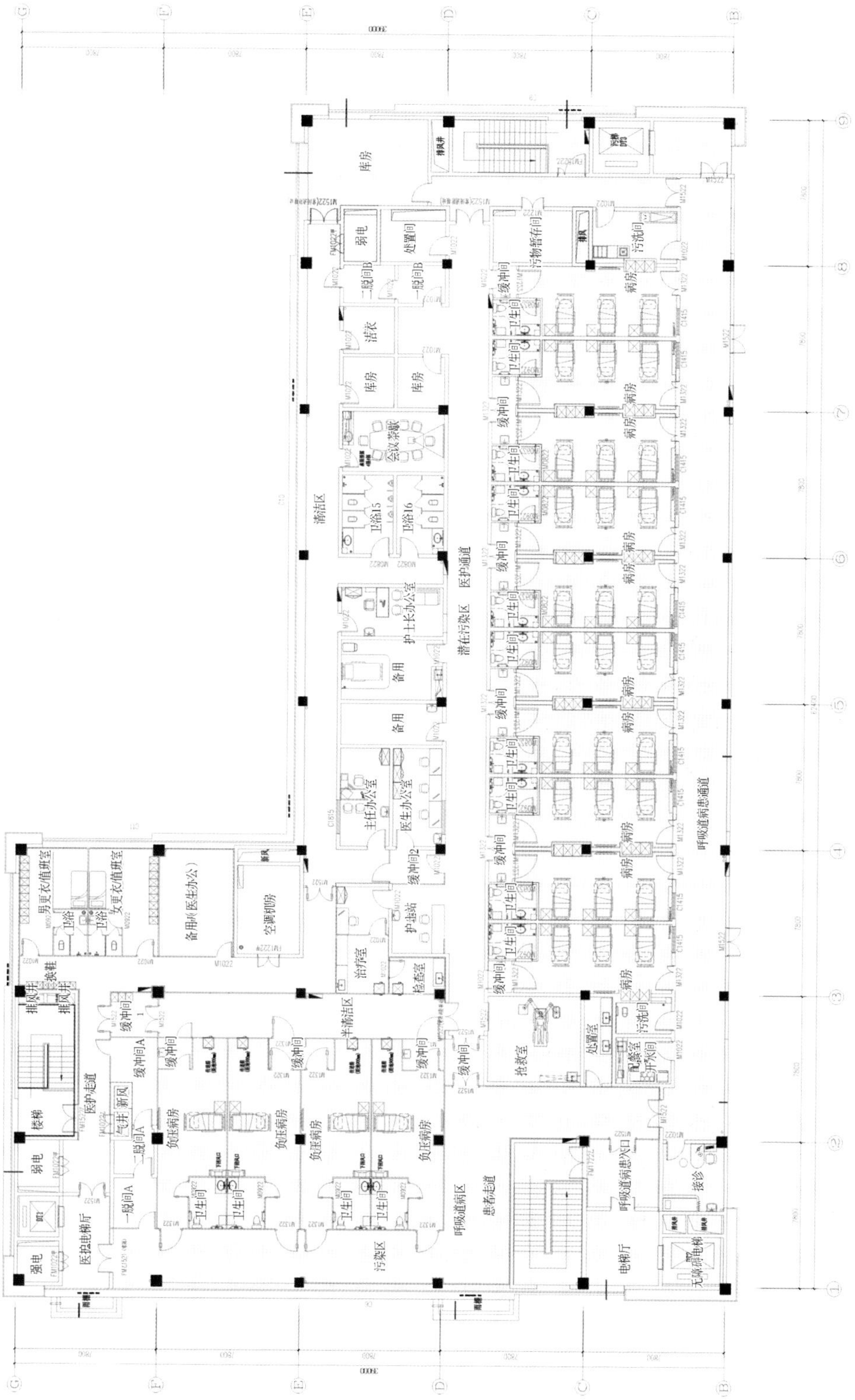

图 2-3-2　医患独立走廊(俗称"双通道型")隔离病房示意图

医患独立走廊(俗称"双通道型")隔离病房示意图说明:

病区使用面积1 816 m²,每床使用面积53.4 m²。设置10个三人间、4个单人间。相同感染性疾病患者可收治在同一房间,疑似患者则收治在单人间或者三人间仅收治一位患者。

隔离病房采用"三区"(清洁区、潜在污染区、污染区)"两通道"(工作人员出入口、患者出入口)模式。三区之间设缓冲间,缓冲间门朝向相对清洁区域打开。内部走廊也分别设置医护走廊(潜在污染区)和患者走廊(污染区)(俗称双通道型)。

绿色区域为清洁区,包括工作人员更衣值班室、卫生淋浴间、多功能室、库房等。清洁区与潜在污染区之间设置数个缓冲间,且进和出清洁区缓冲间的通道也分开设置。

蓝色区域为潜在污染区,包括医护办公室、治疗室、库房等。设置了从潜在污染区到清洁区脱防护用品间(一脱间B和二脱间B)。每间病房也设置了各自的潜在污染区与污染区之间的缓冲间。

红色区域为污染区,包括病房、污物间、保洁间等。设置了患者电梯及污物专用电梯。患者通过患者走廊(俗称污染走廊)进入病房。

设置了从污染区到潜在污染区脱防护用品间(一脱间A和二脱间A)及缓冲间A。

工作人员流线:

在潜在污染区工作:通过清洁电梯或工作人员入口进入清洁区,在更衣室脱下生活外衣,穿洗手衣裤,穿戴防护用品(隔离衣、外科口罩等),通过缓冲间1或者缓冲间2进入潜在污染区(注明:在该区工作因为无须直接接触患者,戴外科口罩,穿隔离衣即可)。结束潜在污染区工作后在一脱间B脱去防护用品(除口罩外),在二脱间B脱去或更换口罩后进入清洁走廊,淋浴后穿生活外衣离开。

在污染区工作:通过清洁电梯或工作人员入口进入清洁区,在更衣室脱下生活外衣,穿洗手衣裤,穿戴防护用品(隔离衣/防护服、外科口罩/防护口罩等),通过缓冲间1或者2进入潜在污染区,再经过病房前室缓冲后进入病房。结束病房工作后通过患者污染走廊,在一脱间A脱去防护用品(除口罩外),在二脱间A脱去或更换口罩后,通过缓冲间A进入清洁走廊,淋浴后穿生活外衣离开。

该设计的特点是所有出入口均分开设置,洁污分开,最大程度减少了交叉感染风险。实际工作中存在占地面积大,工作人员通道设计使工作人员工作路径延长造成更多体力消耗的问题。患者走廊设计理论上是将患者与工作人员完全分开,但患者进出病区是由工作人员指引或者陪同,患者走廊的存在对于感控而言实际意义有限,反而使自然通风受到极大影响。同时,走廊占据大量面积,得不偿失。

注:
图2-3-1,图2-3-2由南京回归建筑环境设计研究院有限公司协助完成。

第四节　平疫结合可转换病区

为了满足重大疫情救治需要,除了传染病定点救治医院外,综合医院"平疫结合可转换病区"改造建设同样是构建分级、分层、分流的城市传染病救治网络的重要组成部分。

新建医院时应有计划地预留合适空地,日常可以铺设草坪或放置可移动盆栽及花坛,一旦有需要,随时可以搭建成传染病集中收治病区。

综合医院应对机构内医疗用房进行梳理,了解机构内各建筑人流、物流、通风、空调、给水、排水等情况,制定符合机构实际能力的"平疫结合"改造建设方案,以便在重大疫情发生时快速转换成传染病患者救治场所。

综合医院选择"平疫结合"区域时应选择独立院区或医院内相对独立的区域,以便于区域封闭管理;严格按照洁污分开、医患分流原则,做好气流组织,避免流线交叉;充分利用信息化手段,实现"平疫结合"区域病房床位信息与区域疫情信息共享,实现救治资源高效利用。

各市除了要做好传染病患者收治梯队医院准备,还应在各个区指定1~2家医院做好平疫结合准备,除了满足隔离患者的需要,还要考虑封闭管控社区各类患者(俗称"红码"及"黄码"患者)的救治需求。

平疫结合可转换病区布局模式及要求

独立院区模式(图2-4-1和图2-4-2):可选择独立院区作为新冠肺炎患者收治区域,一旦有疫情暴发,腾空整个院区进行收治。在院区内选择相邻建筑分设清洁区(楼)及污染区(病房楼)。

清洁区(楼)包括工作人员用房(含更衣室、洗浴间、休息室等)、清洁库房、会议室等。在清洁区穿戴防护用品后进入污染区。该区给水排水及通风沿用原有系统。

污染区(病房楼)包括潜在污染区(工作人员脱卸防护用品区、库房、办公室、护士站等)及污染区(患者收治病房、污物间、卫生间等)。该区给水及通风沿用原有系统,排水应增设预消毒池。如无法增设预消毒池,可在排泄物中倒入漂白粉或5 000 mg/L含氯消毒剂作用后排放至医疗机构污水处理系统。或增加原有污水处理消毒剂投放量及投放频次,使余氯达到排放许可上限来解决这一问题。

独立病房楼模式(图2-4-3):选择院区内位置相对独立的整栋楼收治新冠肺炎患者,通过物理隔断将其与开展正常诊疗的区域隔开,形成完全独立的区域(含独立出入口)。按照不同楼层划分清洁区及污染区。

宜指定顶层整层为清洁区,供工作人员更衣、洗浴、休息用。应通过物理隔断及指定电梯形成工作人员独立清洁通道。

可划定从电梯(楼梯)进入病区(污染区楼层)的开始部分或利用消防通道作为潜在污染区,供脱卸防护用品用。气流组织应从清洁区流向潜在污染区。

潜在污染区医疗废物(如脱卸的防护用品等)应经过污染区运出病房楼,可从独立污物通道或患者通道运出,不得从清洁区及清洁通道运出。设置病人梯和污物电梯不在清洁区开门。

整层病房外加清洁区模式(图2-4-4):医疗机构病房有限,无法实现整层清洁区设计,可以通过外加清洁区的(如外加房车、帐篷、板房、集装箱、移动卫生间等)做法,将清洁区设置在机构内靠近病房处,将整层病区设计为污染区收治患者。潜在污染区宜设在污染区靠近医护人员通道的位置,区域内产生的医疗垃圾不得从清洁区及清洁通道运出。通过物理隔断等方式形成独立工作人员及患者通道。

整层病区包含三区模式(图2-4-5):将整层病区采用物理隔断划分为清洁区、潜在污染区及污染区,分别设置工作人员通道及患者通道。应注意三区气流流向,可以通过增加不同空调机组或排风扇,实现气流从清洁区流向潜在污染区,再流向污染区。污染区排水应增加预消毒设施。如无法增设预消毒池,可在排泄物中倒入漂白粉或5 000 mg/L含氯消毒剂作用后排放至医疗机构污水处理系统;或增加原有水处理消毒剂投放量及投放频次使余氯达到排放许可上限来解决这一问题。

此外,医疗机构内进行常规诊疗的普通病区应设置应急隔离(或者称为过渡)病室,用于疑似或确诊患者隔离和救治。此类病室应设在病区末端或通风良好、人员走动少区域,宜设有强排风系统。一旦发现患者有患传染病的可能,立即转入该室隔离。

重症监护室:除了已有的满足收治条件的重症监护室,还可在不同病区设置重症监护病床位来满足新冠肺炎等突发传染病重症救治需要。可设吊塔,或通过多组设备带满足救治设备运送的需要,重点是保障其2~3 kW/床位的用电需要,至少可提供强电插座≥10个/床位、信息点≥5个/床位,氧气压力可调节并应在0.4 MPa以上。

暖通、给排水和电气要求

独立院区模式清洁楼(区)给水排水及通风可沿用原有系统,无须特殊处理。其余模式清洁区域通风应相对独立。应注意密闭清洁楼层管道井。

独立院区模式污染区(含潜在污染区)通风可沿用原有系统,其余模式通风应注意三区气流流向,通过增设机械排风系统且在排风口末端增设消毒设备或过滤器实现污染区相对负压及排出空气无害化。

在独立病房楼模式下,由于在不同楼层分布着清洁区和污染区,应确保清洁区通风系统独立。

对于全部收治确诊新冠肺炎患者病房楼无须过多纠结空调回风问题,可将不同楼层划分使用,同楼层收治一种新冠病毒变异株感染患者。排风模式无须由垂直模式应急改建为水平模式。

所有模式污染区排水系统应增加预消毒设施,采用增设预消毒水箱或在进入医院污水处理池前增加自动定时消毒剂投放的方式达到预消毒目的。

定点收治医院应按照一级用电负荷设定电力需求,应有双回路供电及备用发电机,配备 UPS(供电时间>15 min)。

医用气体系统真空吸引设备机房应考虑可能的污染问题。可通过改变管路或增加消毒设备减少污染的可能。

辅助科室布局及要求

影像科、检验科、药房等辅助科室在独立院区模式下可设置在原有建筑内,按照"三区两通道"原则进行管理,合理组织人流及物流流线。

在独立病房楼模式和整层病房外加清洁区模式下,可在污染区楼层内设置影像科、检验科、药房等科室。

在整层病区包含三区模式下,由于病区医疗用房空间有限,如果病区外没有现成可使用的建筑,建议在临近的独立区域搭建临时简易用房解决影像科、检验科、药房等需求,该区域同样按照"三区两通道"原则进行管理。

医疗废物处理及暂存要求

医疗废物、生活垃圾暂存地等相关设施应当设置在常年主导风向的下风向,与医疗业务用房保持必要的安全距离。

污染区、潜在污染区内产生的医疗废物及生活垃圾均应按照感染性废物进行分类收集和处理。清洁区产生的垃圾按照生活垃圾进行处理。

附　黄码人员诊疗要求

黄码人员指自新冠肺炎确诊病例发病(无症状感染者为首次阳性标本采样时间)4 d 前起,在其周围 250 m 范围内停留 30 min 以上的人员;或是潜在密切接触者,指流调排查出与阳性感染者在同一场所内,存在高感染风险但未被判定密切接触的人员。这类人员由于存在感染风险,被要求居家隔离,但其自身可能有其他需要诊疗的疾病(如血透患者、胆囊炎患者等),目前均由行政主管部门指定医院负责黄码人员救治工作。

负责黄码患者诊疗工作的医院应对院内所有建筑进行统一规划,规定工作人员、患者进出线路,可根据封控区情况设外科、内科、妇产科、儿科病区,所有患者单间收治。收治病区可以参照呼吸道传染病收治要求,利用医院现有建筑布局,划分清洁区、潜在污染区和污染区。

工作人员防护要求

　　医疗机构应备有一定数量的防护用品及消毒剂。工作人员应穿工作服,戴医用外科口罩。可选防护用品包括隔离衣、医用防护口罩、一次性圆帽、手套、护目镜或防护面屏、工作鞋。医用防护口罩、隔离衣、手套、护目镜或防护面屏等在采集患者咽拭子标本、气管插管等可能引起分泌物及血液喷溅的情况下使用,问诊、体检等无须常规使用。

常见问题解答

　　❶ 什么时候需要建"平疫结合可转换病区"?

　　答 在发生重大传染病流行时,根据主管部门指令要求建设。在新建医院时可以预先考虑"平疫结合可转换病区"设置,做到有备无患。

　　❷ 新建医院时需要预先考虑的"平疫结合可转换病区"设置的要点主要有哪些?

　　答 新建医院时需要预先考虑供电、排水、通风、供氧等。同时,对可能用于传染病患者收治的病区应设污水预消毒处理池,一旦启用该区收治传染病患者,可以对所排污水进行预消毒处理。

　　❸ 新建发热门诊如何考虑平疫结合?

　　答 新建发热门诊应尽可能在其周围预留空地,日常铺设草坪或用盆栽植物绿化,一旦有疫情,需要扩大发热门诊时,可以迅速腾空使用。不宜种植树木,因其无法挪动。同时,还要考虑到疫情结束后如何使用发热门诊才不至于使大量房间空置。

　　❹ 平疫结合可转换病区平日有什么注意点?

　　答 建议平日预留1~2间通风良好房间用于收治新冠肺炎疑似患者或者有呼吸道感染症状的患者。同时,医护人员近距离接触该类患者时应采取防护措施。

　　❺ 平疫结合病区的预消毒池如何设置?

　　答 可以增设消毒箱或池,将污染区的排水收集起来,经消毒处理后再排入医院的污水处理系统。

　　❻ 排风垂直模式和水平模式的区别有哪些?

　　答 普通病房的排风装置常设置在卫生间,打开卫生间的排风装置可以将房间的空气排到共用的排风管路中。该管路常为竖式,通过各楼层,直接排到楼顶。竖式排风管路里混合着各楼层的空气,如果楼顶排风口没有排风装置,在各病房排风装置分别打开或关闭的瞬间会造成不同楼层之间空气的流动。推荐增加楼顶排风口排风机组以保持排风管路相对负压,继而减少共用管路中空气的返流。水平模式是将排风管路同层水平铺设,采用同层排风,这样的排风空气串层概率极低,但建设成本大,且对楼层层高有一定要求。

　　❼ 为什么平疫结合医院在疫情期间无须将竖式排风应急改建为水平排风?

　　答 因为疫情期间所有病房收治的均为新冠患者,新冠病毒肺炎主要通过飞沫传播,在密闭狭小空间才会有气溶胶传播。即使有少量空气串层,也并不增加新的感控风险。

❽ 黄码人员收治医院与定点医院要求有何不同?

🈶 黄码人员并非都是感染者,可以作为新冠肺炎疑似患者对待,重点是不能发生交叉感染,应强调单间收治。定点医院收治确诊感染患者,不强调单间收治。工作人员都应做好防护。

附 独立院区用于传染病患者收治时布局规划(图2-4-1,图2-4-2)

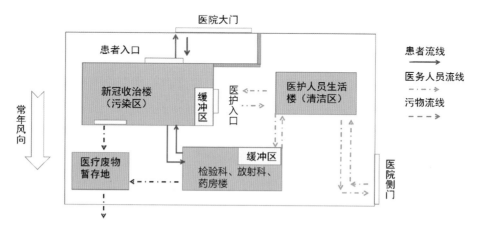

图2-4-1 独立院区传染病患者收治时平面布局图示

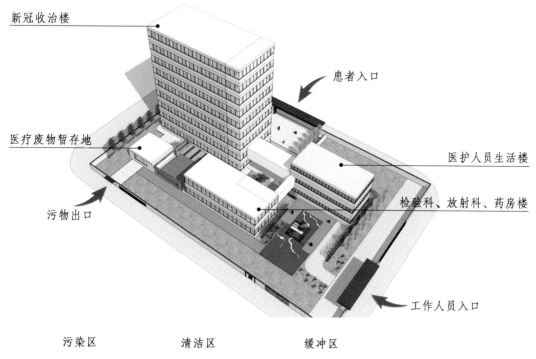

图2-4-2 独立院区传染病患者收治时立体布局图示

独立院区用于传染病患者收治时布局规划说明：

整个院区用于隔离患者收治时，应对院区重新进行布局划分，设置患者出入口、工作人员出入口、污物出口；划定清洁楼、污染楼，潜在污染区设置在污染楼里靠近清洁区的位置。

清洁楼里设工作人员生活休息区、更衣区、淋浴区等，工作人员穿戴好防护用品后进入污染区。两区之间宜有雨廊连接。从污染区结束工作的人员应在潜在污染区脱卸防护用品，更换口罩后返回清洁楼。

潜在污染区设置在污染区楼和医技楼（检验科、放射科等）靠近清洁楼的方位。工作人员脱卸防护用品后乘坐电梯。划定该区域电梯作为清洁电梯供工作人员使用。潜在污染区与污染区应有物理隔断。

重新规划人员动线：患者、工作人员出入口应分开设置。患者不得进入工作人员所在的清洁区。

设置污染物品流线，尽可能减少交叉感染。

各栋楼（含收治确诊患者的病房楼）通风及空调正常使用，无须纠结空调回风问题（因全部是确诊患者）；污染区病房楼下水宜先集中收集做预消毒处理，或在医院污水处理系统增加消毒剂投放量或频次，确保排入城市污水系统的污水已经过消毒处理且符合消毒剂排放上限要求。

由于有文件要求定点收治医院不得安排工作人员在院区内住宿，清洁区可以不设住宿房间，但仍应设置工作人员生活休息区，供下班后无法及时离开的工作人员休息用。一旦工作人员需要外出住宿，须备有车辆接送，工作人员集中候车、乘车反而增加聚集风险。同时，交通及住宿地点疫情防控将增加大量人力、物力消耗。从科学防控角度，应做好清洁区人员管理，而不是让工作人员外出集中居住。另外，需要全体工作人员步调一致，乘车时应戴好口罩，防护服应在潜在污染区脱卸，不应穿到接送车上。推荐同班次工作人员可自愿选择单人间或双人间，以利于宣泄心理压力，相互鼓励。

附 独立病房楼用于传染病患者收治及工作人员更衣休息模式(图2-4-3)

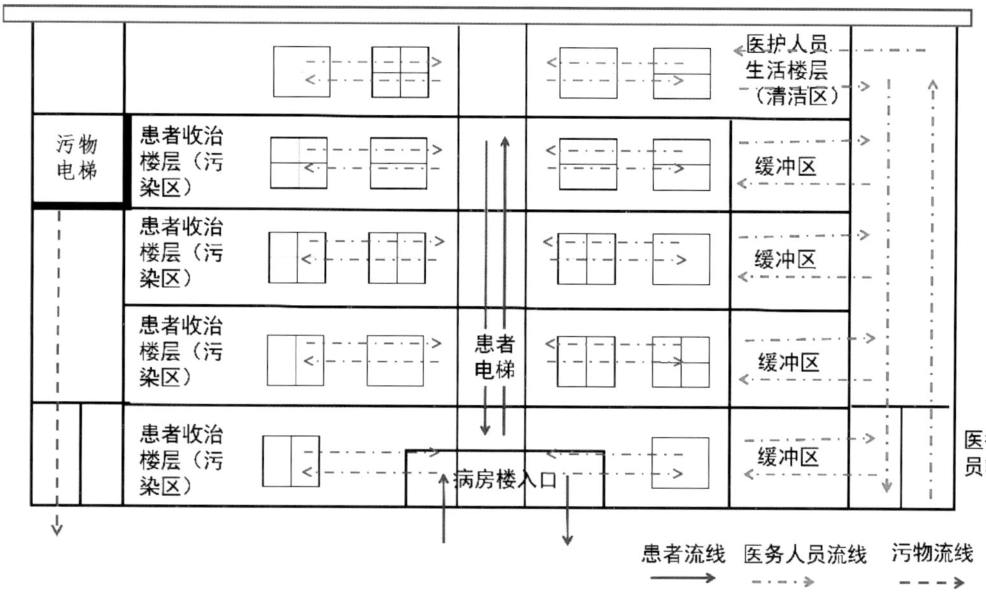

图2-4-3 独立病房楼用于传染病患者收治及工作人员更衣休息布局图

独立病房楼用于传染病患者收治及工作人员更衣休息布局图说明:

医院选择一栋楼作为隔离病房,要对医院整体人员动线重新进行规划,确保区域相对独立。对整栋楼进行梳理,了解电梯布局、空调及通风系统、污水处理等。

选择顶楼或一楼作为清洁区,用于工作人员生活休息、淋浴更衣以及穿防护用品等。整栋楼一侧划定为清洁区,定义该区域电梯为工作人员使用的清洁电梯。在清洁区与病房之间采用物理隔断形成缓冲区,用于脱卸防护用品。

污染区里患者收治:对于确诊患者可收治在三人间、两人间或单人间,对于疑似患者应单人间收治。

应关注清洁区通风及空调,建议新安装通风空调机组,确保其安全性。

病房楼下水应设置预消毒箱或池,或在医院污水处理系统增加消毒剂投放量或频次,以确保排入城市污水系统的污水已经过消毒处理。

整栋楼电梯统一划定,清洁梯供工作人员及运送清洁物品用,其余电梯可以根据功能划分使用,如供运送病人、运送垃圾等。

附 平房供收治隔离患者布局图（图2-4-4）

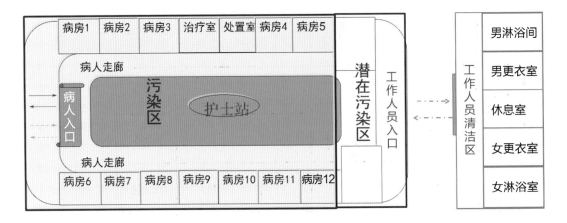

患者流线   医务人员流线   污物流线

图2-4-4 平房供收治隔离患者的布局图

平房供收治隔离患者布局图说明：

对于基层医疗机构，仅有单层病房可供使用。建议加设板房或房车等作为清洁区，整个病房作为污染区，靠近清洁区区域作为缓冲间用于防护用品脱卸。

附 整层病区布局图示（图2-4-5）

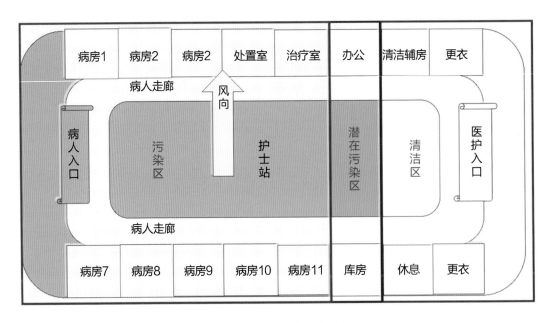

图2-4-5 整层病区布局图

整层病区布局图说明:

如果不具备外加清洁区空间,则可对病区进行改造,通过设置物理隔断形成三个区。应确保潜在污染区双侧门不能同时打开,且门应朝向相对清洁区域方向打开。

注:

图2-4-2由南京回归建筑环境设计研究院有限公司协助完成。图2-4-1、图2-4-3及图2-4-5由伍兹贝格建筑设计咨询(上海)有限公司鲍天慧协助完成。

第五节　方舱医院

在全球新冠疫情不断发生变化的情况下,各地应制定应急预案,有必要对辖区内各类公共场馆做梳理,做好方舱医院建设规划,一旦大量有感染症状的患者出现,可以有序应对。除了指定医院收治传染病患者,应启动社会公共场馆集中收治轻症患者,而且,公共场馆改建需要在短期内完成。建议各市仅做方舱医院规划及应急建设预案,无须在没有疫情时就完成方舱医院建设。在传染病医院收治满员,指定的不同梯队的综合性医院开始收治传染病患者时启动方舱医院建设。我国基建能力强大,完全有能力迅速完成建设任务。对于非传染病高发地区,大量方舱医院投入建设会造成巨大浪费。本节结合实例对方舱医院建筑布局、防控要点进行介绍。

方舱医院选址应远离人口密集区,周边无幼儿园、学校及高密度居民区等。

改造建筑内部空间宽敞、通风良好,建筑类型首选体育场馆、会展中心等,不宜采用地下空间作为相关场所。

场所(含建筑及相关功能区域)应距离周边建筑 30 m 以上。

满足消防、安全等基本要求,大型场馆应有多个通道,以利工作人员和患者迅速疏散,并考虑给水排水、交通便利等因素。

当确定改建方舱医院的大型公共建筑后,首先要对其进行总体规划。一是考虑风向,清洁区安排在上风口。二是考虑新建清洁区具体位置、建设面积和建筑形式。三是考虑污水收集池位置与改造方案。四是考虑将各类垃圾存放处安排在医院下风口。五是合理安排医患两通道。六是划分建筑内部医疗区域单元,规划医疗流线。

建筑布局要求

应符合"三区两通道"基本要求,即设置清洁区、潜在污染区和污染区,三区之间设缓冲间,缓冲间门应朝向相对清洁区域打开。分设患者通道和医护人员通道,物流通道根据现场条件独立设置。

各分区应有物理隔断,并有相应标识。

清洁区基本要求

推荐新设置清洁区,方便区域划分、气流组织及人员管理。设有工作人员(男女分开设置)更衣区及卫生淋浴间,可设值班或休息区、清洁仓库等。更衣室分设两间,分别用于更换自己的外出衣服及穿防护用品,或设一个大更衣室,完成上述更衣及防护用品穿戴;对于大型体育场馆,可分设多个清洁更衣室,供不同病区工作人员同时进出用;由于男女人员比例不定,为了更好地利用空间,建议出男女更衣室再设置穿防护用品房间,工作人员分别在男女更衣室脱下自己的外衣,穿好洗手衣裤再进入防护用品穿戴间。应急用淋浴间的设置无须按照人员比例。清洁区更衣室工作人员进出设置在同一个通道,无须分设进、出通道,穿好自己外衣离开清洁区无须再设置缓冲或消毒通道。清洁区进入和离开潜在污染区的通道可以分开设置,也可以使用同一个通道。

潜在污染区基本要求

潜在污染区可以利用场馆现有大通道及房间设置或在外围新建。设防护用品脱卸区域,该区域尽可能宽敞或多设几组,以容纳多人同时进入脱卸防护用品,可分设两个独立房间或区域,分别为缓冲1(也称一脱间)和缓冲2(二脱间)。与污染区相邻的为一脱间,用于脱卸口罩以外防护用品;靠近清洁区的为二脱间,用于脱卸口罩。不推荐设计为工作人员每脱一件防护用品就要换一个房间洗两次手,也无须脱一件防护用品经过一个缓冲间,应该把除口罩外的所有防护用品在一个房间内脱卸并视作一个系列动作,结束后洗手。强烈反对在一脱间前设置消毒间来消毒工作人员身上的防护服。由于医护人员以女性为主,但男女比例无法事先预知,建议防护用品脱卸区不分男女,脱卸口罩后再分设男女淋浴间或进入清洁区等。可以采用不同病区医务人员错开上下班时间的方法来避免脱卸间有限导致脱卸防护用品等待时间过长的现象。一脱间无须设置洗手池,应配备快速手消毒剂(最好是感应式),二脱间可设洗手池。潜在污染区也可设置办公室、库房、药库等辅助用房。

潜在污染区和污染区之间应设置缓冲间,以确保安全。

潜在污染区宜有直接对外物品通道,便于物资进入,设置常闭门,仅在物资交接时打开,同时作为污染防护用品运出通道。场馆原有卫生间可供潜在污染区工作人员使用,无须做排水预消毒。

污染区设置基本要求

可根据场地大小将其分设成不同单元(病区)用于患者收治,设患者出入口(根据场馆大小可分设数个出入口,出入口无须设置患者消毒处理设施,无须对出入院患者周身进行喷雾消毒)、患者出入院接待处(可与护士站合并设置)、护士站、诊疗准备室、医护短暂休息区(该区宜有新风送入)、公共卫生间(含洗漱、厕所等,厕所蹲位与收治人数比为男性1∶20、女性1∶10;为行动不便患者配备可移动坐式马桶)、污洗间。可设置紧急抢救室。

护士站利用病区单元附近房间设置,或相对集中设置在中心区域,推荐两个病区设置一个护士站,以便护士相互配合。

病区宜做到男女分区,每区设置病床不应多于 50 张,以 30～40 张为宜,床位之间间隔应大于 1.2 m,过道宽度宜大于 1.4 m。每张床位净使用面积不低于 6 m²,每张床应配有床头桌、收纳箱、垃圾桶等。考虑预留给患者适度活动的空间。

每个病区单独设置饮用水供应点。

在污染区划定区域作为辅助检查(包括核酸检测和CT)区域,或者在场馆外就近区域配备移动核酸检测车和移动CT。

在临近患者出入口的室外区域设救护车(转运车)停靠区,可设洗消设备及相应区域,该区域污水应经过预消毒处理后排放到城市网管;或通过开窗通风及以消毒湿巾或含氯消毒剂擦拭消毒救护车内部频繁接触部位的方式来解决救护车消毒问题。

患者可以使用同一个出入口,无须分设入院患者通道、出院患者通道、危重症患者通道等,痊愈患者体内有抗体,短期内不会重复感染。

污染区应设置污物出口,所有废物作为医疗废物收集处理。医疗废物暂存地应设置在场馆周围房间或新建在场馆外,宜靠近污物出口区域。应设置大门供医疗废物运出。

所有流程设置应充分考虑各个区域工作人员走最短路径。

通风及气流管理

清洁区推荐在体育馆或展览馆外周新建,或选择场馆内相对独立的区域,通风及空调自成一体。清洁区应通风良好,可采用自然通风或机械通风。强烈反对将整个场馆进行统一气流组织,否则将大量投入设备且能耗巨大。气流组织有利于工作人员安全,但实际防控价值不大,因为工作人员在污染区工作时已经采取呼吸道防护措施,而新冠病毒的主要传播方式是飞沫传播,不是空气传播。

潜在污染区宜通风、空调自成一体,或与污染区共用通风及空调,但应保证脱口罩区域(先在其他区域脱除口罩外的个人防护装置)气流安全。

污染区和潜在污染区可采用原有自然通风和机械通风。沿用原有空调系统,必要时增加新风机组和排风机组。

污染区如使用集中空调系统,全空气系统应根据实际承载能力加大新风量。无须强调"上送下排"气流组织,无须强调不能有回风,因为,入住方舱医院的全部是新冠肺炎确诊轻症患者,没有疑似患者。强烈反对在新风系统中增设高效过滤器的做法,这里的患者并无裸露的伤口,无须强调空气洁净,增设高效过滤器没有实际感控意义且会造成巨大浪费。排风机组应尽量远离污染区,以方便检修。排风口应远离清洁区及新风进风口。

污水处理

清洁区生活污水可直接排入城市污水系统。

污染区包括洗漱间和卫生间在内产生的污水,都要回收到独立污水收集池或箱,经过规范消毒后方可排出,因而要对该区域原有排水管线进行局部改造或弃用。潜在污染区污水可酌情处理。

救护车停靠区产生的污水需接入污水预处理消毒池。

排水管应密封。排水通气管四周应通风良好,不得接入空调通风系统排风管道。

消毒措施

1. 物表消毒:物体表面有可见污染物时,应先清洁再消毒;无可见污染物时,用消毒湿巾或有效氯 500～1 000 mg/L 的含氯消毒液进行喷洒、擦拭或浸泡消毒。作用 30 min 后用清水冲洗干净。

2. 餐饮具消毒：清除食物残渣后煮沸消毒 30 min，也可用有效氯 500 mg/L 的含氯消毒液浸泡 30 min 后再用清水洗净。推荐使用一次性餐具。

3. 污染物消毒：少量患者血液、分泌物、呕吐物可用一次性吸水材料（如纱布、抹布等）沾取有效氯 2 000～5 000 mg/L 的含氯消毒液擦拭；大量污染物先用一次性吸水材料抹除，再用上述浓度的含氯消毒液消毒。盛放污染物的容器用有效氯 1 000 mg/L 的含氯消毒液浸泡 30 min。

4. 患者出院后对床单元及周围环境进行终末消毒。

工作人员防护要求

1. 医护类工作人员在岗工作时，应穿戴分体式工作服（或洗手衣裤）、一次性工作帽、一次性手套、防护服或隔离衣、医用防护口罩、医用防护面屏或护目镜、鞋套等。脱防护服前无须对防护服进行喷雾消毒。

2. 保洁、安保、警察等人员进入污染区时执行与医护类相同的二级防护措施，在其他区域时执行一级防护。

3. 在进行产生气溶胶的呼吸道操作性诊疗时，实行三级防护。

4. 参与各个区域现场工作的人员均应加强手卫生。

常见问题解答

❶ 方舱医院收治的全部是新冠肺炎患者，为了安全起见，是否要把方舱医院完全包裹起来，减少对周围影响？

答 方舱医院体量大，无法实现完全包裹，选择作方舱医院的地点首先需要远离居民区，一般与周围建筑物距离 30 m 以上。以飞沫传播为主要传播方式的新冠病毒不会对 30 m 以外的人群造成影响。

❷ 体育馆内有大量座位，需要拆除吗？

答 无须拆除座位，方舱医院结束使用后，彻底清洁消毒即可。

❸ 采用体育馆作方舱医院，需要把整个顶封闭吗？

答 不建议封闭。空间越大，容纳相同数量患者时，病毒相对密度就越小，反而降低了传播风险。

❹ 如果体育馆通风设施不足，怎么办？

答 可以增设新风机组，但无须做气流组织。

❺ 方舱医院空间太大，需要安装多少空气消毒机？如何消毒空气？

答 无须进行空气消毒，保持通风即可。没有必要大量安装空气消毒机。

❻ 为什么推荐新建方舱医院清洁区？

答 对于体育场馆而言，难以完全通风及难以进行不同区域空气气流组织，而且不经济。可以采用外加清洁区模式，只要严格做好外加区域空气管理就可以保证清洁区空气安全。整个体育场馆都作为污染区使用，进入的工作人员做好防护即可。这是简单易行的办法。

❼ 患者随身携带的衣服及用品在出院时可以带走吗？如何消毒？

答 患者随身携带的衣服及用品可以在出院时带走。将患者的衣服和物品装入塑料袋密闭，要求其回家后再打开，正常清洗后使用。新冠病毒在无活体细胞的情况下无法进行复制，数天就会自然死亡。也可以在清洗前采用开水浸泡消毒。

❽ 患者入院和出院可以使用同一个门吗？

答 可以。患者痊愈后体内有抗体存在，与患者从同一个门进出不会导致交叉感染。

❾ 方舱医院排风系统设置有哪些注意事项？

答 应对体育馆等场馆新风和排风系统做了解，方舱医院排风一定不能朝向清洁区。

❿ 医务人员进和出方舱医院需要分不同通道吗？

答 可以不分，因为进入人员均穿戴了防护用品。

⓫ 体育馆体量大，仅有正常通风设备，无法达到隔离病房换气次数要求，怎么办？

答 不必要求方舱医院符合隔离病房换气次数要求，能够保持正常新风即可。

⓬ 方舱医院护士站设置在哪里比较好？

答 护士站应靠近病区设置，护士站之间尽可能相对有照应，可以利用靠近病区位置的现有房间作为护士站，也可以在中间设置护士站及治疗室，供两个病区共用。

⓭ 清洁区需要设置污水处理系统吗？

答 清洁区是工作人员进入更衣以及脱卸完防护用品后进入的区域，其排水无须预消毒处理，可以直接排入城市网管。

⓮ 有文件要求方舱医院缓冲间门要从清洁区朝向污染区打开，而本节中却推荐向相反方向，如何理解？

答 从科学实验情况看，在门打开的瞬间，气流朝向开门相反方向流动，所以应该朝向相对清洁区域打开门，使气流朝向相对污染区域流动，以减少污染带入。当然，由于工作人员在缓冲间时戴着口罩，即使在清洁区也是戴口罩，所以，开门方向对于实际防控的意义有限。

⓯ 方舱医院病床也要按照隔离病房要求设置"上送下回"气流并达到相关换气次数吗？

答 不推荐。理论上讲气流组织有利于工作人员防护，但从施工和能耗角度来讲太过浪费。因为方舱医院只收治确诊患者，新冠肺炎的主要传播方式是飞沫传播和密切接触传播，工作人员进入污染区时已穿戴好防护用品，进行气流组织的防控意义不大，但却会增加很多费用。故有新风满足需要即可，无须强调换气次数。

⓰ 方舱医院的每个护士站和处置室都要设置洗手池吗？

答 可以在每个护士站和处置室设置洗手池，也可以采取快速手消毒剂消毒双手。方舱医院收治的患者大多数是轻症患者,需要操作的机会不多,同时,在污染区工作的人员大多数戴了双层手套,通过消毒手套来做手卫生,有血迹污染时更换外层手套。场馆作为临时建筑,不宜大量破土埋管,而在地面铺设明管也容易造成绊倒或磕碰,所以推荐采用手消毒剂消毒双手代替洗手,而不是在所有护士站和处置室设洗手池。

⑰ 方舱医院新风需要设置高效过滤器吗?

答 虽然有文件要求设置,但从科学感控角度讲,设置新风高效过滤器的意义不大。因为方舱医院供确诊新冠肺炎的轻症患者入住,不是需患者裸露创面的手术室,故没有空气洁净要求,没有必要提高空气净化级别。方舱医院应该强调通风良好。

⑱ 方舱医院排风需要安装高效过滤器吗?

答 文件是这样要求的。也可以采取其他消毒方法对排风进行消毒处理。

⑲ 工作人员和患者进出方舱医院需要经过消毒剂喷雾通道吗?

答 不需要设置人员消毒剂喷雾通道。设置喷雾通道很大程度上是心理安慰,其消毒剂剂量、浓度和作用时间无法达到消毒要求。同时,消毒剂可能对人体造成伤害(如含氯消毒剂对呼吸道黏膜的损伤等)和环境污染。

⑳ 工作人员和患者进出方舱医院需要经过消毒剂地垫消毒鞋底吗?

答 不需要。裸露地垫上的消毒剂剂量、浓度无法保证,而且地垫和鞋底作用的时间无法达到消毒要求。同时,新冠病毒主要通过飞沫传播、密切接触传播,鞋底消毒没有实际防控意义。

附 方舱医院布局示意（图 2 - 5 - 1）

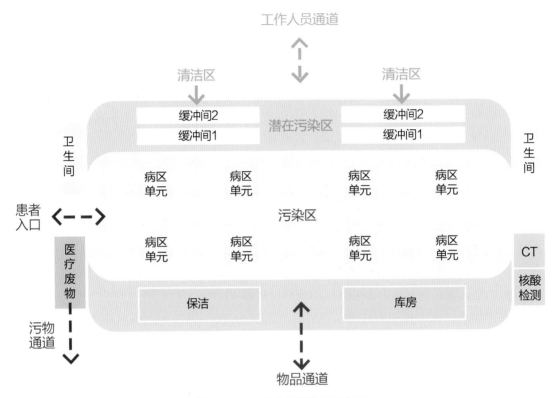

图 2 - 5 - 1 方舱医院布局示意图

体育馆等公共场所作为方舱医院，应做好清洁区、潜在污染区和污染区的划分，应规划工作人员出入口、患者出入口、清洁物品出入口和污染物品出口。

绿色区域为清洁区：推荐新增设，可以采用活动板房、帐篷、房车等多种形式。应位于此建筑的上风向，保证此区域通风良好、空调独立设置、气流不受污染区影响。应设工作人员更衣区域、卫生间、淋浴间、办公室等。工作人员在此区穿戴防护用品。该区应尽可能宽敞，可同时容纳多人穿戴防护用品。淋浴间无须按照工作人员数量来配备，主要用于应急淋浴，如在内衣明显潮湿或防护服有破损等情况下使用，大多数工作人员可以回住地淋浴。清洁区域排水直接接入城市排水网管。

蓝色区域为潜在污染区：设置缓冲间和各类库房，可以利用现有场馆房间或新建。缓冲间用于脱卸防护用品。可设置缓冲间 1（也称为一脱间）用于除口罩以外防护用品脱卸。缓冲间 1 应尽可能宽敞，无须设置洗手池（采用快速手消毒剂消毒双手）。同时设置缓冲间 2（也称为二脱间），用于口罩脱卸。可并排设多间缓冲间或设多个出入口，供多人同时脱卸防护用品，尽量避免脱卸时拥挤及等待。应在进入清洁区前摘除口罩。推荐脱卸防护用品区域不分男女，脱卸后工作人员再分别进入男女淋浴间、更衣室、卫生间等。有些文件要求出方舱时在潜在污染区设置消毒房间对防护服喷消毒剂来减少出舱污染，这是非常错误的做法。喷雾消毒剂过程中压力有可能将表面污染物打进防护服内部，而且潮湿防护服对病毒的阻隔作用大大减弱，同时，消毒剂的剂量难以控制，工作人员还有呼吸道被消毒剂灼伤可能。出舱后，防护服就完成了使命，脱下后作为感染性废物处理，在脱卸过程中注意避免污染即可。

清洁区与潜在污染区、潜在污染区与污染区之间可以设缓冲间或者室外缓冲地带。房门均应保持关闭状态,门朝向相对清洁区域方向打开。推荐将清洁区与潜在污染区分开设置,通过自然空间区隔减少两个区域之间空气流动,降低气流组织难度。同时,清洁区进入潜在污染区或污染区的路径与从这两个区域出来的路径宜分开,以减轻上下班时间段的拥挤。清洁区穿防护用品的房间面积可以明显小于潜在污染区一脱间和二脱间,因为穿防护衣是个无污染过程,可以相互靠近,而脱卸防护用品是个有污染过程,最好相互之间有一定距离。出清洁区无须再设置缓冲间,清洁区可以直接对外开门。

红色区域为污染区:场馆内场地作为患者收治区,体育馆上方座椅和展览馆大型吊灯及装饰品等无须拆除或封闭(方舱结束运行后密闭两周再进行清洁,病毒在没有活体细胞的环境中会自然死亡,(物体表面采集到核酸阳性并不代表活病毒存在)无须大面积消杀。大空间有利于空气流动。

可以根据场地大小进行区域划分,一般以40床位为一个病区单元。应最大化利用场馆现有房间布局,护士站可以根据实际情况决定设置位置,如利用场馆靠近内场的房间或利用护理单元之间形成的内走道。就近利用体育馆现存房间设库房,以便随时取用物品。如果在大型体育馆中间区域设置医护工作站及抢救区域,推荐该区域有新风送入。

增加卫生间(如有条件应设在场馆外侧,方便安装污水处理系统),可以是移动式卫生间或有其他污水处理系统的卫生间。

CT检查及化验区域可在场馆内设置或采用移动车载的形式设置在场馆外围。

医疗废物暂存间可以设置在体育馆里靠近污物出口的位置或设置在场馆外,以方便运输。

污染区可沿用原场馆空调通风系统。可根据情况酌情增加新风机组和/或排风机组。排风口应远离清洁区。无须设置大量空气消毒机,无须按照隔离病房设置"上送下回"气流组织,无须强调换气次数,无须纠结原有空调回风问题,因为收治的全部是确诊新冠肺炎的轻症患者,工作人员在污染区工作时有呼吸道防护,同时新冠病毒的主要传播途径是飞沫传播,不是空气传播。

污染区排水经过预消毒处理后方可排入城市网管。

要考虑尽可能将工作人员工作区域设在通风良好处,同时使工作人员路径最短。

通道:应设置工作人员出入口(绿色箭头指引)、患者出入口(红色箭头指引)、清洁物品出入口(蓝色箭头指引)和污染物品出口(红色箭头指引)。大型方舱医院可以划分为数个区,按照区设置不同出入口。

工作人员进入和离开清洁区可以使用同一个通道。工作人员在污染区工作时正确穿戴着防护用品,从污染区出来时脱卸了防护用品,并非传染病密接者,进出共用通道并不增加感染风险。

患者进出可以使用同一通道。痊愈患者体内短期内有抗体存在,同时,所有患者均佩戴口罩,立即再次感染的概率很低,患者从入院通道出院并不增加感染风险。大型体育馆分两侧设置入院、出院通道。

物流通道建议提前做好规划,尽可能靠近库房处,以便停靠车辆。无菌物品的外包装物未进入污染区,可从清洁通道运出。无须做医疗废物处理。

污物出口应考虑尽可能靠近医疗废物暂存地。

实例 1 江苏海安市体育馆改建方舱医院示意图(图 2-5-2,图 2-5-3)

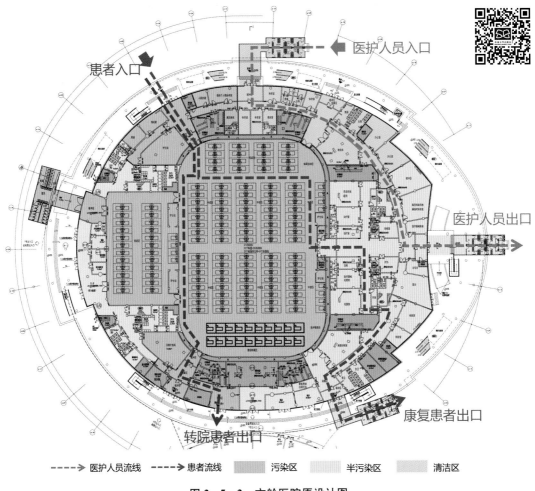

图 2-5-2 方舱医院原设计图

方舱医院原设计图说明:

特点:将患者入院、转院、康复出院通道分开设置,工作人员入口与出口分开设置,尽可能减少交叉感染机会。

在体育馆内布局清洁区、潜在污染区和污染区,每个区域划分在体育馆不同位置,洁污分明。

不足:所有工作人员每天需要从清洁区到潜在污染区再到污染区,在整个体育馆内穿行,路径长,体力消耗大,尤其是在污染区工作时穿着防护用品,体力消耗非常大。应优化工作人员路径设计,使其路径最短。

工作人员进入时需要脱掉外衣,更换分体式工作服或洗手衣裤,再穿防护用品。如果出口在体育馆另外一侧,工作人员穿什么衣服返回入口拿自己的外衣?以什么路径返回?

患者刚康复时体内应有抗体存在,立即再次感染的可能性极低,且患者均佩戴口罩,可以共用出口。当然,近期新冠病毒奥密克戎变异株有可能导致重复感染,但转移加重患者完全可以共用患者入口。

　　清洁区设计在体育馆内,大体量建筑中气流组织、通风及空调设计存在较大难度,而且实现起来耗资巨大。如何阻断污染区空气流向清洁区是个难题。

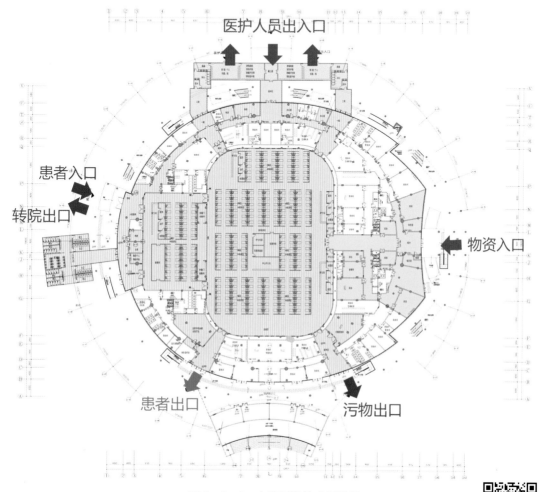

图 2-5-3　方舱医院修改设计图

方舱医院修改设计图说明:

　　清洁区外设独立通风及空调,不再需要考虑整个体育馆空调及通风难题。

　　所有工作人员路径优化为最短,将潜在污染区设计在体育馆四周,充分利用体育馆四周现有房间,减少改建成本,库房等到病房均为最短距离。

　　工作人员进出为最短路径;进出同一出入口;但缓冲间设置为并排多间,这样方便多人同时脱卸防护用品。

　　增加物资出入口,清洁物资应有尽快对接入口,且在馆内尽可能短距离运送。

　　污物出口单列,使污物尽可能快速运出。

实例 2 方舱医院清洁区出入模块(图 2-5-4,图 2-5-5)

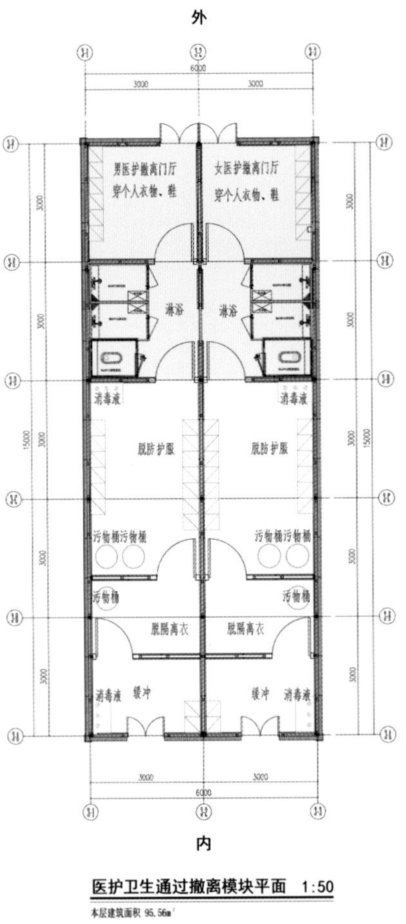

图 2-5-4 原设计图

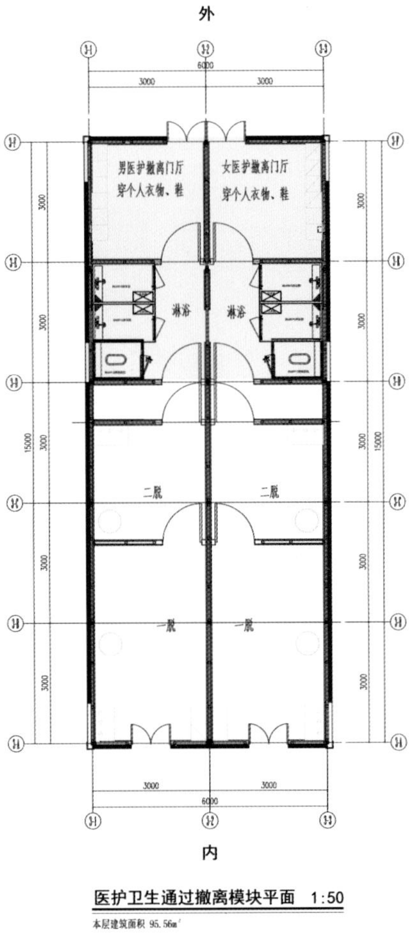

图 2-5-5 推荐修改设计图

说明:

原设计图(图 2-5-4)在可收治 700 名患者的方舱医院中仅设计两组工作人员出入口,明显过少。出入口模块为在体育馆外新增加的部分,将潜在污染区与清洁区都设计在体育馆外面。而且在一脱间前设置了缓冲间用于消毒,将隔离衣和防护服安排在不同房间脱卸,二脱间直接与淋浴间相连。从脱防护用品开始分设男女。在实际工作中,女性医务人员为多数,在脱防护用品时出现长时间等待现象。另外,不推荐常规穿戴防护服加隔离衣。

推荐修改设计图(图 2-5-5)取消了一脱间前缓冲,从体育场馆走到门口的 60 m 长的走道就是污染区与潜在污染区之间的缓冲,无须再设置缓冲间,同时,将口罩以外所有防护用品脱卸放在同一房间进行,最大限度扩大一脱间,使脱卸防护用品的空间尽量宽敞。同时,将清洁区与二脱间分开设置,既形成缓冲,又可以使一脱间、二脱间不分男女,减少女性脱防护用品等待时间。模块数量可以根据实际情况增减,推荐适当增加脱卸防护用品房间,淋浴仅供应急用,无须按照人员比例配备。

模块应该根据床位数配备若干,条件不允许时,应该错峰上下班。

实例 3　方舱医院清洁区出入模块（图 2-5-6,图 2-5-7）

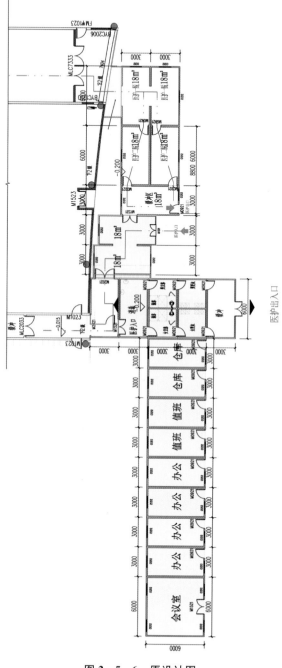

图 2-5-6　原设计图

说明:

原设计图(图 2-5-6)系可收治 500 名患者的方舱医院工作人员出入口,在体育馆出口设置了缓冲间进入一脱间、二脱间,再通过两个缓冲间进入清洁区,经过消毒间进入淋浴间、更衣室,出更衣室也设置了缓冲间。

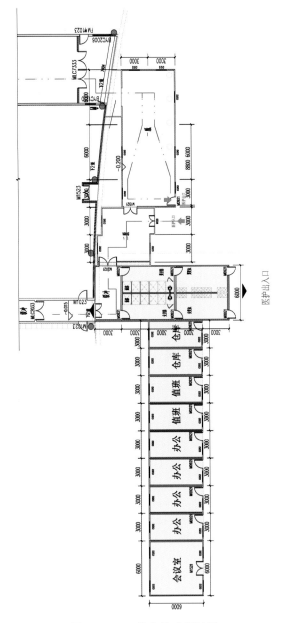

图 2‑5‑7 推荐修改设计图

说明：

推荐修改设计图（图 2‑5‑7）取消了一脱间前缓冲，因为从体育场馆走到门口的长走道以及门口两道门就是污染区与潜在污染区之间的缓冲，无须再设置缓冲间。同时，将原有二脱间并到一脱间内，扩大一脱间使防护用品脱卸的空间尽可能宽敞，将一个缓冲间改为二脱间。无须设置人员消毒间，通过缓冲间进入更衣室，取消更衣室出口处缓冲，将更衣室扩大。这里由于条件所限，没有分隔成一个个脱卸间，采用每 2 m 摆放一个存放桶将脱衣间隔划分出来。不必纠结大脱卸间会使相互感染的机会增多，因为工作人员始终戴着口罩的。

实例4　方舱医院清洁区出入模块(图2-5-8,图2-5-9)

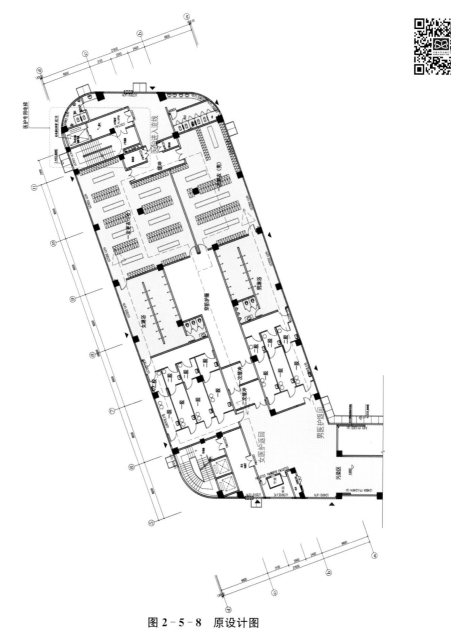

图2-5-8　原设计图

说明：

原设计图(图2-5-8)系一家医院全部腾空作为方舱医院用,一期收治280名患者,二期收治700名患者。方舱医院工作人员出入口、清洁区集中设置在一栋楼里,在一脱间前设置了缓冲间,二脱间直接与淋浴相连,分别连接男女更衣室。从脱防护用品就开始分设男女。该设计基本能满足一期工作人员脱卸防护用品的需要,但在满舱收治、工作人员增加的情况下,女性医务人员为多数,在脱防护用品时会出现长时间等待的现象,即使错峰上下班也难以解决出舱拥挤问题。

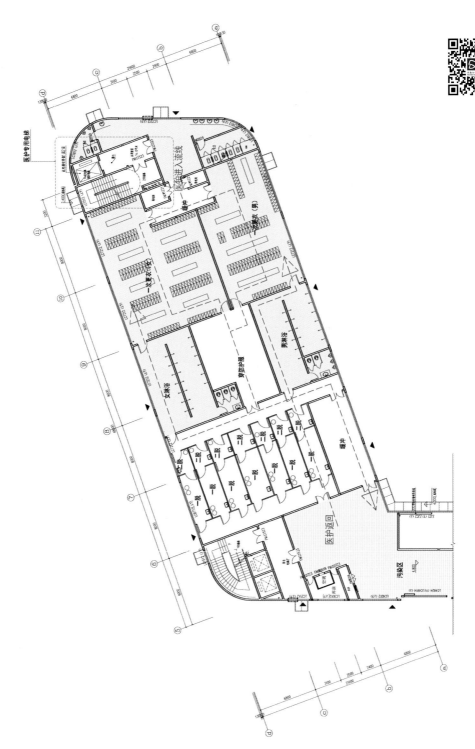

图 2 - 5 - 9　推荐修改设计图

说明：

推荐修改设计图(图 2 - 5 - 9)调整了从清洁区穿戴好防护用品进入污染区的通道,将一脱间、二脱间相对集中设置,出二脱间后再分男女进入各自的淋浴间、更衣室。这样最大程度满足了脱卸防护用品的空间需求。

　　强烈建议利用场馆周围原有房间设计潜在污染区,用于脱卸防护用品,而不是新建。部分专家担心在场馆内脱卸防护用品会有风险,但新冠病毒以飞沫传播为主,在气溶胶浓度高的密闭空间中可以传递较远距离。所以,重点是要保证在离开污染区之后脱卸口罩。新建设施应以清洁区为主。

　　注:

　　本节图纸中图 2-5-1 由伍兹贝格建筑设计咨询(上海)有限公司鲍天慧协助完成。实例 1 图纸(图 2-5-2,图 2-5-3)由南京回归建筑环境设计研究院有限公司主持设计并提供。实例 2、3、4 图纸(图 2-5-4 至图 2-5-9)由南京回归建筑环境设计研究院有限公司协助完成。

第六节　核酸采样点

随着时间推移,新冠病毒在不断发生变异,发热等感染症状越来越不明显,如何诊断感染、如何快速切断传播链成了世界性难题。目前,我国政府坚持动态清零政策。为了实现这个目标,将疫情控制在最小范围,核酸检测成了常用手段。根据相关文件要求,医院工作人员、住院患者及陪护人员应检尽检,发热门诊逢诊必检,封控区等全员核酸检测也在不断推进。核酸采集点建筑布局也成了大家的关注点,应根据不同情况有区别地设置核酸采样点。

发热门诊核酸采集点:设置专用核酸采集房间或在诊室由接诊医生采集,房间应通风良好,工作人员流线按照发热门诊工作人员流线要求设置,无须在核酸采样室再次设置"三区两通道"。采集过程中,工作人员应按照要求做好防护。

医院内核酸采集点:在医院相对空旷、通风良好的区域设置临时板房或者帐篷。宜直接在医院外围设置采样点以减少进入医院的人数。用于愿检尽检人员核酸采集的采样点,应设信息录入(可采用自动录入)间/区域、标本采集间/区域、报告打印间/区域(图2-6-1)。推荐三个区域相对分开,尽可能减少被采样人员在采样区域停留的时间;信息录入和报告打印可采用手机推送的形式,或者将打印报告区域放在医院入口处,无须再进入医院打印,以减少医院入口的人员聚集。设置工作人员穿戴和脱卸防护用品的房间,也可以选择相近区域清洁用房用于防护用品穿戴,以及工作结束后离开采样区时脱去隔离衣等防护用品并

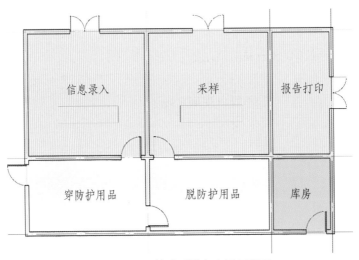

图2-6-1　核酸采样点布局示意图

更换口罩。对于核酸采样点,应强调正确佩戴口罩和通风,无须强调"三区两通道"。工作人员核酸采集也可以在各自工作场所进行,采集处应保持通风良好。

如果可利用面积小,难以设置多间的核酸采样点,可以采用单间核酸采样点。工作人员在房间内,分不同朝向解决区域划分问题,在室外分不同区域或分隔用于穿脱防护用品(见图 2 - 6 - 2)。

应注意采样窗口的设计高度是否实用。对于室内工作人员而言,采用坐姿,窗口高度在 70~85 cm 为宜。但应考虑室外被检人员的合适高度:如果被检人员也有凳子可坐,则里外高度保持一致;如果被检人员只能采用站姿,则应将窗口高度设计为 120 cm,可以通过提升室内地面高度的方法来解决室内工作人员采用坐姿和室外被检人员采用站姿的矛盾,确保窗口处于合适高度。避免室内外高度一致而导致被检人员需要采用半蹲位或工作人员一直采用站姿的情况。

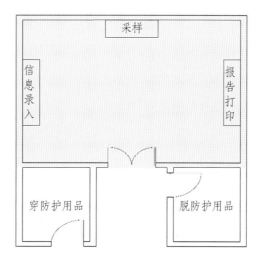

图 2 - 6 - 2　单间核酸采样点示意图

公共场所核酸采集点:一旦出现大疫情,启动全员核酸采集时则将核酸采集点设置在体育馆、学校、展览馆等公共场所,推荐多个采样点同时开展工作。应划定工作人员防护用品穿戴及清洁物品存放间/区域和防护用品脱卸间/区域、信息录入间/区域、采样间/区域、标本集中存放间/区域、医疗废物存放区域。应强调组织工作,进入录入区、采样区以及离开均应有志愿者协助维持次序,不得出现拥挤现象。

附　新冠病毒标本采集、运送、检测的防护要点

标本采集要求:

呼吸道标本包括咽拭子、鼻拭子、痰标本、支气管肺泡灌洗液等。上述各部位标本病毒含量及检测阳性率依次递增。拭子采集时一定要接触到采样部位,支气管肺泡灌洗液需要在支气管镜下采集,操作时容易产生气溶胶,需要做好防护。在能够达成目标的情况下,尽量

减少接触,尽量避免气溶胶和飞沫产生,尽量缩短与被采样人员接触的时间。

标本采集防护要点

非传染病流行期间:采集咽拭子、鼻拭子、痰标本,应做好手卫生,佩戴医用外科口罩、乳胶手套,穿工作服,可加护目镜或防护面屏、隔离衣及圆帽。采集支气管肺泡灌洗液时,应戴医用防护口罩,宜加穿隔离衣及圆帽,加戴防护面屏或护目镜。

传染病流行期间:采集咽拭子、鼻拭子、痰标本,应做好手卫生,佩戴医用防护口罩、乳胶手套、圆帽,穿洗手衣裤加隔离衣或防护服,并佩戴防护面屏或护目镜。采集支气管肺泡灌洗液时,除了可以采用上述防护用品,还可酌情使用全面型呼吸防护器。

应注意:负责具体操作的核酸采集人员需按照上述标准防护,登记信息的采集及秩序维护人员按照预检分诊防护要求防护即可。

标本装箱、交接、转运、接收要求:

呼吸道标本采集后应立即密闭,并确认密闭无泄漏后装入密封袋,建议出隔离病房或污染区再置于标本专用转运箱内。如果标本专用转运箱进入污染区,则应在离开前对外表面进行消毒处理,可采用 500 mg/L 含氯消毒液或 75％乙醇喷雾或擦拭。包装材料应当符合防水、防破损、防外泄、耐高(低)温、耐高压要求,专用转运箱应有生物危险标识、警告用语和提示用语。将标本转运箱经最短路径直接送达实验室。

建议传染病流行期间采用专用机器人定点运送标本。如使用物流传输系统,则应事先对物流传输系统进行风险评估,避免发生故障或意外导致处理困难发生传染病扩散。可以采用人工转运,转运者应经过生物安全相关知识培训,确保其不会在运输过程中自行打开转运箱,避免剧烈震动、颠簸;同时对标本意外泼洒等情况具备现场处理能力或者知悉报告程序。转运期间如果发生意外,出现标本流出或洒落,转运者应立即通知接收者或送检方,同时,应有标本污染处理预案。少量滴洒,可选择 1 000 mg/L 含氯消毒剂直接擦拭;大量泼洒,应用 2 000～5 000 mg/L 含氯消毒剂浸湿布巾覆盖消毒去除。

标本转运防护要求

穿工作服,戴医用外科口罩、手套。

外部转运:送抵指定标本检测实验室之前,办理转运申请并获批准。转运者及司机安全防护同前,用院内专用车辆。

标本接收应观察:标本袋密封完好,要求透明、有生物安全标识。

对于一旦出现核酸检测阳性,则整个地区采取全员核酸检测做法的科学性和必要性有待论证。从科学感控视角,新冠病毒目前具有高传染性,但病毒毒力变弱,且新冠疫苗广泛接种的情况下,感染者多数无症状或有轻微症状,居家隔离为优选,密切接触者和次密切接触者居家观察即可。全员核酸检测过程就是全员聚集过程,应慎用。

常见问题解答

❶ 疫情流行期间，手术患者被要求在术前采集核酸做检测，这个标本在哪里采集好？

答 各医院可以根据实际情况而定，建议相对集中采集。应由经过培训熟练掌握标本采集方法的医护人员操作，操作环境应选择通风良好的空间，应做好防护后采集。

❷ 核酸检测标本采集一定要在发热门诊吗？

答 不一定，可以根据医院的情况选择一个相对独立、通风良好地方做采集。

❸ 标本采集应做什么样的防护？

答 标本采集应特别强调面部防护，戴医用防护口罩或医用外科口罩加护目镜或防护面屏。采集标本时，采集者遇患者打喷嚏时应尽量屏住呼吸。

❹ 每采集一位病人的标本需要更换防护用品吗？

答 没有必要每采集一个病人的标本就更换防护用品。如果口罩等防护用品有明显污染或潮湿应及时更换。

❺ 患者血标本可以用于新冠肺炎患者确诊检测吗？

答 可以。新冠肺炎患者血标本中的 IgM 在感染 7 d 后可检测出来，基本发病 3～4 d 后即有阳性发现。血标本具有确诊价值。但目前，新冠病毒抗原检测简单易行，很少使用血标本检测。

❻ 给每位患者采集标本后，房间需要清洁消毒吗？

答 不必每次采样后进行房间清洁消毒。每天按照正常频次清洁消毒即可。应保证房间通风良好。

❼ 标本为什么需要双层密闭运送？

答 标本采集后，应存放于密闭包装内，减少标本泄漏机会，以免对周围环境造成影响。密闭包装袋再放入专用密闭转运箱，进一步减少泄漏可能。转运箱外面一般无须喷雾消毒。但如果转运箱在发热门诊污染区，或者在隔离病房污染区使用，外面需要消毒。

❽ 为什么接收标本时要确认标本箱外是否污染？

答 因为这关系到是否有病毒污染泄漏，是安全防护的重要方面。

❾ 为什么运送标本的人员需要经过培训？

答 因为转运人员必须知道新冠病毒感染的危害及防控基本知识；必须明白转运物品污染性质，应以最快时间最短路线运送，且中途不得打开转运箱；同时应掌握一旦发生了意外泄漏如何处理。

❿ 标本泼洒后一定要专业人员处理吗？

答 应该由经过传染病相关知识及技能培训，掌握标本泼洒后处理流程的人员来处理。

⓫ 标本密闭转运，为什么转运人员也需要戴手套和穿工作服，戴医用外科口罩？

答 为了进一步保证安全。转运箱也有被污染的可能性。

⓬ 核酸采集点需要设置污水处理系统吗？

答 没有必要在核酸采集点设污水处理系统。因为核酸采集时工作人员连续操作，其间通过消毒手套来减少交叉感染，并不采用流动水洗手，无须进行污水处理。

第三章
重点部门建筑布局及感控要求

　　重点部门是指患者获得感染风险极高的诊疗场所,包括消毒供应中心(室)、血液净化中心(室)、手术室、产房、内镜室、新生儿室、重症监护室、口腔科、微生物实验室、移植病房、静脉用药调配中心等。重点科室建筑布局既有共性要求,又各有特点。

　　血液净化中心(室)、手术室、产房、内镜室、口腔科等手术及检查科室每天接触患者众多,侵入性操作多,接触血液、体液机会多,交叉感染风险高、职业暴露概率也高,需要严格执行无菌操作及职业安全防护要求。新生儿室、重症监护室和移植病房患者病情变化快,抵抗力差,感染双向防护(即标准预防)是关键。微生物实验室、消毒供应中心(室)、静脉用药调配中心虽然不直接接触患者,但其感控压力一点不逊于其他重点部门,手术器械包及静脉用药无菌保障是临床感控的重中之重,而微生物实验室生物安全、消毒供应室去污区职业安全都是不可或缺的感控重点。

　　重点部门建筑布局常分为工作区域和辅助区域。工作区域包括诊疗区/手术室、治疗准备室等。对于需要空气隔离或气流组织的重点部门,如采用洁净技术的手术室、静脉用药调配中心、移植病房等,应按照洁净技术规范的要求设置缓冲间,维持压力梯度,确保空气质量要求。消毒供应中心(室)去污区及检查包装灭菌区应设置缓冲间(带),空气由检查包装灭菌区流向去污区。其余没有空气隔离或气流组织要求的重点部门无须设置缓冲间。辅助区域分为工作辅助区域(办公室、库房、水处理区域、污物间、教室等)和生活辅助区域(更衣室、值班室、卫生间、淋浴间等)两类。重点部门均设门禁管理,自成一体。

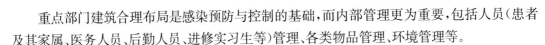
重点部门建筑合理布局是感染预防与控制的基础,而内部管理更为重要,包括人员(患者及其家属、医务人员、后勤人员、进修实习生等)管理、各类物品管理、环境管理等。

重点部门的所有工作人员应经过感控相关知识培训,包括标准预防、职业暴露的应急处理、各种传播途径传染病防控要点等。

感控基本要求

空气:属于Ⅰ类环境的重点部门包括采用洁净技术的手术室、移植病房、静脉用药调配中心等,应按照洁净技术规范要求定期更换或清洗各级过滤网,空气中细菌菌落数应符合表3-0-1及表3-0-2的要求。

表3-0-1　洁净手术部(室)空气中的细菌菌落总数要求

洁净用房等级	沉降法细菌最大平均浓度/[cfu/(30 min·Φ9 cm 皿)][浮游法/(cfu/m³)]		空气洁净度级别	
	手术区	周边区	手术区	周边区
Ⅰ	0.2[5]	0.4[10]	5级	6级
Ⅱ	0.75[25]	1.5[50]	6级	7级
Ⅲ	2[75]	4[150]	7级	8级
Ⅳ	6		8.5级	

注:

1. 浮游法细菌最大平均浓度采用括号内数值。细菌浓度是直接所测结果,不是沉降法和浮游法互相换算的结果。

2. 眼科专用手术室周边区可比手术区低2级。

表3-0-2　其他洁净场所空气中细菌菌落总数要求

洁净用房等级	沉降法(浮游法)细菌最大平均浓度/[cfu/(30 min·Φ9 cm 皿)]	空气洁净度级别
Ⅰ	局部集中送风区域0.2,其他区域0.4	局部5级,其他区域6级
Ⅱ	1.5	7级
Ⅲ	4	8级
Ⅳ	6	8.5级

属于Ⅱ类环境的重点部门包括未采用洁净技术的手术室、导管室、新生儿室、产房、ICU等。可以采用多种空气净化方法(如自然通风和机械通风,采用安装空气净化消毒装置的集中空调通风系统、紫外线灯照射、静电吸附等合法空气消毒设备),空气中细菌菌落数应≤4 cfu/(15 min·Φ9 cm 皿)。

属于Ⅲ类环境的重点部门包括消毒供应中心(室)、微生物实验室、血液净化中心(室)、治疗室等。可以采用多种空气净化方法(如自然通风或/和机械通风,采用安装空气净化消毒装置的集中空调通风系统、紫外线灯照射、静电吸附等合法空气消毒设备、化学消毒等),空气中细菌菌落数应≤4 cfu/(5 min·Φ9 cm 皿)。

由于空气质量监测是在空气消毒后、开展医疗活动前进行的,实质是对空气消毒效果的监测,增加监测频次或监测地点并无实际防控意义。按照相关规范,每季度应对手术室、ICU 及血液净化中心等重点部门的空气净化与消毒质量进行监测。

环境及物体表面:重点部门环境及物体表面清洁消毒应符合《医疗机构环境表面清洁与消毒管理规范》(WS/T 512—2016)的要求。每日至少两次进行湿式卫生,可采用清洁剂辅助清洁;高频接触环境表面每天至少两次实施中、低水平消毒。一旦发生患者血液、体液、排泄物、分泌物等污染时,应立即实施污点清洁与消毒。凡侵入性操作、手术、吸痰等高度危险诊疗操作结束后,应立即实施环境清洁与消毒。

洁净手术部、其他洁净场所(移植病房、静脉用药调配中心等)、非洁净手术部(室)、非洁净骨髓移植病房、产房、导管室、新生儿室、器官移植病房、烧伤病房、ICU、血液病病区等,环境表面菌落总数应≤5 cfu/cm²。

儿科病房、母婴同室、妇产科检查室、人流室、治疗室、注射室、换药室、输血科、消毒供应中心(室)、血液净化中心(室)、急诊室、化验室、各类普通病室、感染疾病科门诊及其病房等,环境表面菌落总数应≤10 cfu/cm²。

环境及物体表面监测在怀疑医院感染暴发与环境相关时开展,无须常规开展。

第一节　消毒供应中心

医院消毒供应中心是医院各类重复使用的诊疗器械、用品的清洗、消毒、灭菌场所，是医院感控重点部门。中华人民共和国卫生行业标准 WS 310.1—2016 对消毒供应室管理规范，WS 310.2—2016 对清洗消毒及灭菌技术操作规范，WS 310.3—2016 对清洗消毒及灭菌效果监测标准均有明确要求。

消毒供应中心感染预防与控制工作包括两大方面：一是复用诊疗器械器具安全性，包括回收、清洗、包装、消毒或灭菌、存储及发放安全；二是工作人员安全性，包括各环节职业安全防护。

消毒供应中心建筑布局

医院在新建、改建或扩建消毒供应中心前，应事先确定消毒供应中心运行及管理模式，如：消毒供应中心地点是全部集中还是分设手术器械或腔镜清洗消毒供应室、内镜室清洗消毒工作站和综合消毒供应室；是否开展对外服务；后续是否增加床位；是否包括一次性无菌物品发放等。消毒供应中心管理者应对内部工作流程进行规划，如下收下送方式、运送容器选择、蒸汽供应方式、水处理设备、内部转运是否以篮筐为主、内部保洁形式等，在此基础上对其位置、布局、通风、设备配备等进行论证。

消毒供应中心周围环境应清洁，无污染源，区域相对独立。宜接近手术室、产房和临床科室，与手术室之间宜有专用物品通道（如专用电梯）用于物品直接传递。在江南等潮湿多雨的地区不应建在地下室或半地下室，否则难以保证湿度达标，极易出现霉菌滋生。

消毒供应中心的面积可以根据医院实际情况而定，满足工作需要即可。综合性医院消毒供应中心的面积（m^2）与床位数的比值可参照 0.8：1～1：1；手术量少的专科医院可以小于此比例；床位数量大于 2 500 张的大型医院面积，消毒供应中心的面积可不按照此比例，但应能够满足工作需要，一般不小于 1 600 m^2。

消毒供应中心划分为工作区域和辅助区域。工作区域约占总面积的 85％～90％，包括去污区（约占总面积的 20％～35％）、检查包装灭菌区（含辅料间，约占总面积的 40％～55％）、无菌物品存放区（约占总面积的 10％～15％）；辅助区域约占总面积的 10％～15％，包括工作辅助区域（水处理间、蒸汽发生器间、库房等）和生活辅助区域（工作人员更衣室、办公室、值班或/和休息室、卫生间等）。

工作区域要求

物流线路由污到洁,不交叉,不逆流。

空气流向由洁到污。采用机械通风的应保持去污区为相对负压,检查包装灭菌区域为相对正压。各区可设外开窗,但去污区应避免在人流密集处开窗,且有手工清洗操作时窗户应保持关闭状态。消毒供应中心为Ⅲ类环境,不建议采用空气洁净(俗称层流)技术。推荐消毒供应中心安装独立空调主机以实现温湿度控制(表3-1-1),各区域照明应符合表3-1-2要求。

表3-1-1　工作区域温度、相对湿度、通风换气次数要求

工作区域	温度/℃	相对湿度/%	换气次数/(次/h)
去污区	16~21	30~60	≥10
检查包装灭菌区	20~23	30~60	≥10
无菌物品存放区	<24	<70	4~10

表3-1-2　工作区域照明要求

工作面/功能	最低照度/lx	平均照度/lx	最高照度/lx
普通检查	500	750	1 000
精细检查	1 000	1 500	2 000
清洗池	500	750	1 000
其他工作区	200	300	500

去污区、检查包装及灭菌区和无菌物品存放区三区之间应有实际物理屏障相隔;去污区与检查包装灭菌区之间应设物品传递窗,非物品传递时间应保持关闭。

工作区域天花板应无裂隙、不易落尘,可采用扣板,照明亦嵌入在扣板内,使整个天花板保持光滑。有条件的,可以在天花板采用色彩或投影灯以增加工作区域舒适性,如构成蓝天白云等图案。墙壁应使用拼缝少,光滑而不易落尘材料,还需便于清洗和消毒,推荐使用彩钢板、电解板等拼缝少且可以整体安装的材料。可以使用不同颜色墙面来区分不同工作区域,也可以采用如绿色竹林、山川河流等风景画或投影等营造背景墙,起到扩展视觉效果、缓解紧张情绪、增加舒适性的作用。地面与墙面踢脚及所有阴角均应设计为弧形;地面应防滑、易清洗、耐腐蚀,使用塑胶地板可将地板向墙面延伸10~15 cm,直接形成弧形;地漏应设水封;地面不同工作区域可采用不同的颜色;去污区的污水应进入医院污水处理系统。

去污区:应设置工作人员进出缓冲间(带),缓冲间内应设置非手触式洗手设施;不推荐在缓冲间内设拖把池。该缓冲间主要起阻隔去污区污染物通过气溶胶流动到工作人员生活辅助区域的作用,同时也作为工作人员穿戴和脱卸防护用品的区域。工作时间应保持缓冲间门处于关闭状态。门应朝向相对清洁区域打开。

去污区包括机器清洗区域和手工清洗区,宜设相对独立腔镜清洗区域。

去污区包括污物接收、清点、分类、清洗、干燥等环节。若未执行下收下送,供应室应设置污物接收大厅,方便众多临床科室送交使用后器械及物品之用;消毒供应中心采用下收下送模式,无须设置接收大厅用于污物接受。下收车直接通过门进入去污区,建议增设可移动大工作台作接受污物用,将器械接收、清点、分类和上清洗架一并完成。如外来器械较多,去污区可设接收厅,设窗用于外来器械交接。

去污区内部应根据清洗流程进行布局,将机器清洗区和手工清洗区分开设置。手工清洗区可根据清洗步骤设置水池、设施及电插座:初洗或浸泡池→超声清洗器或减压沸腾机→清洗池→漂洗池→干燥台或干燥箱→传递窗(或使用双向开门干燥柜)。

手工清洗区应设洗眼装置,由于洗眼装置使用频率很低,需每周检查洗眼装置是否完好。可以在终末漂洗池安装可翻转龙头,面部被污染需要冲洗时将龙头翻转向上做面部冲洗。由于终末漂洗池一直处于使用状态,无须每周检查并冲洗洗眼装置,节约又实用。

消毒供应中心若有大量腔镜需要处理,建议将腔镜清洗区域设计得相对独立,并设置腔镜清洗工作站,以减少气溶胶和使用水枪、气枪所产生的噪音对整个去污区的影响。若腔镜处理量不大,可以直接在手工清洗槽配备水枪、气枪完成腔镜清洗。

清洗器容积及台数设置应综合考虑床位数、门急诊工作量、消毒供应中心工作时间等多方面因素,根据实际经验推算。每病床无菌物品消耗量为 $1.8\sim2.2$ L/(床·d),门急诊无菌物品消耗量为 $1.4\sim1.6$ L/人次,手术室无菌物品消耗量为 $90\sim100$ L/台次。上述消耗量包括使用的一次性无菌用品的量,不同医院一次性无菌物品的使用比例不同,应在计算清洗器容量时根据实际使用比例去除,消耗量(去除一次性无菌物品比例后)中清洗量约占 $40\%\sim50\%$。

去污区与手术室污物集中区域宜通过电梯直接相通,使术后器械能迅速到达去污区。设可载人电梯,以便面对面清点交接使用后器械;如仅设载物小电梯,应将开口高度设置为 80 cm 以上,以避免工作人员频繁弯腰工作。消毒供应室去污区的电梯无须设置缓冲间。

手术室与供应室之间的直通电梯以污染物品电梯和无菌物品电梯两部为宜。应至少设置一部污物电梯,以便术后器械能够尽快达到清洗地点;无菌物品可以通过其他电梯集中运送。

去污区可设洁具清洗间/区用于消毒供应中心洁具清洗消毒,不同区域可以采用不同颜色拖布进行清洁,不必每个区都设置洁具间。

去污区可设车辆及容器清洗间/区,该间/区宜设栅栏式下水或四周排水,以便使用水枪冲洗时可迅速排水。运送容器及车辆的清洗和存放应根据不同工作模式决定。可在污染区设洗车间/区用于容器或车辆清洗;可在无菌物品发放区域附近设容器或车辆存放间/区域;或设置大型清洗器用于车辆及容器清洗消毒,大型清洗器一侧门开在污染区或其附近,另一侧门开在无菌物品发放区或其附近。如消毒供应中心面积够大,洁车和污车分开使用,则分别设洁车与污车车辆清洗和存放间/区域。采用大型清洗器去污区仍应保留一块排水迅速的区域,以备大型清洗器发生故障时用于运送工具清洗消毒。

去污区排水管径应大于计算管径 1～2 级，且不得小于 100.00 mm，支管管径不得小于 75.00 mm。

去污区可设库房，用于存放去污区用品，如清洁剂、清洗工具等。

去污区防护要求

手工清洗人员应穿洗手衣裤或分体式工作服（圆领，并能够遮住内衬衣服）、防水防滑专用鞋、隔离衣加防水围裙或者防水隔离衣，戴手套、外科口罩、防护面屏或眼罩。非手工清洗人员可在此基础上减少防水围裙及防护面罩。

去污区消毒除了按照《医疗机构环境表面清洁与消毒管理规范》（WS/T 512—2016）要求，推荐增设可移动落地式紫外线灯，在通风不良的情况下，工作结束时进行空气消毒，同时对物体表面进行消毒，减少化学消毒剂的使用。

检查包装及灭菌区：该区为清洁区，应设缓冲间（带）用于工作人员进出该区。缓冲间（带）主要用于减少外围环境及人员进出对该区域的影响，同时安装非手触式洗手设施以方便进入该区工作人员洗手。缓冲间内不宜设置拖把池。除了缓冲间配备洗手池，该区不设水池。

由于该区有清洗后尚未包装裸露器械及物品存在，该区为整个消毒供应中心空气清洁度要求最高区域。可以通过自然或机械通风、空气消毒等空气净化方式来保证空气清洁度 ≤4 cfu/(5 min·Φ9 cm 皿)。

检查与包装功能区域应尽可能宽敞，该区设计要考虑清洗机和灭菌器安装、检修及承载。清洗机和灭菌器的安装决定了检查包装灭菌区的面积大小。应注意清洗机周围 1.5 m 及灭菌器周围 2 m 范围内常有装载架进出及存放，安放检查包装台时需避开，实际能够用于检查包装的操作区域要得到保证。

检查包装台可配备台下检查灯或台上照明，台面或周围有电源插口可供带电源器械检查，有条件的可使用吊塔。

敷料检查包装宜设在相对独立房间，以减少棉尘对裸放器械及环境影响。目前，大多数医院敷料及布类由第三方清洗，检查及打包也可以由第三方负责。基层医疗机构由于工作量小、工作人员少，消毒供应室面积有限，没有独立敷料房间，可以通过分时段包装敷料来减少影响。敷料及布料灭菌约占灭菌工作量的一半，大量包装通过传递窗传递会消耗大量人力。建议敷料包装间对外设门，在敷料整车运送时打开。

该区原则上不设洁具间，如只能在该区设置，必须保证其房门处于常闭状态，且有排风。

该区的温湿度控制是重要感控环节，灭菌器上方应设强排风，热蒸汽排放也需要确保通畅，排水管应为耐热材料，如铜管等。地面铺设材料也应耐热。

灭菌器容积及台数设置应综合考虑床位数、门急诊工作量、消毒供应中心工作时间等多方面因素。根据实际经验推算，每病床无菌物品消耗量 1.8～2.2 L/(床·d)，门急诊无菌物品消耗量 1.4～1.6 L/人次,手术室无菌物品消耗量 90～100 L/台次。上述消耗量含使用一次性无菌用品,不同医院一次性无菌物品的使用比例不同,应在灭菌器容量计算时根据实际使用比例去除。尽可能选择双扉灭菌器。

可设低温灭菌间,用于过氧化氢等离子、环氧乙烷、低温甲醛等方式灭菌的灭菌器安置。每种低温灭菌器可在不同房间独立设置,也可设在同一间。该室应设置独立排风管道通向屋顶,如使用环氧乙烷、低温甲醛灭菌的灭菌器,还应有气体残留报警装置。

该区可设库房,用于包装材料、备用器械等存放。

检查包装灭菌区与无菌物品存放区之间应有物理屏障将未灭菌和已灭菌物品完全分开,可设门用于人员进出和灭菌器装载架返回,无须设缓冲间。

检查包装及灭菌区防护要求

应着清洁工作服或洗手衣裤,戴圆帽,可戴口罩、手套。

无菌物品存放区:用于存放灭菌后的物品及消毒后的物品。该区不设水池,无须设置缓冲间。由于使用中灭菌器有热蒸汽排放,为减少热蒸汽对该区温度湿度的影响,可设独立冷却区域;冷却区域与存放区域可以直接通过门相连。但如果无菌物品存放区面积有限,分区后灭菌架进出局促,则不必设置冷却区;可对外开门用于大量无菌物品集中下送,设窗用于少量应急物品领取,无须双门互锁传递窗、无须设计多个传递窗。该区为Ⅲ类环境,为有包装无菌物品存放,空气≤4 cfu/(5 min · Φ9 cm 皿)即可,无须空气洁净技术。

与手术室宜有直通电梯,供应室内无须设电梯缓冲间,电梯宜选择可容纳灭菌货架及人员进入的货梯或病床梯,以便无菌物品灭菌结束冷却后货架直接送至手术室(建议灭菌架和货架统一尺寸),减少卸载和运送过程反复接触无菌包的机会。手术室若采用洁净技术,则手术室电梯需设缓冲间以维持压力梯度。

无菌物品存放区防护要求

应着清洁工作服或洗手衣裤,戴防烫手套,可戴口罩,应注意手卫生。

工作辅助区域:医院有集中水处理系统,可以不设置水处理间;蒸汽亦然,如果医院能够保证蒸汽供应,也可不设置蒸汽发生器间。如果设置,应靠近清洗机及灭菌器独立设置房间。水处理间面积应大于水处理设备面积1.5倍,以方便更换树脂、活性炭等耗材。平日应保持房门关闭。开门可以根据实际情况而定:常在生活区开门,便于工程师进出观察机器运行情况;也可以在工作区域开门。如开门在去污区,则进入工作应使用防护用品;开门在清洁区域,进入应着清洁工作服。

生活辅助区域:有办公室、多功能室、更衣室、值班室、卫生淋浴间等。

办公室可用于监测及其资料存放等;多功能室可用于会议、学习、用餐等;在生活辅助区域无须换鞋,鞋关设置并非必须;进入去污区应着防水防滑鞋,进入检查包装灭菌区和无菌物品存放区应着清洁工作鞋,不推荐使用鞋套。若从管理角度设置鞋关,也应做好人性化设计,宜设穿鞋凳,隔挡不宜高于 15 cm,方便裙装女性跨越(图 3 - 1 - 1)。

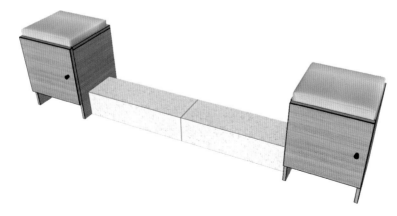

图 3 - 1 - 1　鞋关图示

消毒供应中心设置模式

　　医院应集中管理医院所有复用医疗器械及用品的清洗、消毒及灭菌。集中是指复用器械及用品处理操作步骤统一,质量标准一致,并非集中地点这一种模式。

　　大型医院消毒供应中心布局模式一(图 3 - 1 - 4):消毒供应室地点集中,下收下送车辆完全分开,有两套运送车辆及人员,车辆清洗及存放也分开,将洁污完全分开,而且管理简单易行;缺点是占地面积大,清洗工作量大,人员消耗多。

　　大型医院消毒供应中心运送布局模式二(图 3 - 1 - 5):消毒供应室地点集中,下收下送采用一套车辆及人员,设置大型清洗器清洗消毒车辆及容器。下收车辆及容器返回后经过大型清洗器清洗消毒,到无菌物品存放区装载无菌物品下送。同样做到洁污分开,而清洗工作量减小,占地面积减少。

　　大型医院消毒供应中心布局模式三(图 3 - 1 - 6):消毒供应室地点集中,由医院物流运送人员负责运送,供应中心以整理箱为容器运送无菌包。装有各种无菌包的清洁密闭整理箱从无菌物品存放间运出(此时采用同色扎带标识,注:扎带颜色起到区别洁污的作用,医院可以自行确定颜色)。运送人员将密闭整理箱运至病区,由病区剪开一侧扎带取出无菌物品放入治疗准备室或无菌库房,该整理箱放在处置间作为使用后污染器械存放容器,病区用另一种颜色扎带密闭后交运送人员运至供应室去污区。运送人员全程不接触整理箱内部物品,不在病区清点交接污染物品及器械。供应室去污区工作人员负责打开并清点污染物品,整理箱在污染区经大型清洗器清洗后放在清洁区域。做到洁污分开,人力物力最小化。

　　基层医疗机构消毒供应室与洗衣房布局模式(图 3 - 1 - 7):基层医疗机构,特别是地处偏僻乡村的基层医疗机构无法采用第三方提供的服务,只能在机构内设置消毒供应室。由于消毒工作量小,每周仅需消毒 1～2 锅无菌物品,其消毒供应室常与洗衣房共用,且常由1～2 名工作人员专(兼)职承担所有工作。其建筑布局应做好三区划分,但不必强调缓冲间设置,因为工作人员仅1人,不会同时使用去污区和清洁区。

医院手术部内部腔镜清洗消毒间布局模式(图3-1-8):消毒供应中心每天有一半以上无菌包需要往返于手术室,尤其是腔镜手术,手术时间短,接台手术多,术后腔镜需要立即送供应室清洗、消毒、灭菌,灭菌后立即返回手术室,下收下送人力物力消耗大,需要多套腔镜才能满足周转需求。推荐在手术部设置小型腔镜清洗消毒间用于腔镜器械术后处理。应强调由消毒供应中心负责此类小型消毒间工作,包括人员安排、工作质控等。器械处理地点分散虽有利于节约人力物力,但工作质量应集中管理。消毒间应按照三区划分,设去污区、检查包装灭菌区及无菌物品存放区。其中,无菌物品存放区可与检查包装灭菌区相邻,或直接使用手术部无菌物品存放间;去污区污染器械入口可设在手术部污染物品存放及处理区(如污物通道或污物存放间)附近;去污区与检查包装灭菌区应有实际物理隔断,设传递窗或双门干燥柜;检查包装灭菌区可设门在手术部洁净区域。

医院采用第三方提供消毒供应服务的供应室布局模式(图3-1-9):应设独立无菌物品接收间和污染物品存放间。两间房可以在一起或者根据实际情况分开设置。不强调污物通道和清洁通道,因为所有器械及物品均有包装,污染器械是在整理箱或者是塑料袋内存放。

附　医疗消毒供应中心(也称第三方消毒供应中心)基本标准

国家卫生健康委于2018年颁布了《医疗消毒供应中心基本标准(试行)》和《医疗消毒供应中心管理规范(试行)》(国卫医发〔2018〕11号)。医疗消毒供应中心是独立设置的医疗机构,不包括医疗机构内部设置的消毒供应中心、消毒供应室和面向医疗器材生产经营企业的消毒供应机构。医疗消毒供应中心主要承担医疗机构可重复使用诊疗器械、器具、洁净手术衣、手术盖单等物品清洗、消毒、灭菌以及无菌物品供应的任务,并开展处理过程质量控制,出具监测和检测结果,实现全程可追溯,保证质量。

基本设施

业务用房使用面积不应少于总面积的85%,应当具备双路供电或应急发电设施、应急供水储备、蒸汽发生器备用设备、压缩空气备用设备等,重要医疗设备和网络应有不间断电源,保证医疗消毒供应中心正常运营。

设置1个硬器械(金属、橡胶、塑胶、高分子材料及其他硬质材料制造的手术器械、硬式内镜等)清洗、消毒、干燥、检查、包装、灭菌、储存、发放流水线,建筑面积不少于2 000 m²。

设置1个软器械(手术衣、手术盖单等可阻水、阻菌、透气,可穿戴,可折叠的具有双向防护功能的已被列入手术器械分类目录的感染控制器械,不含普通医用纺织品)清洗、消毒、干燥、检查、折叠、包装、灭菌、储存、发放流水线,建筑面积不少于2 000 m²。

设置1个软式内镜清洗、消毒(灭菌)、干燥、储存、发放流水线,建筑面积不少于800 m²。

应当设净水处理设施,建筑面积不少于300 m²。

应当设配送物流专业区域,建筑面积不少于300 m²。

应当设办公及更衣、休息生活区,占总面积的 10%～15%。

应当设置医疗废物暂存处,实行医疗废物分类管理。

开展微生物或热源等检测,应设置检验室。

应当设置污水处理场所。

分区布局

主要功能区:去污区,检查、折叠、包装及灭菌区,无菌物品存放区及配送物流专区等。

辅助功能区:集中供电、供水、供应蒸汽和清洁剂分配器,医疗废物暂存处,污水处理场所,集中供应医用压缩空气系统,办公室及更衣室,休息生活区等。

管理区:质量和安全控制(包括检验室)、医院感染控制、器械设备、物流、信息等管理部门。

软器械是指手术衣、手术盖单等可阻水、阻菌、透气,可穿戴,可折叠的具有双向防护功能的已被列入手术器械分类目录的感染控制器械。软器械不包括普通医用纺织品,但并不意味着普通医用纺织品不能作为手术衣及铺单。目前,没有循证医学证据显示使用普通医用纺织品比使用软器械手术部位感染率高,而使用软器械成本高出普通医用纺织品很多。期待随着技术的创新,未来能够有更多软器械在性价比上胜过普通医用纺织品。

基本标准中面积要求的合理性有待论证,如:净水设施建筑面积要求不得小于 300 m²,其实能够摆放基本水处理设施,有一定空间供更换碳罐及树脂,房间大小一般为设施面积的 1.5 倍即可,占地面积 30 m² 就能够正常使用;配送物流专业区域建筑面积要求不少于 300 m²,其实能够满足货车进出及停放的需要即可。

对于大型第三方消毒供应中心,推荐建两个工作区域,每个区域均有去污区、检查包装及灭菌区、无菌物品存放区,以最大化节约成本。

常见问题解答

❶ 如何做消毒供应中心建筑布局图纸论证?

答 医院在完成消毒供应中心建筑布局图纸设计后,邀请感控专家和消毒供应专业专家共同对设计图纸进行论证。主要从选址、面积、布局、设备配备等方面进行论证,论证重点不仅是否符合国家规范及标准,更要考虑如何在符合规范基础上提高实用性。

❷ 医院消毒供应中心面积应该如何把握? 各区设置有哪些注意事项?

答 医院消毒供应中心面积主要根据医院实际器械及物品处理工作量确定,不能完全按照床位比来,例如:以收治精神病患者为主的精神病院实际器械及物品处理量很少,消毒供应中心面积与床位比可以小于 0.8;而 2 500 张床位以上的大型医院设置一个大型消毒供应中心来满足全院供应,面积与床位比可以小于 0.8,但应大于 1 600 m²,且三区划分也要考虑具体工作,如去污区接收区域应宽敞,方便下收车辆进出;应预留外来器械接收清点区域;与手术室之间应设置污梯等。

消毒供应中心面积并非越大越好,要充分考虑工作人员动线便捷,无菌包生产流程所涉及的线路应尽可能短,这在人力物力节约上也十分重要。

❸ 为什么消毒供应中心不宜设在地下室?

答 由于地下室通风条件不足,温度、湿度难以控制,同时,大多数消毒供应中心只在白天工作,晚夜间整个空调机组全部关闭,导致消毒供应中心温度高、湿度大,霉菌易于生长,不利于无菌物品安全。

❹ 为什么消毒供应中心与手术室之间要有直通电梯? 为什么首先要保证污梯?

答 消毒供应中心的工作量至少有一半来自手术室,直通电梯可以减少运送人手及器械转运消耗(包括器械损耗和时间成本)。在每台手术结束后,手术器械应尽快送到消毒供应中心去污区处理,通过清洗来减少污染物对手术器械的影响,手术室虽然可以同时开展多台手术,但每一台手术的结束时间不一样,因此,有一台直通电梯就应该先作为污梯用来尽快传输术后器械,以减少污渍对器械的影响。而无菌物品是整批次灭菌,可以整批次运送,如没有直通电梯,可以从其他电梯整批次运送。

❺ 为什么不推荐消毒供应中心采用空气洁净技术?

答 整个供应中心为Ⅲ类环境,对于空气质量要求高的检查包装灭菌区,可以通过自然或机械通风、空气消毒等空气净化方式来保证空气清洁度≤4 cfu/(5 min·Φ9 cm皿)。

空气洁净技术主要是用各级过滤网来对空气中的尘埃粒子数及微生物进行控制。被阻隔的尘埃和微生物并非被清除和杀死,故需要定期更换各级过滤网来保证空气质量。造价高,维护成本更高。运行及维护不到位的洁净环境风险更高。

❻ 无菌物品存放间需要按照无菌区要求吗?

答 无菌物品存放间无须按照无菌区要求。其仅用于存放灭菌或者消毒后物品,与病区治疗室内无菌包存放相似。无菌包里的无菌器械并非裸放,已经有外包装作为无菌屏障,其存放条件为温度<24℃、湿度<70%。接触无菌包应洗手,无须穿隔离衣、戴无菌手套,空气也无特别要求。

❼ 医院消毒供应中心温度如何把握?

答 消毒供应中心由于清洗机和灭菌器工作会产生大量热量,室内温度明显高于其他医疗场所,要达到规范要求需要安装独立空调机组,而不是共用医院中央空调主机。

❽ 去污区缓冲间需要多少面积?

答 去污区缓冲间的面积没有明文规定,从实际工作而言,需要有两扇门开关,安装洗手池,穿脱和摆放防护用品,建议不小于4 m²。

❾ 规范中要求有洗眼装置,装在哪里合适?

答 在手工清洗或者机械清洗装载过程中,眼部不慎有污染物进入时,需要使用洗眼器应急冲洗眼部以保证职业安全,故洗眼装置应安装在去污区。洗眼器至少应每周检查是否完好。建议最后一道漂洗水龙头安装可翻转龙头,一旦发生喷溅,立即将龙头翻转使用,漂洗水系经过水处理装置处理的水,一直处于使用状态,无须每周检查并冲洗洗眼装置,既节约又实用。

⑩ 腔镜在去污区清洗,一定要专用腔镜清洗工作站吗?

答 不一定。若有大量腔镜需要清洗,建议相对独立并设置腔镜专用清洗工作站,减少气溶胶和使用气枪产生的噪音对整个去污区的影响;如果腔镜清洗量不大,可以在去污区手工清洗槽配备水枪、气枪及防磕碰橡胶垫用于腔镜清洗。

⑪ 与手术室直通污梯应如何设置比较好?

答 与手术室直通污梯推荐使用病床梯,可以面对面交接手术器械。未来,消毒供应室专业人员可以与术者当面交流器械使用情况。如条件不具备,可使用小型电梯(如传菜电梯)。应选择窗口式而不是落地式电梯以便于物品传递。未来物流机器人可承担手术室和供应室之间的运送任务。

⑫ 洁具间需要三个区分别设置吗?

答 洁具间主要用于抹布和拖把清洗、晾晒及存放。建议使用一个洁具间,通过在不同区域使用不同颜色的抹布和拖布来解决分区问题。抹布及拖布的清洗及消毒程序并无区别。

⑬ 缓冲间可以设置拖把池并存放拖布吗?

答 不推荐在缓冲间设置拖把池并存放拖布。因为缓冲间要保持门关闭,在狭小不通风空间里清洗拖把容易造成缓冲间污染。同时,存放潮湿拖把容易有异味。

⑭ 运送车辆清洗间或区域采用地漏下水可以吗?

答 可以采取地漏下水,整个地面铺设时应有倾斜。由于车辆清洗使用水枪,大量水不能及时排出,导致车辆清洗间地面积水、湿滑,屡有工作人员滑倒摔伤,所以,推荐使用栅栏式下水或者四周排水。

⑮ 无菌物品存放区需要设缓冲间吗?

答 可以不设无菌物品存放区缓冲间,通过检查包装区与无菌物品存放区之间的门直接进入无菌物品存放区,或者通过其与生活辅助区之间的门直接进入。

⑯ 为什么要求检查包装区面积大?

答 因为所有清洗后的器械及物品检查和包装需要人工逐一进行。该区工作人员多,占用时间也比较长,应相对宽敞。

⑰ 去污区需要增加传染性物品预处理专用房间吗?

答 有专家共识建议设专用房间用于传染病(新冠肺炎)患者诊疗用品预处理,但实际防控意义不大。因为,很多传染病患者刚入院时并未明确诊断,无法及时标注传染性,而去污区工作人员以为有传染性的器械及物品都预处理了,反而会忽略防护。所以,应强调在去污区工作人员的标准预防:认定使用后诊疗用品存在传染性,不论是否有明显血渍等可见污染,患者接触使用后的物品均应做好防护。而无须设专用房间对标注传染病患者诊疗用品及器械进行预消毒处理。

⑱ 新冠隔离患者诊疗用品需要预消毒处理吗?

答 鉴于新冠病毒具有高度传染性,推荐做预消毒处理。可在隔离病区设置卫生小循环(90℃ 5 min 或者 93℃ 3 min)用于预处理,或就地使用开水浸泡消毒或者 1 000 mg/L 含氯消毒剂浸泡。进入消毒供应中心去污区预处理时,除了上述方法,还可以选择酸化水浸泡或煮沸消毒等方法。

⑲ 朊病毒消毒该如何执行？

答 按照《医疗机构消毒技术规范》（WS/T 367—2012），朊病毒预处理需要用 1 mol/L 氢氧化钠处理 60 min，但是消毒供应中心氢氧化钠使用量极少，且其作为危化品，购买及保存困难重重。建议遇到朊病毒污染器械时，采用双层包装，选用小型灭菌器单独压力灭菌 134～138℃ 18 min，或者 132℃ 30 min，或 121℃ 60 min，然后常规清洗、灭菌。

⑳ 消毒供应中心无菌物品存放区与手术室之间的电梯必须设缓冲间吗？

答 不一定设。无菌物品存放区为Ⅲ类环境，且存放物品均有外包装作为无菌屏障。设置缓冲间并无实际意义。作为手术室，如果有洁净级别，应该在手术室电梯设置缓冲间。

㉑ 水处理间设置有哪些注意事项？

答 水处理间应尽可能宽敞，面积应该是机器占地面积的 1.5 倍以上，便于活性炭和树脂等更换，应设地漏或者四周排水。还应考虑承重设计。

㉒ 消毒供应中心水处理是独立安装好，还是医院统一安装水处理好？

答 都可以。消毒供应室、血液净化中心、检验科、口腔科等多部门需要水处理，医院可以统一安装以利管理。只要医院水处理系统能够在硬度、电导率等指标上满足压力灭菌器蒸汽供给水、清洗机清洗及手工清洗终末漂洗水质要求即可。

㉓ 消毒供应中心需要设一次性无菌物品库及拆包间吗？

答 不一定设。一次性无菌物品库主要用于存放一次性使用的注射器、输液器等，该类物品可以和其他无菌物品一样由医院物流中心直接发放，而非必须由消毒供应中心发放。

在 2003 年以前（未实现医疗废物集中处置前），很多医院由供应室负责回收使用后注射器、输液器并毁形，再按照回收量发放新的。由此，消毒供应室设置了一次性无菌物品库。

医院可以根据实际情况决定是否设消毒供应中心一次性无菌物品库。即使设，也无须在一次性无菌物品库与无菌物品存放区之间设置拆包间。拆包间存在的意义是拆除外包装，使一次性无菌物品放入无菌存放区便于临床来领取。但现在采用了下收下送模式，在下送时直接从一次性无菌物品库连同外包装取出，去临床发放，未发完的带回来放入无菌物品存放区指定货架，下一次先行发放即可。无须都拆包进入无菌物品存放区再下送，应减少无实际价值的劳动。

㉔ 消毒供应中心需要设置监测专用房间吗？

答 可以设置监测专用房间。用于监测设备摆放和监测资料及耗材存放。但对于大多数医院而言，消毒供应室面积是有限的，也可以在检查包装灭菌区设工作台或者在办公室等地进行监测。

㉕ 消毒供应室所有对外开门都要设缓冲间吗？

答 没有这样的要求。消毒供应室可以直接对外开门。去污区缓冲间用于工作人员穿脱防护用品，同时，阻隔由清洗造成的气溶胶。检查包装灭菌区缓冲间用于洗手并提醒进入清洁环境。

㉖ 无菌物品存放区可以放置消毒物品吗?

答 可以存放,建议分货架存放。

㉗ 外来器械用后需要回到消毒供应室吗?

答 外来器械在术后应回到消毒供应中心,经清洗机清洗消毒后交还厂家。偶有夜间厂家急于拿走的外来器械,可以在手术室进行初步清洗及消毒(可以采用热力消毒或酸化水等化学消毒)后带走。

㉘ 需要设置无菌物品冷却间吗?

答 如无菌物品存放区面积足够大,可以设置无菌物品冷却间,以减少灭菌器对无菌物品存放区温度、湿度的影响,有利于保障无菌物品存放温度、湿度。但也应根据实际情况,要考虑灭菌架进出方便。如灭菌器出口与存放货架之间距离比较小,则不宜隔冷却间,以避免灭菌装载架出锅困难。如图 3-1-2、图 3-1-3 所示。

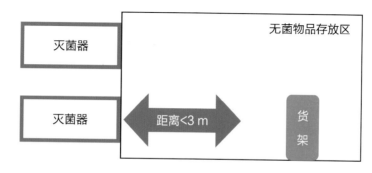

图 3-1-2　布局不建议隔冷却间

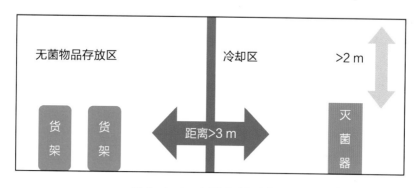

图 3-1-3　布局可以隔冷却间

㉙ 消毒供应室需要每天空气消毒吗?

答 应按照《医院空气净化管理规范》(WS/T 368—2012)要求,消毒供应室作为Ⅲ类环境,空气清洁度≤4 cfu/(5 min·Φ9 cm 皿)即可。可以采用通风(含自然通风和机械通风)、集中空调通风系统、循环风紫外线空气消毒机等各种符合规范要求空气消毒器等。如果通风可以≤4 cfu/(5 min·Φ9 cm 皿),则仅采用通风,无须消毒;如果达不到,则增加消毒器。推荐在去污区采用移动式紫外线灯进行空气消毒,兼顾物体表面消毒。

㉚ 无菌物品存放间需要悬吊紫外线灯吗?

答 无菌物品存放间可以悬吊紫外线灯,但并非必需。空气净化方法很多。

㉛ 去污区是处理污染物品地方,可以对外开门或窗吗?

答 可以对外开门或窗。去污区是处理污染物品地方,在清洗过程中可能会有病原微生物随着气溶胶飘散,但由于气溶胶有一定重量,移动距离一般在 1 m 以内,能够从门窗飘散的病原微生物很有限。同时,通风情况下,进入空气后病原微生物很快被稀释,不会对环境造成影响。设置去污区缓冲间是为了尽可能减少工作人员生活辅助区污染,同时供工作人员进出穿脱防护用品。

㉜ 鞋关放在哪里合适?

答 并非必须设置鞋关,如果设置,建议放在工作人员入口。不推荐用穿鞋凳挡住整个走道;可在入口两侧或单侧设置穿鞋凳以方便换鞋,通过地面画线或设置低隔档来提醒换鞋(图 3-1-1)。

㉝ 为什么推荐大型第三方消毒供应中心设两个工作区域?

答 从运行成本及人力资源节约方面考虑。对于大于 3 000 m² 的消毒供应中心推荐设置两个工作区域,每个约 1 200 m²,包括工作区域去污区、检查包装及灭菌区、无菌物品存放区,辅助区域可共享。应使每个工作区域工作半径较短,以去污区为例,150 m² 的去污区,工作人员从门口接收、清点,到上清洗架可能需要走 10~15 m,而在 300 m² 的去污区约需要走 20~30 m,所有物品也同样需要经过这样的路径,工作人员内部运送往返路径成倍增加。同时,应根据工作量决定是否需要开两个工作区域。工作量少时,可以关闭一个工作区域的水、电、气。还可以根据不同时间节点来安排,上午仅开一个工作区域,中午或傍晚大量器械送来后再打开两个工作区域,人员也相应弹性排班以避免只有少量器械需要处理也必须使整个工作区域照明及空调运行。

附 大型消毒供应中心布局模式一：下收下送车辆分开使用及存放(图3-1-4)

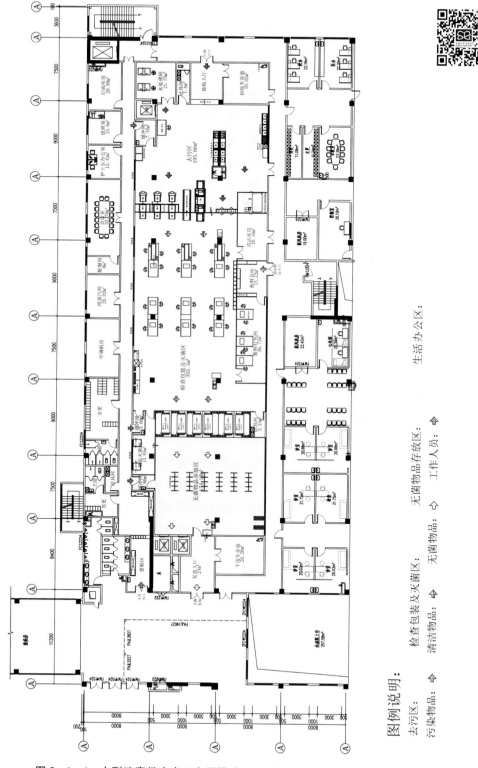

图3-1-4 大型消毒供应中心布局模式一：下收下送车辆分开使用及存放

附　大型消毒供应中心布局模式二：下收下送车共用(图3-1-5)

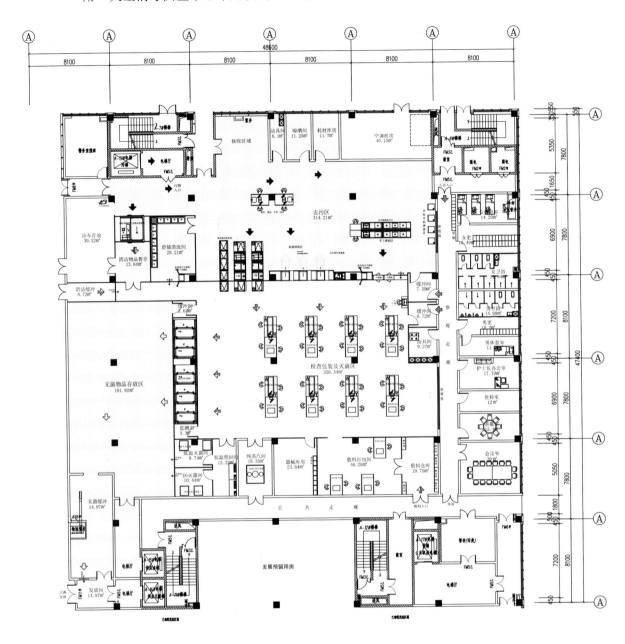

图例说明：

去污区：　　　　　　　检查包装及灭菌区：　　　　　无菌物品存放区：　　　　　生活办公区：

污染物品：⇨　　清洁物品：⇨　　无菌物品：⇨　　工作人员：⇨

图3-1-5　大型消毒供应中心布局模式二：下收下送车共用

大型消毒供应中心布局模式一：下收下送车辆分开使用及存放说明：

分别设置工作区域和辅助区域，将工作区域三区完全物理隔断，划分明确。同时，分别设置洁梯与污梯与手术部直接相通，设置洁车和污车清洗存放间、清洁区保洁间和污染区保洁间，将洁污完全分开。设置纯蒸汽间、水处理间。

红色区域为去污区，设置缓冲间、接收大厅、下收车辆(简称污车)清洗存放间，去污区内设置自动清洗器和手工清洗槽，与手术室之间有污梯相通，用于直接接收手术后器械。水处理间也设置在此区域。

黄色区域为检查包装灭菌区，设置器械打包和辅料打包间。同时，设置压力蒸汽灭菌区域，单独设置低温灭菌间。设置缓冲间及清洁物品入口。

绿色区域为无菌物品存放区，设置缓冲间(此间并非必须设置)，发放大厅和洁车清洗存放间，设置了直接进入手术室的清洁梯。未设置冷却间。

蓝色区域为辅助区域，设置工作人员更衣室、卫浴、学习室，蒸汽发生器室等，未设置一次性无菌用品存放间和拆包间。一次性无菌物品由医院物流中心直接发放，不再由消毒供应室存储及发放。

大型消毒供应中心布局模式二：下收下送车共用说明：

基本布局同前，但该消毒供应中心采用一套车辆进行下收下送。下收车在去污区卸下污染物品及器械，经过双向开门大型清洗机清洗，清洗后从另一侧开在清洁区的门出。这样既做到了洁污分开，又减少了车辆清洗及存放空间。

去污区未设置接收大厅，在去污区前部划定接收区域，将接收清点与分类上清洗架的操作同时进行。设置独立腔镜清洗间，减少腔镜清洗带来的气溶胶以及噪声。

检查包装及灭菌区内低温灭菌也做到了各种低温灭菌设备分开设置，进一步减少相互干扰，同时，设置低温灭菌物品纸塑包装间。

无菌物品存放间通向手术室洁梯处设置了缓冲间，进一步减小对手术室洁净度的影响(注明：由于手术室采用了洁净技术，该电梯在手术室须设缓冲，供应室内缓冲并非必须)。

水处理为全院统一设置，消毒供应中心不再设置水处理间。

附 大型消毒供应中心布局模式三：采用整理箱作为下收下送工具（图 3-1-6）

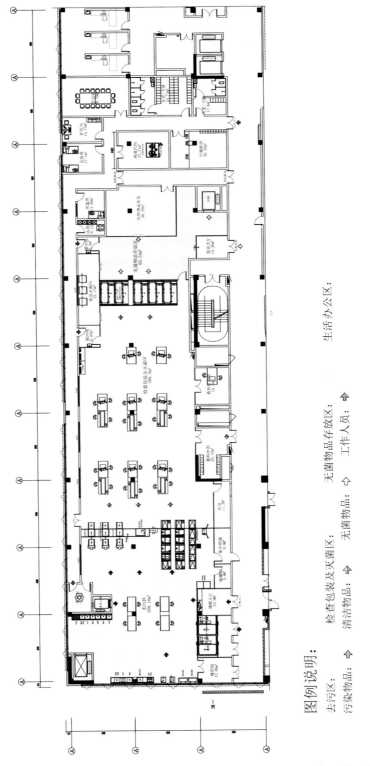

图 3-1-6 大型消毒供应中心布局模式三：采用整理箱作为下收下送工具

大型消毒供应中心布局模式三：采用整理箱作为下收下送工具说明：

基本布局同前，消毒供应中心以整理箱作为交接工具，运送车辆由医院运输队负责。出消毒供应室无菌包装入清洁整理箱，采用同色一次性扎带封闭整理箱；使用后污染器械及物品装入整理箱，采用不同颜色扎带封闭（见图3-1-6A）。返回的整理箱在去污区剪断扎带清点、分类。整理箱从去污区经过大型清洗器清洗后，到无菌物品存放间装无菌物品。运送人员仅做整理箱运送，全程不接触整理箱内部物品。设置了一次性无菌医疗用品存放及拆包间，拆包后将一次性无菌物品通过传递窗传至无菌间，装入整理箱一起下送。

水处理为全院统一设置，消毒供应中心不再设置水处理间。

无菌物品下送整理箱　　　　　　　　使用后污染器械回收整理箱
（两侧白色一次性扎带固定）　　　　（一侧白色一侧黑色一次性扎带固定）

图3-1-6A　整理箱扎带颜色示例

注：
图3-1-4至图3-1-6由山东新华医疗器械股份有限公司提供。

附 基层医疗机构消毒供应室与洗衣房布局模式(图3-1-7)

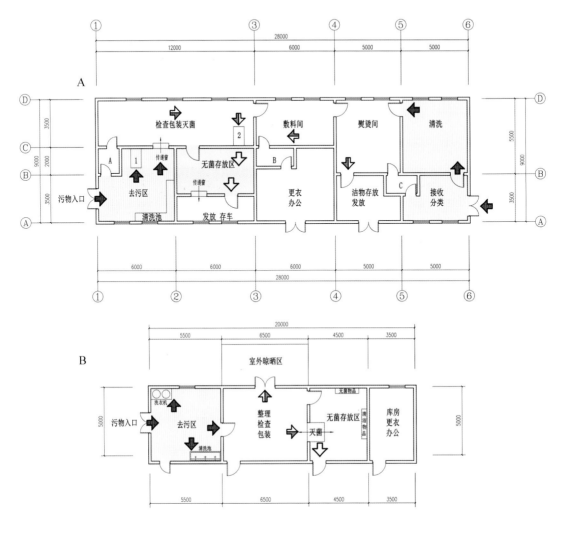

图3-1-7 基层医疗机构消毒供应室与洗衣房布局模式

基层(二级专科医院、一级及以下)医疗机构消毒供应室与洗衣房布局图说明:

基层医疗机构由于清洗及灭菌工作量小,每周仅有1~2 d有清洗消毒灭菌工作,仅1~2名专(兼)职工作人员承担这两项工作。推荐将消毒供应室和洗衣房两者设置在一起,以便节约人力物力。

图3-1-7A:洗衣房及消毒供应室更衣室、办公室共用,通过缓冲间B进入敷料间,检查包装灭菌间、敷料间以及熨烫间皆为清洁区,可以相通。通过缓冲间A和C分别进入供应室和洗衣房污染区。供应室分设了污染物品通道、无菌物品通道。洗衣房也分设了污染织物通道、清洁织物通道。

图3-1-7B:基层医疗机构也可以将洗衣房和消毒供应室合并,分时段使用,做好三区划分。应做到各区门保持常闭。工作人员离开污染区应脱去隔离衣或围裙及护袖,进入清洁区检查包装前应做好环境清洁消毒。基层医疗机构应按照消毒室布局要求,物品由污到洁,不交叉,不逆流。由于工作人员少,一般无法同时在两个区域同时开展工作,不必强调缓冲间设置和人流、物流分开。

附 医院手术部内部腔镜清洗消毒间布局模式(图3-1-8)

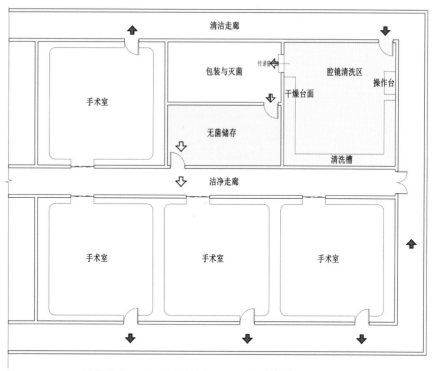

污染物品: ⇨ 清洁物品: ⇨ 无菌物品: ⇨

图3-1-8 医院手术部内部腔镜清洗消毒间布局模式

医院手术部内部腔镜清洗消毒间布局模式说明：

对于腔镜手术量大，尤其是与消毒供应室没有直接相通传输通道的医疗机构，推荐在手术室内部设置腔镜清洗消毒间，以利于术后污染腔镜及时清洗，减少运送时间及人力成本等。但必须强调：腔镜清洗、消毒工作的地点虽然不在消毒供应中心，但工作应该由消毒供应中心承担，且有专人质控。不可由手术室自行聘请工人负责清洗，使质控流于形式。腔镜器械在使用后通过清洁走廊（作为缓冲）进入腔镜清洗区域（设有腔镜清洗工作站），清洗、干燥后通过传递窗（或采用双门互锁干燥柜）传递到包装灭菌区，采用低温灭菌，灭菌后进入洁净走廊，送到各手术室或无菌物品存放间。

附 医院采用第三方提供消毒供应服务的供应室布局模式（图3-1-9）

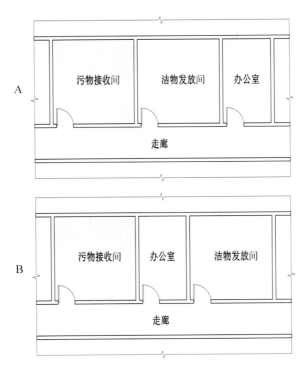

图3-1-9 医院采用第三方提供消毒供应服务的供应室布局模式

医院采用第三方提供消毒供应服务的供应室布局模式说明：

采用第三方提供消毒供应服务的医院仍然需要设置污物接收间和洁物发放间两间房。两间房间可以设置在一起（如图3-1-9A），也可以分开设置（如图3-1-9B）。

可设办公室。无须分设清洁走廊和污染走廊，因为所有物品均有外包装（不论包装内容物属性），外包装是清洁的。

注：
图3-1-7至图3-1-9由南京回归建筑环境设计研究院有限公司协助完成。

第二节 血液净化中心(室)

血液净化中心(室)作为血液净化治疗场所,主要用于终末期肾脏病治疗,也用于多器官衰竭危重症抢救治疗。

血液净化技术包括血液透析、血液滤过、腹膜透析等。不论采用哪一种净化技术,均需要侵入性操作,发生感染机会多,如穿刺部位感染、导管局部软组织感染、导管相关血流感染、乙型病毒性肝炎、丙型病毒肝炎等。血液净化中心感控重点是预防侵入性操作相关感染及经血液传播疾病。对于经血液传播疾病,主要防控措施以接触隔离为主,应强调无菌操作、洗手、戴手套、诊疗物品专用、环境及物体表面清洁消毒,而不是通道设置和空气消毒。

血液净化中心(室)在建筑布局方面有其自身特点,除了常规诊疗工作区域和辅助区域布局,还需要关注水处理系统及管路铺设等。

血液净化中心(室)宜建在院内交通便利处,这是由于部分血液净化患者病情较重需要使用轮椅,常有家属陪护,同时,患者上下机时间相对集中,应尽可能设置在一楼以减少集中乘坐电梯的压力,推荐靠近病区或者急诊设置。由于透析患者不断增加,而透析机无法持续增加,大多数医院常开设两班甚至三班,部分透析室工作时间从早上 7:00 到夜里 23:00,因此,不推荐设在门诊。如果只能设在门诊,应注意划分相对独立区域及出入口,以减少对整个门诊晚夜间管理的压力和运行成本。

血液净化中心(室)建筑布局

医院在新建或改建血液净化中心(室)前应先确定其内部工作运行模式:总透析机位数,是否接受传染病(乙肝、丙肝、结核等)患者,是否设专用手术室(用于置管、造瘘等),透析液供给方式(集中供液、分散供液),水处理是采用医院集中供应还是血液净化中心独立安装,是否承担腹膜透析管路植入及健康教育,是否复用透析器等。上述问题确定后再进行建筑布局合理性论证。

血液净化中心按照功能可分为透析工作区域和透析辅助区域。由于血液净化中心主要防范经血液传播疾病,以接触隔离为主,不推荐将血液净化中心按照呼吸道传播疾病收治要求做清洁区、潜在污染区、污染区"三区两通道"来划分布局,也无须设置缓冲间。

透析工作区域

包括患者接诊区(室)、治疗准备室以及透析区域等,透析区域分普通透析区和隔离透析区,隔离透析区相对独立;可设专用手术室。

透析工作区域应达到《医院消毒卫生标准》(GB 15982—2012)中规定对Ⅲ类环境及设施的要求。

患者接诊区(室):应相对宽敞,常设在血液净化中心入口处,可设置为独立房间或入口处开放性空间,主要用于测量患者体重、血压及脉搏等,同时确定患者此次透析方案以及开具药品处方等。另外,患者透析单元分配也在此完成。血液净化中心宜配备相应信息管理系统,接诊区测量信息及诊疗方案等宜通过信息系统直接传输。鉴于乙肝、丙肝等肝炎通过经血液接触传播而非直接接触传播,无须分别设置阴性和阳性患者接诊区域。

治疗准备室:用于配制透析过程中需要使用的药品,如促红细胞生成素、肝素盐水等,同时储存备用消毒物品,如缝合包、静脉切开包等。透析单元数大于 50 个的,为方便工作,可设两个治疗准备室。不推荐常规设置传染病专用治疗准备室。所有患者治疗准备要求应一致,与其是否患有传染性疾病无关。应强调进入透析区域的消耗品不得返回治疗准备室。在治疗准备室内靠近门口或者操作台的一侧设置洗手池,应避免将洗手池设置在操作台中间;也可将洗手池设置在治疗准备室门外。

专用手术室:主要用于进行血液净化患者自体动静脉内瘘形成手术或移植物内瘘成形手术,腹膜透析植管,同时,进行中心静脉导管置管、拔管、换药、拆线等操作。按照医院普通手术室要求,宜设前室用于外科洗手、更换洗手衣裤,同时,在急救等应急保障方面要做好充分准备;血液净化专用手术室不必按照"三区两通道"设计。医院手术部能够满足手术时间需要,不推荐常规设置专用手术室。

透析区域:包括普通透析区和隔离透析区。

普通透析区

1. 透析区域应通风良好及光线充足;可通过自然通风或机械通风、空气消毒等空气净化方式来保证空气清洁度≤4 cfu/(5 min · Φ9 cm Ⅲ)。不推荐使用空气洁净技术。建议预设强排风区域,冬季有呼吸道传播疾病流行时,可将有呼吸道感染症状的患者安置在该区域,增加排风量以减少交叉感染机会。

2. 每个透析区域以 10 个透析单元为宜,不应超过 20 个透析单元。一个透析单元包括一台透析机、一张透析床(或透析椅)、供氧装置、中心负压接口或配备可移动负压抽吸装置、强弱电和进排水系统。血液透析床或透析椅间距应不少于 1.0 m,透析椅距离墙不少于 0.6 m;对于原有血液净化中心(室),床间距应大于 0.8 m,实际占地面积不小于 3.2 m²;过道应满足推床进出及医疗救治需要,不得小于 1.4 m,以大于 2 m 为宜;透析床或椅宽度宜选择 1~1.2 m,不应小于 0.9 m。

3. 每个透析治疗区域应配置手卫生设施,建议每区域(10 个透析单元)配备一套非手接触式水龙头(以肘触式或脚踏式为宜),且设置在区域内相对中心位置,方便区域内工作人员洗手用。为了患者安全及工作便利,不宜将区域内洗手池设置在区域门外。同时,可在床边配备速干手消毒剂以满足随时随地手卫生的需要。强烈反对每两个透析单元配备 1 个流动水洗手池的做法。洗手池周围 1 m 范围内常潮湿,易有霉菌滋生,故洗手池并非越多越好,其数量及位置满足工作需求即可。

4. 透析区域地面应使用防水、防酸材料并设置地漏。地柜内(内有透析用水管路)地面也应一同预先铺设防水材料,以避免水路漏水时出现大量泥浆水。

5. 透析治疗区域地柜(用于隐藏水管和设备带)如果临窗,则不宜过高过宽,以免影响工作人员正常开关窗户,自然通风良好是感控措施之一。

隔离透析区

除了满足普通透析区的要求外,还需满足下列要求:

1. 经血源性传播疾病患者血液透析区域,应按病种实施专机专区透析治疗。患有传染性乙型病毒性肝炎、丙型病毒肝炎、梅毒螺旋体感染及艾滋病等血行传染病的患者,应在隔离透析治疗区进行专机血液透析,也可居家透析治疗。

2. 经空气传播传染病(如肺结核)患者建议由传染病定点医院集中透析治疗,或设独立房间及缓冲前室,并有强排风。宜设呼吸道传播疾病患者专用通道,如条件不具备,应要求该类患者戴外科口罩进入血液净化中心。

3. 各传染病种透析治疗区域应设立护士站或工作台/车,以便于对病人实施技术操作及病情观察。

4. 应设急诊透析区(或专机)用于(无辅助检查结果)应急透析,宜设强排风来进一步保障环境安全。

工作辅助区

包括水处理间、库房、医护办公室、工程师办公室以及维修室、污物处理间等;若需配制血液透析液,应设置配液间;复用透析器应设复用间。工作辅助区可相对独立,或穿插在透析区之间。

水处理间:水处理间面积应为水处理装置占地面积的 1.5 倍以上,以方便更换树脂、活性炭等消耗材料;地面承重应符合设备要求,做承重加固;地面应进行防水处理,并设地漏,推荐设排水沟,以便在水压不稳定、出现漏水等情况时迅速排水;水处理间应避免阳光直接照射且能够维持适当温度及湿度,具备通风条件;宜进行良好的隔音和降噪处理或远离透析区。

即使有医院集中供水,仍推荐在血液净化中心设置二次水处理系统,以满足血液净化用水差异化需要。

水处理系统设备包括直供式和储水式两种,应根据医院实际情况选择不同类型的水处理系统,不宜要求全部采用直供式水处理系统。

直供式水处理系统设备产生的反渗水直接通过管路供给各台血透机。其优点是经过水处理生成的符合要求的水以最短时间进入血透机器,可最大程度减少感染等风险。目前,大多数医院的血液净化中心为了避免储水箱微生物滋生风险,均选择直供式水处理系统设备。但其价格高、能耗高、维护成本高,对进入水处理的水压力要求也高。推荐设置几套而不是一套大型直供式水处理设备共同给血透室实行区域流量供水,几套水处理设备的供水方式可以根据血透机器实际使用情况调整,避免产水量过剩,减少水电能源浪费。几台设备的产水量可以互补,灵活配备,即使其中一台设备出现故障也不会影响整个血透中心正常供水。直供式水处理设备入水处应安装压力表;对于自来水供应不稳定的地区,可以在水处理系统前端设置储水罐,但不应在水处理后端设置储水罐。透析用水管路铺设应注意水路循环,避免出现盲端而导致水流停滞,继而造成细菌繁殖或形成生物被膜。

储水式水处理系统中,原水经过预处理装置进入反渗机,反渗机产生反渗水注入储水箱,再由接在储水箱出口端的纯水泵给血透机供水。储水箱上下限水位均设置了传感器,根据水位自动控制反渗机开启和停止工作。储水式水处理系统设备的特点是结构简单、设备价格低、供水安全可靠、能耗低,且由于有一个储水箱做缓冲,系统出现故障也不会马上影响到血透机供水,有应急处置患者及设备故障的时间。该类设备相较直供式水处理系统,感染风险点在于水箱。应选择出水口在最低端,最好是新式锥形底面无死腔且密闭的储水箱,以降低水在水箱停滞形成生物膜的概率。

库房:血液净化中心物品储备较多,可分设干性物品库(存放物品包含无菌物品如透析器及其管路、注射器、穿刺包等,存放清洁物品如药品类、被服类、办公用品类、保洁用品等)、湿性物品库(存放透析液)和/或透析液配制间。各类物品进入通道可以根据实际情况设置。可设物品通道,供各类物品进入且不干扰透析治疗区域;也可从工作人员通道或者患者通道进入,并做好进入时间管理。由于库房内存放的物品并不含有呼吸道传染病病原体,库房门开向哪个区域不必机械划定,而且应以工作人员工作路径短为宜,平时保持房门关闭即可。

配液间:配液间面积及配液容器大小宜根据透析单元数决定,大于 50 个透析单元的推荐采用集中配液,应预留空间用于透析液盛装容器清洗消毒及存放,需设上下水。

污物处理间:污物间用于分类收集、中转存放辖区污染物品,包括使用后医用织物、医疗废物、生活垃圾等以及清洗保存保洁用品,建议配备污染布类收集框/车、保洁车以及保洁用品清洗池。可分为(干性)存放中转区和(湿性)处理清洗区。可将上述两区分别设置污物间及保洁间。污物间可设对外直接出口,减少垃圾清运对血液净化中心环境影响,若由于建筑布局所限无法形成独立出口,则在透析清场时段将污物就地密闭包装,从患者通道运出。保洁间/区可存放保洁车,也可用于抹布及拖布清洁、消毒与存放,抹布每透析单元一个,拖布分区使用,用后清洗消毒,无须按照收治病种设置多个拖把池。推荐采用医院集中管理模式清洗抹布及拖布,消毒干燥备用。

复用间:用于透析器清洗消毒,应采用透析器专用复用机器来处理复用透析器,应设专柜存放消毒中透析器。应有透析用水接入;宜选择通风良好、尽可能选择远离透析区的房间作为复用间,对于通风不良的复用间推荐采用机械排风以减少消毒剂对整个血液净化中心环境的影响。透析器复用仅限专人专用,严禁交叉混用。

医护办公室:应靠近透析治疗区域设置医护办公室,信息系统应覆盖到办公室。可设工程师办公室及其维修室,用于透析机器日常维修及保养。

生活辅助区

包括患者候诊区、工作人员更衣室和卫生间、多功能室等。

患者候诊区：患者候诊区大小可根据透析单元数量决定，宜邻近接诊区。若条件允许，可设置等待区、更衣区（室）、配餐区。基于乙型肝炎、丙型肝炎是通过血液接触传播而非直接接触传播，不推荐分别设置乙肝患者、丙肝患者、阴性患者更衣室。对于大于 50 个透析单元的血液净化中心，应设不同区域更衣柜做适当区别。若血液净化中心附近有公共卫生间，无须常规在候诊区设血液净化中心专用卫生间。宜在透析区设患者独立卫生间，便于患者透析过程中应急如厕使用。候诊区也是健康宣教区，可设电视或投影用于患者及其家属健康教育。

工作人员更衣室和卫生（含淋浴）间等：应根据工作人员数量而定，应设多功能室以满足学习、会议、就餐、等需求，可设值班休息室。

通道：应分别设置血液透析中心工作人员通道和患者通道，无须设置肝炎等传染病患者专用通道；对于常规收治呼吸道传染病患者的血液净化中心，宜设专用通道用于结核等呼吸道传播疾病患者进出（注：尽可能由传染病院承担该类患者血液净化治疗）；可设污物通道。对于污物通道，应理解为污物间对外的直接出口，将集中收集垃圾直接运送出血液净化中心，不再影响透析区域；不应理解为所有透析单元都有污物通道，致使污物通道占据大量阳光好、通风佳的空间，令透析区显得局促且自然通风不良。推荐采用清场方式处理透析场所污物：污物在透析单元产生后直接放入黄色垃圾袋，密闭包装后集中运送出房间即可。垃圾处理后进行环境清洁消毒，使其符合Ⅲ类环境要求。

若由于建筑布局限制，在血液净化中心只能设置一个出入口的情况下，可以在进门后分别设置工作人员更衣室和患者更衣区/室，以保障工作人员更衣相对独立不被打扰；无菌物品等分时段进入；污物在清场时密闭运出。

防护要求

应穿分体式圆领工作服（或洗手衣裤）或工作服，戴外科口罩（进入呼吸道传染病透析区应戴医用防护口罩），戴工作圆帽。可换工作鞋，可着隔离衣及防护面屏或防护眼罩（主要用于血管张力高患者或传染病患者透析区）。

工作人员进入血液净化中心工作前应常规检测肝炎等传染病指标，应接种乙肝疫苗；患者在透析前也应进行相关检测，接种乙肝疫苗。

血液净化中心环境及物体表面清洁消毒应采用清场方式，同班次患者结束透析离开后，对整个透析区域进行清洁消毒，包括机器内管路冲洗、外表面擦拭消毒、床上用品更换等；清场完成后下一班次患者再进入。

附　血液净化中心患者隔离安排

血液净化中心传染病检测阳性患者应在各自隔离区透析；检测结果未出来前，病情紧急必须透析的患者应在急诊透析机透析或者做床边血滤。对于阳转阴患者，建议继续在隔离透析区透析 6 个月，复查无误后转入阴性区透析。

1. 应进入乙型肝炎隔离区/机位：HBsAg（＋）或 HBV-DNA（＋）。

2. 应进入丙型肝炎隔离区/机位：HCV-RNA（＋）；HCV-RNA（＋）定义为采用高灵敏度检测方法 HCV-RNA≥15 IU/ml。建议检测 HCV 抗原，有助于减少 HCV 感染窗口期漏诊，HCV 抗原（＋）应隔离。

3. 对于急、慢性丙型肝炎患者在接受血液透析治疗期间 HCV-RNA 转阴：

（1）自患者 HCV-RNA 检测结果首次报告转阴之日起 6 个月内，患者继续在隔离透析治疗室/区透析，但相对固定透析机位。透析前严格按照透析机使用说明对透析机进行消毒，对透析单元严格按照医疗机构相关感染管理要求进行清洁、消毒，更换相应物品，并做好记录（注：在我国血液净化标准操作规程中规定将转阴患者放在第一个班次做，但从科学感控角度，机器本身并不引发感染，每班次都应严格做好环境及物表清洁与消毒，无须强调第一班次透析）。其间应每月监测 1 次 HCV-RNA。

（2）对于监测 HCV-RNA 持续阴性达到 6 个月的患者，可安置于普通透析室/区进行透析，相对固定透析机位（注：在我国血液净化标准操作规程中规定将转阴患者放在最后班次做，但从科学感控角度，机器本身并不引发感染，每班次都应严格做好环境及物表清洁与消毒，无须强调最后班次透析）。由隔离透析治疗室/区转入普通透析治疗室/区的患者应当在第 1、3、6 个月各检测 1 次 HCV-RNA。

（3）新导入或新转入 HCV 抗体（＋）且 HCV-RNA（－）患者：如存在确切临床资料证实 HCV-RNA（－）持续 6 个月以上，则无须隔离透析，在普通透析治疗室/区相对固定透析机位 6 个月，每月监测 1 次 HCV-RNA。

（4）乙型肝炎病毒重叠丙型肝炎病毒感染患者：应在隔离透析治疗室/区进行专机血液透析。若该净化中心丙肝患者全部接种过乙肝疫苗，可在丙肝透析区透析；否则在乙肝透析区透析，并相对固定透析机位。

4. 应进入梅毒隔离区/机位：快速血浆反应素试验（rapid plasma reagin test，RPR）高滴度（＋）、甲苯胺红不加热血清学试验（tolulized red unheated serum test，TRUST）高滴度（＋）、梅毒螺旋体 IgM 抗体（＋）或暗视野显微镜下见到可活动的梅毒螺旋体。

5. 应进入人类免疫缺陷病毒（HIV）隔离区/机位：HIV 抗体（＋）或 HIV－RNA（＋）。

6. 新冠病毒流行期间：应确定集中收治新冠病毒阳性患者透析医院，工作人员严格执行防护措施。应确定收治黄码患者的透析医院（不再收治普通透析患者），黄码患者作为疑似新冠患者对待，应注意防范交叉感染发生，宜选择单间透析或床边血滤。或间隔一个机位安排黄码患者透析，即每位透析患者相隔 2 m 以上，所有透析患者在透析全过程应戴口罩。透析结束清场时应对所有物体表面严格进行清洁消毒。对于无法实现单独收治黄码患者的透析中心，应将所有黄码患者与其他患者分开，集中安排在最后一个班次透析，透析结束后清场消毒。

常见问题解答

❶ 为什么不推荐常规设置血透专用手术室？

答 专用手术室主要用于患者血管造瘘及动静脉置管，手术利用率不高，而且，手术常需要医护及麻醉师配合，占用较多人力物力。一旦出现意外，应急抢救也会比较困难。所以，不推荐常规设置手术室。

❷ 患者候诊区需要多少面积？

答 患者候诊区面积没有规定，主要根据患者人数和机器数而定，一台透析机器宜有 1 m² 候诊区用于患者及家属候诊。

❸ 为什么不推荐常规设置传染病专用治疗准备室？

答 治疗准备室用于患者治疗前药品等准备，每一位患者药品、无菌物品准备及无菌操作技术要求应一致。无须设置传染病患者专用治疗准备室。应强调出治疗准备室消耗品不得返回。

❹ 治疗准备室必须设洗手池吗？

答 治疗准备室可以设洗手池，但并非必须。在治疗室内设洗手池，宜设在门口，避免设置在治疗准备室操作台面中间，洗手池周围容易有水渍，会影响无菌物品摆放；推荐在治疗准备室门外设置洗手池，在进入治疗准备室前洗手。

❺ 如何理解血液净化中心专用手术室按照普通手术室要求？

答 手术室墙壁及地面应光滑、易于清洁消毒，空气净化应符合Ⅱ类环境要求，另外，应设置前室用于术前准备。

❻ 为什么强调透析区通风？

答 患者透析一般需要 3~4 h，且较多患者集中存在，保持空气流通最为重要。通过自然通风或者机械通风来达到Ⅲ类环境要求。

❼ 为什么不推荐采用洁净技术？

答 洁净技术是把空气通过不同级别的过滤网，减少空气中尘埃粒子数来达到空气净化的目的。采用自然通风或机械通风即可达到Ⅲ类环境要求，无须花费更多财力去净化空气；同时，未经过规范维护的洁净设备容易造成新风量不足、灰尘聚集，感染风险反而增加。另外，部分终末期肾脏病患者呼气常带有异味，通风不良会使整个治疗环境更加糟糕。

❽ 为什么强调透析床宽度不小于 0.9 m？

答 患者一次透析需要大约 4 h，肢体相对固定接受穿刺并连接着透析器管路，床太窄患者容易发生坠床或者上肢移动受限。所以，从操作安全及患者舒适度来讲，床宽度不应小于 0.9 m。

❾ 如何理解每一透析区域配一套流动水洗手池？

答 一个透析区域有 10~20 个透析单元，将洗手池设在一个相对中心的位置而不是设置在门外，每个透析单元距离洗手池的位置较近，方便工作人员使用。血液净化中心若将洗手池设在整个透析大厅两端，每端设数个洗手池或一个水池设多个水龙头，这样洗手池数量虽然多，对于医护人员来说并不方便，数个洗手池与一个洗手池所发挥作用一样。

❿ 为什么非手触式水龙头推荐采用肘触式和脚踏式，而不是感应式？

答 透析区域面积有限，感应式水龙头在有人员靠近时会自动出水，不利于工作人员集中精力操作或观察。

⑪ 乙肝病人必须有独立透析房间，房间墙壁一定要隔到顶吗？

答 应设置独立乙肝患者透析房间，便于专人护理操作。但乙肝经血液接触传染而不是经过空气传染，所以不一定要将房间墙壁隔到顶。

⑫ 血液净化中心总床位较少，只有一个乙肝透析机位、一个丙肝透析机位，护理人员该如何安排实现隔离？

答 血液净化中心小于20个透析单元，不推荐承担传染病患者透析。必须承担的，则通过采用弹性排班、不同颜色手套用于不同患者等方法来实现物理上的隔离。

⑬ 结核患者透析，如何保障医护人员职业安全？

答 结核患者应尽量安排在传染病院进行透析。只能在综合性医院血液净化中心透析的，职业安全防护强调通风和正确佩戴口罩。

⑭ 血液净化中心直供式水处理储水罐为什么不能设在水处理后端？

答 水处理前端设储水罐是应对水压不稳定的办法。而水处理系统后端设储水罐，常是由于水处理系统处理能力不足，为了保障透析机正常运转而设置。储水罐容量大，消毒是难题；同时，易造成水潴留，使形成生物被膜的风险增加，感染风险也随着增加。因此，水处理能力不足应增加水处理设备，不推荐采用设储水罐的方法。

⑮ 为什么医院已经集中水处理供水，还提倡血液净化中心增设二次水处理？

答 医院集中供水虽然可以差异化供应，但由于不同科室用水量不一样，有的地区自来水供应质量不稳定，水质容易不达标。同时，集中供水管路较长，部分管路水流缓慢，容易有细菌滋生或生物被膜形成。所以，建议血液净化中心设置二次水处理来确保安全。

⑯ 血液净化中心拖布池需要按照乙肝、丙肝、梅毒等病种分别设置吗？

答 不需要按照不同病种分别设置拖布池。乙肝、丙肝经血液接触传播，并不通过地面接触传播，无须分别设置拖布池来防控。鼓励集中处理拖布。

⑰ 建筑布局缺陷无法设置污物通道怎么办？

答 污物通道用于污物运送，污物并非裸露运送，而是由工作人员打包运送，密闭医疗废物通过透析区并不增加感控风险。所以，无法设置污物通道，可以将污物均密闭包装后运送。设置污物通道并非感染预防与控制的必要措施。

⑱ 透析区域需要设置缓冲间吗？

答 透析区域无须常规设置缓冲间，缓冲间主要用于经空气传播疾病收治房间，如结核患者透析间。

⑲ 进入透析区域必须更鞋吗？

答 从感染预防与控制角度，更鞋并非必要措施。血液净化中心感控重点是避免接触血液，手卫生更为关键。当然，工作人员进入工作环境前常会更换工作鞋，减少鞋子带来的灰尘对工作环境造成的影响，同时工作鞋舒适方便，利于长时间工作。不推荐工作人员更换露脚趾的拖鞋，避免职业暴露风险；不推荐常规使用鞋套。患者更鞋也非感控必要措施，主要是用于限制家属进出的管理措施。

⑳ 库房可以设在透析治疗区域或患者候诊区附近，或设在血液净化中心以外的地方吗？

答 可以。库房应根据实际情况设置，在透析治疗区域或者患者候诊区附近，所有库房应保持房门常闭。若建筑面积有限，也可以将库房设在其他地方，并做好管理。

㉑ 患者上机后需要对透析机器表面进行消毒擦拭吗？

答 一些专家共识及规范中是这样要求的，但此次消毒实际意义不大，因为上机过程可能会造成机器表面污染，但下机时接触到机器上面污染的也还是同一个患者。建议上机后若有明显血迹则采取擦拭消毒，擦拭过程中应注意管路连接安全；若没有明显血迹，待透析结束后清场时进行表面消毒。

㉒ 透析1人次医护人员手卫生究竟应该做多少次？

答 这个有不同说法，有人按照 WHO 五个时刻做过计算为 8～16 次。建议大家关注重点时刻，做到"两个必须"即无菌操作前（如穿刺前）和接触血液体液分泌物后（如拔针后）必须洗手，"三个努力"即接触患者前、接触患者后、接触患者环境后努力做到手卫生。

㉓ 血液透析时，对于结核患者应如何处理？

答 结核种类较多，对于肠结核等不通过呼吸道传播的结核，相对固定透析机即可；肺结核特别是痰检阳性、有空洞的结核，具有较强传染性，应将患者转至传染病院进行血液透析或设置单间隔离，单间应设缓冲间，保证空气流向，医护人员应佩戴医用防护口罩、穿隔离衣。患者透析过程中应戴外科口罩。

㉔ 为什么呼吸道传染病流行期间要求所有患者戴口罩？

答 传染病流行期间，短时间内可能会出现大量传染病患者。血透患者由于自身疾病抵抗力较弱，而且，一般透析时间长达 4 h，较多患者共处一室，交叉感染风险增大，因此，佩戴医用外科口罩并做好患者自身呼吸道防护非常重要。

㉕ 平日里血透患者需要戴口罩吗？

答 不是常规要求。在非传染病流行期间，患者透析床位间距离保持 1 m，交叉感染风险相对较少，可以不戴口罩，但倡导呼吸咳嗽礼仪。有咳嗽等症状的患者应戴口罩。

㉖ 在新冠肺炎流行期间，血液净化室物体表面消毒剂浓度需要增加吗？

答 新冠病毒虽然具有高度传染性，但此类病毒自身对外界理化因子的抵抗力并不强，按照常规浓度消毒即可。

㉗ 呼吸道传染病流行期间血液透析室需要增加空气消毒次数吗？

答 血液透析室应保持开窗通风或机械通风状态，或使用动态空气消毒机消毒。但呼吸道传染病流行期间，最重要的是保证空气流通，同时，近距离接触时佩戴医用外科口罩。空气消毒分动态和静态空气消毒两种。动态空气消毒是指在有人的情况下对空气进行消毒，常用设备有循环风紫外线空气消毒机、过氧化氢等离子空气消毒机等，通过将室内空气吸入机器进行消毒来减少空气中的微生物。即使有这类空气消毒机存在，患者呼出的气溶胶中携带的病原体也无法立即被杀灭，仍有呼吸道传播可能，近距离接触需佩戴口罩。所以，增加消毒频次并不能确保空气安全。静态空气消毒是指无人情况下对空气进行消毒，如紫外线、臭氧消毒等。不论增加多少次空气消毒，只要有传染病患者进入，仍有呼吸道传播的风险。所以，不必增加空气消毒次数，应采用通风迅速稀释空气中的病原体的方法来减少感染风险。戴好口罩是防控关键。

㉘ 血液透析室透析治疗期间家属可以陪护吗？

答 不建议家属进入血液透析室内陪护，减少进入室内人员可以减少交叉感染的机会。

㉙ 为什么建议血透室工作人员采用分体式圆领工作服？

答 血液透析室常有接触血液操作，从减少污染和方便操作方面而言，分体式圆领工作服最为合适。圆领比常规西装领更能够覆盖前襟，保护其不被污染，且分体式工作服方便操作，污染后便于更换。

㉚ 为什么建议血透室工作人员工作时佩戴圆帽？

答 血液透析时可能发生血液喷溅的操作较多，如给患者上下机的操作都有可能接触血液，使用圆帽遮盖所有头发可免受污染。燕尾帽对于血液喷溅并无防护作用，且不方便更换。

㉛ 在血透室工作工作人员应戴什么口罩？

答 日常标准预防应佩戴医用外科口罩，呼吸道传染病流行期间可佩戴医用防护口罩；对血管张力高的患者进行容易发生喷溅的操作时，应加戴护目镜或防护面屏。

㉜ 黄码医院血液透析室需要为每个患者增加隔断吗？

答 黄码医院是指专门为封控区、管控区隔离（观察）人员以及健康码为红码或黄码的人员提供血液透析等特殊服务的医院。此类透析患者有可能感染新冠病毒，应单间透析或采用间隔透析机位做法，即每一位患者间隔一个机位来安排，确保患者之间相隔 2 m 以上，强调患者全程戴口罩以进一步减少交叉感染机会。

附　血液净化中心布局示意图(图3-2-1)

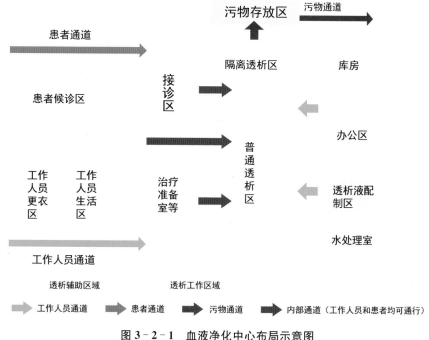

图3-2-1　血液净化中心布局示意图

血液净化中心布局示意图说明:

血液净化中心可分为透析工作区域和透析辅助区域。

黄色区域为透析工作区域,包括接诊区、治疗准备室、普通透析区和隔离透析区等。

绿色区域为透析辅助区域,可分为生活辅助区和工作辅助区。生活辅助区包括患者更衣区、候诊区、工作人员更衣区以及值班休息区域,工作辅助区包括各类库房、办公室、透析液配制区、水处理室以及复用间等。

红色区域作为污染物品存放区域(含保洁区),存放区对外直接开门,形成污物通道。条件有限无法对外开门的,可以将医疗废物密闭包装后在清场时从患者通道运出。不宜将污物通道设计为经过每个透析单元,所有污物均在透析结束后清场时间段密闭包装后运送至污物间。处置间和保洁间无须分阳性、阴性,拖把池也无须按照传染病病种分别设置。

设置工作人员通道(出入口)、患者通道(出入口)。由于隔离区收治乙肝、丙肝等经血液传播疾病患者,此类疾病并不通过呼吸道传播,所以,在血液净化中心布局中无须强调传染病患者专用通道,血液净化中心内部走道医患共用。传染病定点收治医院血液净化中心应设置呼吸道传播疾病患者透析区域,宜有专用通道。

附 血液净化中心布局实例1(图3-2-2)

图3-2-2 血液净化中心布局实例1

血液净化中心布局实例 1 说明：

黄色区域为透析工作区域，接诊区域无须分阳性及阴性，因为肝炎并不通过直接接触传播；治疗准备室无须分别设置阳性与阴性治疗准备室，所有患者治疗准备要求一致；普通透析区每 10 个透析单元为一分隔，有利于人力资源的节约（每位护士每班次可以负责 5 位患者透析治疗），每个分隔内设一个流动水洗手池，每透析单元设置免洗手消毒设施；仅设置了乙肝隔离透析区用于乙肝患者透析；设置了急诊透析区用于急诊患者透析；设置了置管室及其前室。

绿色区域为透析辅助区域，生活辅助区包括患者更衣室及候诊区域，基于肝炎通过血液传播，而非通过直接接触传播，更衣区域未按照阴性、阳性分开设置，在更衣柜上标注了各区。更衣室主要供患者摆放外衣，如果面积有限，可以不分设男女更衣室。工作人员更衣室以及值班室等应男女分设。工作辅助区包括各类库房、办公室、透析液配制室、水处理室以及复用间等。

红色区域作为污染物品存放区域，存放区对外直接开门，形成污物通道，通过污物电梯运送污物（注：如果附近无污物电梯，则将污物密闭从患者入口运出）。不宜将污物通道设计为经过每个透析单元。

设置工作人员通道（出入口）、患者通道（出入口）。血液净化中心内部走道医患共用。由于隔离区收治乙肝等经血液传播疾病患者，并不通过呼吸道传播，在血液净化中心布局中未设置传染病患者专用通道。清洁物品通过工作人员通道直接进入各自库房，无须设置清洁物品专用通道。

附 血液净化中心布局实例2(图3-2-3)

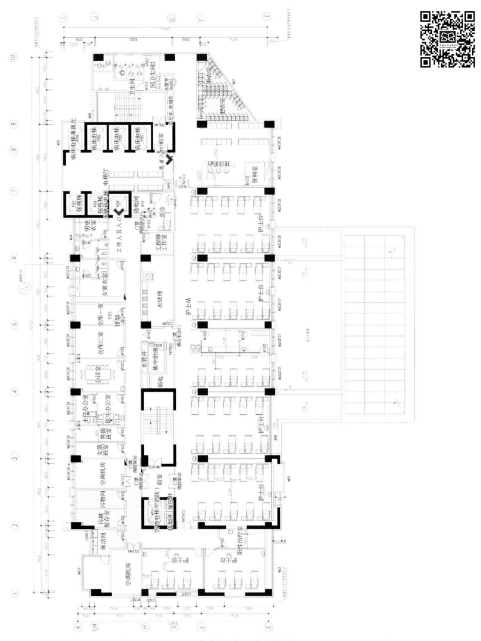

图3-2-3 血液净化中心布局实例2

血液净化中心布局实例2说明:

与图3-2-2在布局上区别在于:乙肝、丙肝阳性患者隔离透析区放在透析中心后部,同样,没有设置传染病患者专用通道。

注:

此图将各区域洗手池设计在区域门外,实际使用不便,后在区域内增设了洗手池。

附 血液净化中心布局实例3:传染病定点收治医院血液净化中心布局图(图3-2-4)

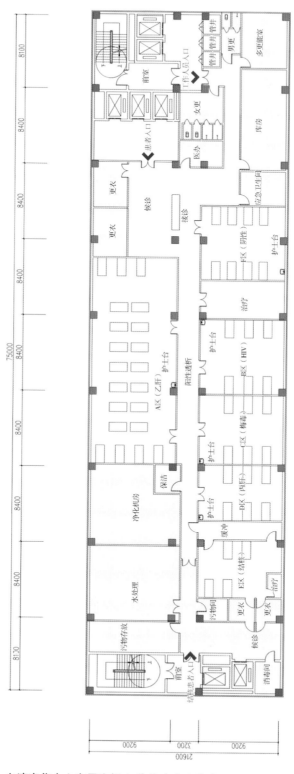

图3-2-4 血液净化中心布局实例3:传染病定点收治医院血液净化中心布局图

血液净化中心布局实例 3:传染病定点收治医院血液净化中心布局图说明:

传染病定点收治医院血液净化中心按照传染病传播途径设置了呼吸道传播疾病候诊区、透析区、治疗室等,并设置了缓冲间;设置了非呼吸道传播疾病的候诊区及透析区(按照不同病种分设透析区域,推荐以 A、B、C、D 来标注,而不是直接命名为乙肝透析区域、丙肝透析区域等)。该候诊区无须再按照不同病种分设更衣区及接诊区,推荐采用标注更衣区的做法做适当分区,阴性患者也在该区更衣及接诊,接诊后进入各自房间透析。不建议按照病种分设治疗室、候诊室等,也无须按照病种设置拖把池。污物存放间也是如此。

传染病院的血液净化中心感控重点是区分呼吸道传播疾病患者及非呼吸道传播疾病患者的不同透析区域及相应辅助用房,应尽可能使透析区域宽敞且通风良好。呼吸道传播疾病透析区域强调患者及工作人员正确佩戴口罩,非呼吸道传播疾病透析区域强调手卫生及环境清洁消毒。无须按照每一种疾病设置透析辅助区域,以免整个中心被分割成一个个狭小空间,自然通风被完全阻断。

注:
图 3-2-1 至图 3-2-4 由南京回归建筑环境设计研究院有限公司协助完成。

第三节　医院手术部

医院手术部作为患者外科手术场所,是感染预防与控制重点部门,从手术室环境、各类物品管理到工作人员管理、患者安置等都有规范要求,同时,随着日新月异的现代科技发展,手术器械及设备也发生了巨大变化,手术部感控也要贴近临床,与时俱进。

手术部感控重点是手术部位感染预防与控制、工作人员职业安全防护。预防手术部位感染的有效措施包括:围术期预防性使用抗生素、术中患者保温、围术期患者血糖控制、正确备皮等。有研究资料显示,手术部位发生感染的细菌来源主要是患者自身(约占 50%)、医护人员口鼻手(约占 35%)、手术器械等(约占 10%)、空气(约占 5%)。手术室建筑布局重要,对工作人员、手术器械及环境等的全方位管理更加重要。

医院手术部常根据收治患者是否需要住院来分别设置门诊(含日间)手术室和住院手术部;也可以根据患者就诊科室分别设置综合手术部、DSA 手术室、计划生育手术室、整形美容手术室、急诊手术室等。各医院应根据实际情况来决定手术部的设置方式。基层医疗机构可以设置一个手术部供所有手术用。

医院在手术部设置之前应确定其工作模式及工作范围,如:该手术部承担的手术种类,是否具备手术器械清洗消毒功能,与消毒供应室之间交通等。应按照医院实际情况确定手术室间数,手术室间数一般按照医院总床位数的 2%~3%或者外科床位的 5%~6%设置。

建筑布局

手术部(室)应当设置在医院内交通便利的区域以方便接送手术患者,宜临近重症医学科、外科病区、病理科、输血科(血库)等部门,宜与消毒供应室有直接物品传递通道/电梯;周围环境应安静、清洁、无污染。医院应当设立急诊手术患者绿色通道,而不是在急诊中心设置急诊手术室。

手术部应规划设计人流及物流动线,包括患者出入动线、工作人员出入动线、手术器械及物品等出入动线、污物运送动线等,要以方便使用、洁污分开、减少相互交叉干扰为原则。

手术部应当包括工作区域和辅助区域。工作区域包括手术间、外科洗手区、麻醉准备间、复苏室、无菌物品存放间、器械处理间等;辅助区域包括工作人员更衣室、办公室、休息室、卫生间等。

工作区域

应设置手术间、外科洗手室/区、麻醉准备间、复苏室、无菌物品存放间、器械处理间等；可设手术准备室等。

手术间：按照中华人民共和国国家标准《综合医院建筑设计规范》(GB 51039—2014)，特大手术室大于 7.5 m×5.7 m，大型手术室大于 5.4 m×4.8 m，小型手术室大于 4.8 m×4.2 m，净高度宜为 2.7～3.0 m。由于医疗设备更新换代频繁，近年来，用于外科手术的设备、设施不断增加，推荐手术室面积大于规范标准，普通手术室面积宜大于 35 m²，复合（又称一体化）手术室面积宜大于 50 m²。手术间门宽度应大于 1.4 m，以方便医务人员及患者推床进出。手术间温度宜保持在 20～24 ℃，湿度以 50%～60% 为宜。

手术间装饰要求：

(1) 墙面应平整，应采用防潮、防霉、不积尘、不产尘、耐腐蚀、易清洁的材料，如彩钢板、电极板等。墙面与地面成一整体，踢脚与地面交界阴角应做成 $R \geqslant 30$ mm 的圆角，墙体交界处阴角应成小圆角。

(2) 地面应平整、防水，采用耐磨、耐腐蚀、易清洁、浅色材料，如橡胶、PVC 地板等，不应有开放的地漏。泌尿科及妇科腔镜手术室可设置可闭合且防返溢式地漏。

(3) 吊顶及墙壁不应采用多缝石膏板和木板。

(4) 门窗密闭性要好。

(5) 手术室宜设置嵌入式物品柜、嵌入式保温柜。

(6) 手术室电脑终端宜使用触摸屏。

隔离手术间：除了满足普通手术室室内装饰要求外，隔离手术间应当靠近手术部入口处或单独设置；应设缓冲前室，缓冲前室面积应大于 3 m²，可设强排风。隔离手术间以负压手术间为宜。负压手术间内送风小于排风，并保证室内空气通过回风口经过滤或消毒处理后回到主机或直接排放。负压手术间里空气不会流向手术室内走廊造成其他手术间污染。对于隔离手术间洁净度没有要求。

部分医院隔离手术间为正负压转换洁净手术间，其回风为两套管路：一套装有高效过滤器，空气经过滤全部直排，在负压模式时使用；另外一套装有中效过滤器，在正压模式时使用。在为经呼吸道传播疾病患者手术时应转换为负压模式，确保气流经过高效过滤器过滤后全部直排。推荐仅设置为负压手术室以减少实际运行中转换不确切带来的风险。

推荐使用相对独立区域且具有独立通风机组的普通手术间或者洁净手术间供呼吸道传播疾病患者手术用。

患者经过专用通道直接进入隔离手术间。若没有专用通道，可以与其他患者共用通道，但必须戴外科口罩，不得佩戴有呼吸阀的口罩；工作人员应同时做好呼吸道防护。

手术结束，有洁净技术的手术间应经过一个自净时间通风，再清洁消毒所有物体表面，更换或消毒回风口滤网。普通手术间应在术后开窗通风或采用紫外线灯消毒 60 min，再进行物表清洁消毒。

患有经呼吸道传播疾病（如新冠肺炎、肺结核）的患者手术必须在隔离手术间进行；患有其他传染病(如乙肝、丙肝、HIV 等经血液接触传播疾病)的患者宜安排在隔离手术间进行手术,也可以安排在非隔离手术间进行手术,应做好接触隔离;其他感染手术(如阑尾炎、胆囊炎等手术)无须在隔离手术间进行。

推荐将手术部划分为不同区域,如急诊手术区域、腔镜手术区域、洁净手术区域等。应设置辐射防护手术间供骨科手术用。建议腔镜手术室设置为普通手术室,并靠近与消毒供应室相连的污梯或者手术部腔镜清洗区域,以便及时运送术后腔镜器械。需要完成大量血管造影的复合手术室推荐靠近手术部入口,以减少人流对手术部的影响。急诊手术区域应靠近入口,且在晚夜间能够相对独立,减少整个手术室的运行成本。推荐在急诊室设置独立清创间完成清创手术,其余急诊外科手术进入手术部急诊手术区域完成,不推荐在急诊室设置需要麻醉师配合的急诊手术室。

复合手术室、计划生育手术室、整形美容手术室可独立设置,独立设置时应根据各自特点配备必要的辅助用房。也可在手术部设置,在手术部设置时应注意下列要求:

复合手术室:是融影像学检查、血管介入治疗和实施心脑血管外科手术为一体的特殊手术室。除了上述基本要求,还需设置设备遥控操作间、设备间,在布局上需同时满足空间、设备、信息和图文数据传输整合要求。复合手术室 DSA 配备需遵循机架灵活、提供大范围投照视野、可以大范围移位、图像质量清晰、尽量减少 X 线辐射剂量的原则。

手术床体本身固定,有较好的 X 线透光性及与 C 型臂同步可控,可实现手术床和 DSA 在一个界面上控制。外科塔、麻醉塔和腔镜及显示器塔等多采用多臂双塔结构,可升降旋转并具有较强承载力,可在 1 m 范围内任意旋转,可停在医护人员触手可及的位置。要求无影灯旋转范围大,应使用照明亮度大、使用寿命长的 LED 冷光源,无影灯满足手术需要的同时,应避免与其他悬吊设备碰撞。常规手术设备应根据手术使用顺序在手术床周围和吊塔上合理布局,以满足实际使用需求。

计划生育手术室:除了遵循手术室基本要求应配妇科手术床,还应在手术间附近设置绒毛漂洗池,用于术后对吸引瓶内绒毛漂洗检查。人工流产手术量大的医院,推荐独立设置计划生育手术室,设置药流室、卫生间、术前准备(冲洗)间等。

整形美容手术室:推荐设置沟通室,用于术前充分沟通及拍照。应有良好自然光线。手术室面积应大于 15 m²。

外科洗手区/间:专用外科洗手池应设置在手术间附近的外科洗手区域(间)内,水龙头应为非手触式,洗手池及水龙头数量应根据手术间数量合理设置,洗手设备应符合 WS/T 313—2019 要求。每 2~4 间手术室宜独立设置 1 个洗手池。原有要求为水龙头数量与手术间比大于 2∶1,水龙头推荐长度宜为 250 mm。目前,大多数医院采用外科免洗手消毒剂消毒双手,消毒前按照"六步洗手法"对双手、前臂及 1/3 上臂进行清洗,不再要求长时间刷洗,故而推荐水龙头数量与手术间比大于 1∶1。同时,采用外科免洗手消毒剂消毒时,干手设施主要起到擦干作用,是否必须全部采用无菌纸有待科学论证。

麻醉准备间:主要用于存放麻醉用品,需专人管理。

复苏室:通常为独立房间或相对开放区域,应设置供氧、负压吸引等设施;宜有强排风设置,在有需要时打开使用;宜靠近手术室入口处,便于节约人力。

　　库房:通常设置为独立房间,可分为一次性耗材库(含高值耗材库)、无菌复用器械包及辅料库等。此外,还应设置大输液库、药品库、仪器设备库等。部分库房可以由物流中心进入直接管理,库房门开向内部走道(洁净走廊)用于手术室工作人员领取所用耗材,库房门开向外部走道(清洁走廊)用于物流中心人员进货、库房管理及发放耗材,减少二次库存及管理成本。推荐设置高值耗材自动管理系统。

　　手术准备室:可在手术部设置手术准备室,用于患者术前准备,如毛发浓密患者术前毛发清除、清洗体表污渍等。

　　器械处理间:用于术后器械初步处理,需设水池,应靠近消毒供应室污梯或者手术部腔镜清洗区设置。该间应设置在污物存放区或附近,与手术间之间应有实际物理屏障。

　　污物处理间:污物间存放使用后医用织物、医疗废物、生活垃圾等。建议配备污染布类收集框/车、医疗废物收集桶或箱、生活垃圾桶(包括可回收垃圾、其他垃圾、有害垃圾、厨余垃圾等)。污物间可设对外直接出口,减少垃圾清运对手术室环境的影响,若由于建筑布局无法设置独立出口,可在固定时段将污物就地密闭包装,从患者通道运出。由于手术部各类污物较多,宜设置面积足够大的污物处理间。

　　保洁间(区):可存放保洁车,可用于抹布及拖布清洁、消毒与存放,抹布及拖布分区使用,用后清洗消毒;可采用医院集中管理模式清洗抹布及拖布,消毒干燥备用。保洁间可根据手术部情况设置,建议尽可能靠近手术间;对于大型手术部,可设置2～3个小型保洁间,方便保洁操作,或配备多辆保洁车供使用。

　　可以在隔离手术室附近设置隔离处置间,用于存放及处理传染病患者术后物品。没有条件的,传染病患者产生的医疗废物放入黄色医疗废物包装袋密闭后离开隔离手术间时加套一层医疗废物包装袋,放入污物间医疗废物桶;器械等密闭运送至消毒供应室进行处理;床上用品等织物作为感染性织物采用橘色布袋或者自溶式清洗袋存放,做好标识,密闭送洗。

辅助区

　　应设置工作人员生活区(如更衣室、用餐及值班室、卫生及沐浴间)及患者家属等待区,可设库房及办公室等。医护人员更衣区合计面积按实际使用人数每人不宜小于 1 m^2 计算,更衣室不应小于 6 m^2。

通道

　　应分开设置手术室工作人员出入口(也称为工作人员通道)和患者出入口(也称为患者通道)。设置工作人员通道是为了方便工作人员进出更衣、淋浴等,并非要求工作人员进入每一间手术间都需要独自通道;患者通道亦然。不推荐在患者通道设置换床区。从感控科学性角度而言,换床的实际意义不大,换床的初衷是尽可能减少手术室外推床带有的污染,但患者在进入手术室前已经使用了外面的推床,更换推床减少不了对患者影响,而且,推床轮子带入的污染仅限于地面,病房地面大多清洁,其对手术室地面的影响微不足道。同时,换床过程需要两名工作人员来完成,操作不当还有患者掉落的风险。不必设置肝炎等传染病患者专用通道。不必设置患者通道风淋设备。对于传染病院等常规收治呼吸道传染病患者的手术室应设专用通道用于结核等呼吸道传播疾病患者进出。综合性医院手术部没有呼吸道传染病患者专用通道，可选择尽可能短的路径，让患者戴好口罩进入隔离手术室。宜设置物流通道用于手术室大量无菌包、一次性耗材、布类、药品等进入，手术器械及敷料等无菌包常通过电梯从消毒供应室无菌物品存放间直接进入手术室无菌物品存放间。手术室无菌物品库房如果采用洁净技术，与消毒供应室相通的电梯应设置缓冲间以保证洁净用房压力梯度。耗材、药品等宜有合适通道进入。可设污物通道，手术室内产生的污物及废物通过清洁（原称为污物通道）通道进入污物间，污物间宜有对外直接出口，将集中收集的垃圾直接运送出手术部，不再影响工作区域。污物也可以在手术结束后直接放入黄色垃圾袋，密闭包装后集中运送出手术间即可。术后应对手术间环境进行清洁消毒使其符合相应级别环境要求。

手术部有双通道型、单通道型、中央岛型等多种布局。双通道型为最常见布局。不管采用哪一种布局，都应加强内部管理以确保手术室洁污分开。

双通道型手术部布局（图3-3-1）是指整个手术部布局为两个大通道连接所有手术间及辅房：一个是洁净通道（原称为清洁通道），用于人员（包括患者及工作人员）、无菌物品及器械等进入；另外一个为清洁通道（原称为污物通道），用于使用后器械、物品及垃圾运送。双通道型有利于洁污分开。每一手术间设置两个门，分别与洁净通道和清洁通道相连。不应理解为一个通道为患者进入手术间，另外一个为工作人员进入手术间。双通道设计可将洁污分开，但内部管理仍不能放松，清洁通道（原称为污物通道）用于运送污物及使用后器械等物品，不得将废弃仪器设备以及术后污物堆放在清洁通道里以免导致环境污染，该通道虽然运送污物，但与手术间相通，必须保持通道整洁。

单通道型手术部布局（图3-3-2）常在建筑面积有限时采用，整个手术部布局上仅有一个大通道，每一手术间所有人员（包括患者及工作人员）进出，无菌物品及器械等进入，使用后器械、物品及垃圾运出均使用这个通道。必须加强内部管理，所有使用后器械及物品、垃圾等污物出手术间均采用密闭运送，确保洁污分开。

中央岛型手术部布局（图3-3-3）在国外较常见，我国使用较少。手术部中心区域用于无菌物品、药品及设备存放，围绕中心区域布局手术间，手术间门开向中心区域用于无菌物品及器械进入，开向外走道用于人员进出及污物运送。此布局确保无菌器械由最短路径达到手术间，洁污分开。人员流线过长及中心区域无菌物品管理难度大是该布局弊端。

防护要求

可以将手术部分为限制区、半限制区和非限制区。不同区域防护要求不同。

限制区（手术间里）：有开放创面或无菌组织暴露的场所，应有最严格限制要求。工作人员应穿洗手衣裤或专用工作服，戴外科口罩（必须罩住口鼻）（进入呼吸道传染病患者手术间应戴医用防护口罩),戴工作圆帽(必须罩住所有头发),可换工作鞋;手术操作时应着无菌手术衣;为乙肝等经血液传播疾病患者手术时应着防渗手术衣,戴耐刺无菌手套,必要时戴防护面屏/防护眼罩。应减少非手术人员进入,且手术人员应尽可能少走动和说话;手术进行中,与手术操作无关的活动不得进行(如清点或补充手术间无菌物品、搬运其他仪器设备等)。观摩教学也应尽量采用视频教学方式,即使现场观摩,应有人数限制和行为限制要求(如不得来回走动、不得登高等)。

半限制区(外科洗手区域、无菌物品存放间、麻醉准备间、复苏室、物品清洗区等):与开放创面或无菌组织暴露手术间紧邻,有可能影响其空气及环境的场所,应有一定限制要求。工作人员应穿洗手衣裤或专用工作服,戴工作圆帽(必须罩住所有头发),宜戴外科口罩,可换工作鞋。外来物品应去除外包装进入该区。

非限制区(更衣室、卫生间、休息室、办公室等):手术部里其他不会对手术间造成影响的场所。应着工作服,可换工作鞋;穿着洗手衣裤的工作人员外出应加穿或者更换外出服。有传染病流行期间应戴口罩。

推荐手术室更鞋,应着包住脚趾的鞋,不应穿着露脚趾拖鞋。无须二次更鞋。

关于洁净技术手术室设置

我国自2013年重新修订了中华人民共和国国家标准《医院洁净手术部建筑技术规范》(GB 50333—2013)。特别提醒:采用洁净技术的手术室必须按照此规范执行,但并非所有手术室都必须执行洁净手术部技术规范。普通手术室应符合国家《医院空气净化管理规范》(WS/T 368—2012)要求。

推荐1/5~1/4数量手术间采用洁净技术(俗称层流),其中,设5级(原称为百级)及7级(原称为万级);而不是全部手术间采用洁净技术;使用洁净技术的建筑设施应符合GB 50333—2013要求;作为Ⅰ类环境,确保空气中细菌总数≤4 cfu/(30 min · Φ9 cm 皿)。其余手术间可采用新风空调系统,使用末端空气过滤、紫外线灯照射消毒或动态空气消毒等各种符合要求的设备进行空气净化,经过净化的空气采用"上送下回"方式作为Ⅱ类环境,空气中细菌总数应≤4 cfu/(15 min · Φ9 cm 皿)。手术室可以设窗户,窗户宜设置在北侧以减少阳光照射避免影响手术视野,但术中窗户应保持关闭,术后开窗通风。

采用洁净技术的手术部应按照规范要求设置,不同级别手术间相对集中,不同洁净度之间设置缓冲;洁净用房应按照要求进行维护,如各级过滤网清洗或更换、回风口清洁、定期检测等。在使用中应注意送风及回风位置不应有设备等阻挡,手术野应置于洁净风幕里;接台手术自净时间(前一台手术结束到下一台手术切皮的时间)应符合其相应级别要求。洁净手术室里使用的手术衣应选择产棉尘较少的材质(如涤棉布、软器械等),尽可能减少棉尘对过滤网的影响。

随着"医院感染零容忍"概念的提出,洁净技术被越来越广泛地应用于临床。在这里对"医院感染零容忍"概念做些注解:对于医疗过失及违规操作导致的医院感染应该零容忍,而不是所有医院感染都不能发生;科学感控是我们追求的目标,就手术部位感染而言,一半以上感染是由于患者自身携带病原体所致,应通过治疗患者远方感染灶来减低经过血行播散到手术部位感染的风险、通过切皮前抗生素预防性应用来保障切口安全,应该零容忍的是这些预防措施没有实施而导致的手术部位感染。手术部位感染的影响因素很多,空气仅占很小比例,有研究表明,与空气相关的手术部位感染主要发生在空气中细菌菌落数大于 200 cfu/m³ 的环境。新型手术室通过气流组织加多种空气净化方法来保障手术间的空气安全,如空气出风口安装过滤、空调系统里增加消毒装置等,洁净手术室与新型手术室技术设备成本相差无几,但前者运行及维护成本显著高于后者,但实际感控意义有限,医院管理者应做好成本效益分析。部分新建医院是政府投资的,医院管理者常会选择手术室全部采用洁净技术,但在后续维护时却因为成本过高而打折扣,如无专人维护,未按照要求定期清洗或更换过滤网等,常出现新风量不足,甚至手术室空气严重污染等问题,应引起大家足够重视。

关于软器械

软器械是指可阻水、阻菌、透气的手术衣、手术盖单等,可穿戴、折叠的具有双向防护功能的被列入手术器械分类目录的感染控制器械,不含普通医用纺织品。软器械在舒适性和安全性方面显现优势,但使用、清洗及消毒成本较高,推荐其用于传染病患者手术。至今为止,并没有循证医学证据显示纺织品的使用会造成手术患者及术者感染增加。纺织品作为手术铺单及手术衣使用是安全可行的,可以遵循《医院医用织物洗涤消毒技术规范》(WS/T 508—2016)要求进行清洗、消毒。

常见问题解答

❶ 为什么不推荐在急诊常规设置急诊手术室?

答 急诊需要立即处理的是外伤,设立清创室十分必要;急诊医生接诊需要清创的患者在急诊室就近处理,省时便捷。而急性阑尾炎等急诊手术需要麻醉师配合,手术时长也无法准确把握,急诊医生难以离开接诊岗位去手术,手术者常需要另外配备,但急诊手术时有时无,若急诊专门成立一个手术组承担急诊手术也不现实,手术量无法确定,易造成人员浪费。目前,急诊手术室大多数闲置。所以,不推荐常规设置急诊手术室,应强调建立急诊室到手术室绿色通道,确保急诊患者手术能够迅速进行。

❷ 必须设置门诊手术室和病房手术室吗?

答 对于大型医院,由于患者众多,为了方便管理和节约人力成本,医院大多设置了门诊手术室和病房手术室。但对于基层医疗机构,如果整体手术量不大,无须设置门诊手术室。

❸ 为什么推荐普通手术室面积>35 m²?

答 国家规范对于手术间面积的规定是多年前制定的,而现在,手术室的各种仪器、设备明显增加,空间局限将无法开展工作,所以,推荐手术室>35 m²。

❹ 手术室必须设置两个门吗?

答 手术室常见做法是设置两个门,一个门用于人员及无菌器械包等进出,另外一个门用于使用后物品运出,但并非必须,应根据整个手术部环境而定。也可以只设置一个门,通过加强管理实现洁污分开。

❺ 为什么手术室不应有开放地漏？

答 地漏由于与下水相通，容易导致细菌滋生，而手术室需要尽可能减少细菌，所以不设开放地漏。

❻ 为什么泌尿外科和妇科腔镜手术室需要设地漏？

答 因为泌尿外科和妇科腔镜手术中会产生大量冲洗液体，若无地漏，则需要有容器盛放液体，盛放和倾倒大量液体不但费时费力，也容易造成环境污染，所以推荐设置地漏，但地漏在非手术时间应闭合，而且应有防反溢设计。

❼ 为什么吊顶和墙壁不应采用多缝石膏板和木板？

答 石膏板和木板容易受潮变形，且容易滋生霉菌，不利于整个手术空间清洁。

❽ 手术室可以设窗户吗？

答 可以，但应注意窗户的密闭性，手术过程中应保持窗户关闭，手术结束以后可以开窗通风。同时，尽可能选择背阳面设窗户，避免阳光照射影响手术野。

❾ 为什么推荐 1/5～1/4 数量的手术间采用洁净技术？

答 洁净技术是把经过组织的空气通过不同过滤网以去除空气中尘埃粒子来达到空气净化的目的。采用洁净技术的手术部运行及维护成本显著高于新型手术室。对于手术部位感染而言，感染病原菌的主要来源是患者自身感染灶，其次是工作人员鼻咽部及手部携带的细菌、手术器械等，而空气携带的细菌仅占极少的一部分，空气中的细菌如表皮葡萄球菌的来源主要是从人体表面掉落，采用洁净技术对于手术部位感染预防与控制发挥的作用非常有限。相反，未经正常运行及维护的洁净设备容易造成新风量不足、灰尘聚集，反而增加感染风险。所以，推荐建少量标准化且正常运行及维护的洁净手术室，用于空气净化要求高、一旦感染将危及生命的手术，如心脏手术、开颅手术等。

❿ 医院手术部没有隔离手术间，新冠肺炎患者需要手术怎么办？

答 新冠肺炎患者需急诊手术，可以选择相对通风良好手术间进行手术。手术结束后对手术间所有物体表面进行终末消毒处理。如：选用移动紫外线灯对空气和物体表面进行消毒，地面及物体表面也可以采用含氯消毒剂擦拭消毒。

⓫ 有隔离手术间，但没有专用通道，可以开展传染病患者手术吗？

答 可以。患者佩戴医用外科口罩进入手术室，推行患者过程中，对于空气影响较小，同时，工作人员应采取呼吸道防护措施。

⓬ 医院里全是层流手术室，如何解决传染病患者手术问题？

答 选择独立机组房间进行手术，术后对回风滤网进行更换或消毒，环境按照要求正常消毒即可。

⓭ 手术室无菌间里与供应室直通的电梯需要设缓冲间吗？

答 在使用洁净技术的手术室无菌物品存放与供应室直通的电梯需要设缓冲间，该缓冲间主要维持压力梯度。普通手术间无须设缓冲间。

⓮ 为什么手术室有的为Ⅰ类标准，也有的为Ⅱ类标准？

答 按照国家医院空气净化管理规范规定，采用洁净技术的手术室为Ⅰ类标准，非洁净手术室为Ⅱ类标准，对于手术室而言，达到Ⅱ类标准即可。

⑮ 百级手术室检测只能达到万级手术室标准,多次维护和调试也无法达到百级,手术室还可以使用吗?

答 可以使用,没有洁净技术的手术间也是可以使用。这个级别变化主要是过滤器的问题,实际尘埃粒子数高于设计级别,但是手术安全与洁净级别关系并不大。实际工作中达到万级手术室标准,则按照此级别去管理即可。

⑯ 为什么在手术部工作,外出时需要加套或更换外出服?

答 为了维持手术室相对清洁环境,应尽量减少外界对其影响,所以在外出时应加套或更换外出服。

⑰ 负压手术室也需要做层流吗?

答 并非必须。负压手术室要保证排风大于送风,更重要的是排风经过消毒或过滤处理。

⑱ 新冠肺炎患者急诊手术后,手术器械需要消毒浸泡吗?

答 鉴于新冠病毒具有高传染性,推荐在术后立即进行消毒处理。可以采用开水浸泡、热力消毒、化学消毒等多种方法处理。也可采用密闭方式运输到消毒供应室,按照常规清洗、消毒及灭菌。但供应室工作人员应严格按照标准预防原则做好防护。

⑲ 新冠肺炎患者手术后,手术室空气如何消毒?

答 普通手术室:选择紫外线灯照射,$1.5\ W/m^3$,60 min。或者选择其他空气消毒方式进行消毒。若洁净手术室正常通风运行,手术结束后继续通风运行 30 min,物体表面擦拭消毒,更换回风口滤网。洁净手术室没有开通风进行手术,则先紫外线消毒,再通风运行。

⑳ 新冠肺炎患者手术后多长时间手术室可以接受其他患者?

答 从消毒原理而言,新冠肺炎患者手术结束后,应按照要求对环境终末消毒,消毒结束后即可接收其他病人。也可第二天再使用。

㉑ 新冠病毒可以在外界存活数天。新冠肺炎患者手术后,手术室需要关闭多少天?

答 确实有报道新冠肺炎病毒可以在塑料、钢板等表面上存活 3 d,但新冠患者手术后手术室将进行终末消毒,完成终末消毒的手术室不需要关闭。

㉒ 为什么强调麻醉师平日也要戴外科口罩?

答 麻醉师在进行气管插管操作时靠近患者头部,容易接触到患者气道内容物,痰液等喷溅时有发生,存在较高感控风险。所以即使在非传染病流行期间,麻醉师也需要佩戴外科口罩以减少插管过程中的气溶胶吸入。

㉓ 进入手术部污染走廊,需要更换鞋子吗?

答 不建议进入污染走廊换鞋。所谓污染走廊是指污染物品及器械运送走廊,物品运送时有包装或覆盖,并非整个走廊是污染的,更换鞋子对于感控实际意义不大。另外,每个手术间的工作人员到污染走廊换鞋操作性不强,为了达成换鞋这个目标,势必要在污染走廊增加专门负责污染物传递的工作人员,将造成人员浪费。

附 双通道型手术部布局示意图(图3-3-1)

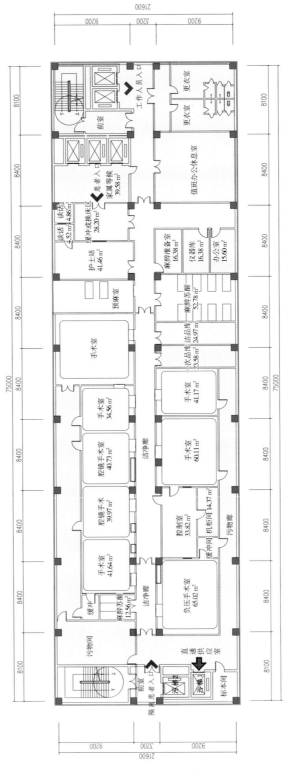

图3-3-1 双通道型手术部布局示意图

双通道型手术部布局示意图说明：

黄色区域为工作区域，设置手术间 8 间，其中包括复合手术室、腔镜手术室以及负压手术室等，设置麻醉准备室、复苏间。所有手术间设置两个门。一个门通向洁净走廊（俗称清洁走廊），用于患者、工作人员、无菌物品等进出；另外一个门通向清洁走廊（俗称污物走廊），用于术后器械、物品、垃圾等污染物品运送。做到洁污分开。负压手术室设置了前后缓冲间及麻醉苏醒室。

绿色区域为辅助区域包括工作人员更衣室、值班室、各类库房等。

红色区域为污染走道以及污物存放区域，所有使用后污染器械、物品、废物等从污物走道运送至存放间。

蓝色区域为内部洁净走廊。

患者动线：

通过患者电梯从缓冲区（或者换床区）进入手术部，手术结束后原路返回。呼吸道传染病患者从污梯 2 进入手术部，手术结束后由污梯 2 返回。

工作人员动线：

通过工作人员电梯进入辅助区，更衣后进入手术室。手术结束后返回更衣室淋浴更衣后离开。

物品动线：

无菌物品及清洁用品等通过病员梯或者工作人员梯进入手术部；污染器械通过直通消毒供应室的污梯 1 进入消毒供应室去污区；其他污物通过污梯 2 运出。

注：

当建筑面积有限，污物存放区附近无污梯可用时，呼吸道传染病患者全程佩戴口罩从患者通道进入手术室，污物全部密闭包装从患者通道运出。

附　单通道型手术部布局示意图（图3-3-2）

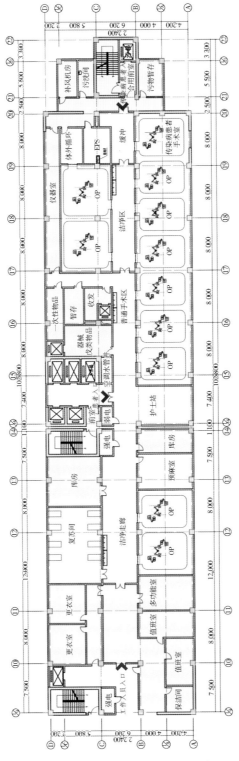

图3-3-2　单通道型手术部布局示意图

单通道型手术部布局示意图说明：

黄色区域为工作区域，设置手术间 11 间。其中 5 间为洁净手术室，5 间为普通手术室，两区域之间设置物理隔断；设 1 间负压手术室。设有预麻室、复苏间。所有手术间设置一个门，通向唯一内部走廊，用于患者、工作人员、无菌物品以及术后器械、物品、垃圾等污染物品运送。使用后器械及物品须密闭运送到污物间。通过隐形污物通道达到洁污分开的目标。

绿色区域为辅助区域包括工作人员更衣室、值班室、各类库房等。与消毒供应室之间设置了小型物品电梯用于无菌物品传递。

红色区域为污染电梯以及污物存放区域，所有使用后污染器械、物品、废物等通过密闭包装从内部走道运送至污物存放间。

蓝色区域为内部洁净走廊。

患者动线：

通过患者电梯从缓冲区（或者换床区）进入手术部，手术结束后原路返回。呼吸道传染病患者可从污梯通过缓冲区进入传染病患者手术间，手术结束后由污梯返回。

工作人员动线：

通过工作人员电梯进入辅助区，更衣后进入手术室。手术结束后返回更衣室淋浴更衣后离开。

物品动线：

无菌物品及清洁用品等通过病员梯或者工作人员梯进入手术部；污染器械成批次通过污梯运送至消毒供应室去污区；其他污物通过污梯运走。

注：

当建筑面积有限，污物存放区附近无污梯可用时，呼吸道传染病患者全程佩戴口罩从患者通道进入手术室，污物全部密闭包装从患者通道运出。

注：

图 3-3-1 和图 3-3-2 由于页面布局所限，横纵坐标比例有所不同。

附　中央岛型手术部布局示意图（图 3-3-3）

图 3-3-3　中央岛型手术部布局示意图

中央岛型手术部布局示意图说明：

黄色区域为工作区域，设置手术间 11 间。其中 6 间为洁净手术室，其余为普通手术室。设置了预麻室、麻醉准备室、复苏间。所有手术间设置两个门：一个门通向中央岛，用于无菌物品等进入；另外一个门通向外走道用于患者、工作人员进出，术后器械、物品、垃圾等污染物品运送。无菌物品以最短距离进入手术间，做到洁污分开。传染病患者手术间设置为负压手术室，并有前后缓冲区。

绿色区域为辅助区域包括工作人员更衣室、值班室、各类库房等。

红色区域为污染电梯以及污物存放区域。

患者动线：

通过患者电梯从缓冲区（或者换床区）进入手术部，手术结束后原路返回。呼吸道传染病患者从污梯 1 通过缓冲区进入负压手术间，手术结束后由污梯 1 返回。

工作人员动线：

通过工作人员电梯进入辅助区，更衣后进入手术室。手术结束后返回更衣室淋浴更衣后离开。

物品动线：

无菌包等通过中央岛里与消毒供应室相通的电梯直接进入；所有耗材等物品通过工作人员电梯进入，在缓冲区域脱去外包装经过进入中央岛区域；污染器械通过污梯 2 直接进入消毒供应室；其他污物及废物等密闭包装从外走道运送至污物存放间，通过污梯 1 运走。

注：

当建筑面积有限，污物存放区附近无污梯可用时，呼吸道传染病患者全程佩戴口罩从患者通道进入手术室，污物全部密闭包装从患者通道运出。

附　介入手术部布局示意图（图3－3－4）

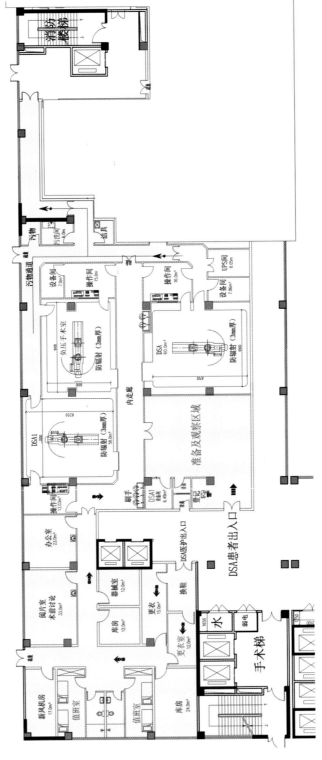

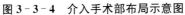

图3－3－4　介入手术部布局示意图

介入（常称为 **DSA**）手术室布局示意图说明：

黄色区域为工作区域，设置手术间 3 间。所有手术间设置两个门：一个门通向洁净走廊（俗称清洁走廊），用于患者、工作人员、无菌物品等进出；另外一个门通向清洁走廊（俗称污物走廊），用于术后器械、物品、垃圾等污染物品运送。做到洁污分开。注明：面积小的，可以不设置污物走廊，同手术室单通道管理。

绿色区域为辅助区域包括工作人员更衣室、值班室、各类库房等。入口处设置了较为宽敞的准备及观察区域，用于等待手术以及手术结束后需要按压止血的患者观察。接待、观察合并有利于节约工作人员。

红色区域为污染走道以及污物存放区域，所有使用后污染器械、物品、废物等从污物走道运送至存放间，通过污梯运走。

注：

污物通道并非必需。污物存放处附近无污梯可用，则污物密闭包装从患者通道运出。

附 妇科及计划生育手术室布局示意图(图3-3-5)

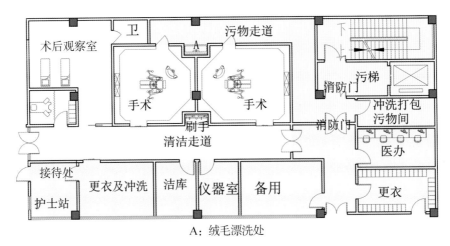

A：绒毛漂洗处

图3-3-5 妇科及计划生育手术室布局示意图

妇科及计划生育手术室布局示意图说明：

黄色区域为工作区域,设置手术间2间。手术间设置两个门：一个门通向洁净走廊(俗称清洁走廊),用于患者、工作人员、无菌物品等进出；另外一个门通向清洁走廊(俗称污物走廊),用于术后器械、物品、垃圾等污染物品运送。同时,在污物走廊里靠近手术间设置绒毛漂洗处(A),使绒毛漂洗能够在术后立即进行以确认手术成功。注明：面积小的,可以不设置污物走廊,同手术室单通道管理。

绿色区域为辅助区域包括工作人员更衣室、值班室、各类库房等。由于妇科及计划生育手术为门诊小手术,术前需要做术前基本准备如测量患者体温等,应设置接待处、更衣及冲洗区域或房间。推荐术后观察室也尽可能靠近入口处,有利于节约人力资源,接待、观察等一并完成。观察室可增设药流观察区域,应设置卫生间。

红色区域为污染走道以及污物存放区域,所有使用后污染器械、物品、废物等从污物走道运送至存放间,通过污梯运走。如面积有限,可不设污物走道,采用污物密闭运送的方法,分时段从患者通道运送。

附　某二级医院手术部改建方案(图3-3-6,图3-3-7)

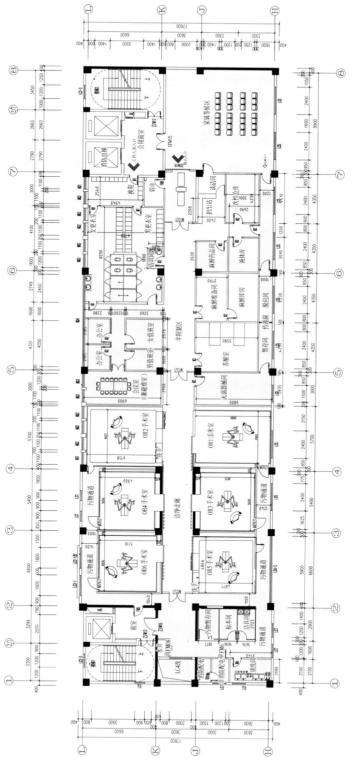

图3-3-6　某二级医院手术部改建方案(原图)

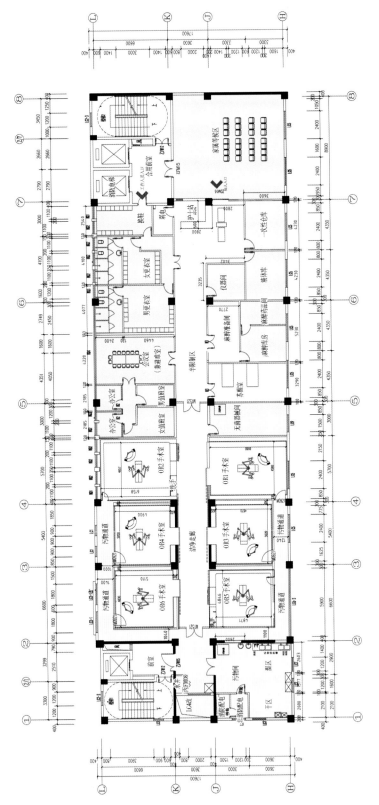

图 3-3-7 某二级医院手术部改建方案（修改图）

某二级医院手术部改建方案(原图)说明:

手术部位于12层病房楼中的5层,为改建项目,楼层里共有两部病床梯、一部污梯。

工作人员与患者共用病床梯到达手术部。分设了工作人员出入口和患者出入口;在入口附近,还设置了护士站、谈话间、仓库和物流入口。物流通道宽1.2 m,内部设置了拆包间及传递窗。布局符合规范要求,但实际使用时很局促,无法完成拆包。同样,分别设置洁具间、清洗间、污物暂存间、标本间,但实际宽度都在1.5 m左右,按照这个布局无法存放各类污物。虽有污梯,但整个楼12层共用,很难及时将术后器械及时通过污梯送到4层的消毒供应室。另外,工作人员会议室(多功能室)长6.9 m,宽度仅2.9 m,过于狭长。

某二级医院手术部改建方案(修改图)说明:

取消物流通道,物品分时间段从患者入口进入,在手术部换床区域拆包后进入库房。优化护士站,使其兼顾工作人员入口及患者入口。同时,在护士站附近设窗,用于家属沟通、查看标本等。

优化工作人员辅助区域,将值班室放在人员流动少的区域,减少公共走廊,使多功能室宽4.2 m,长6.9 m,宽敞实用。

整合整个污物区域,将标本间取消,改用标本柜放在走廊尽头。在污物间增设小型传菜电梯与消毒供应室直通,用于使用后器械传递。污物间分干区、湿区,在临窗设保洁工具拖清洗及晾晒。

对手术部进行改建,应充分考虑实用性。

注:

图3-3-1至图3-3-7由南京回归建筑环境设计研究院有限公司协助完成。

第四节　产房

产房是产妇待产、分娩及进行产后观察的场所,也常用于晚夜间妇产科急诊。产妇生产过程是一个正常生理过程,但其中有很多不确定性因素,随着产程进展可能会出现产程停滞或胎心异常,相应检查与干预措施实施难以做到事先预判,感控风险随时会出现。产房感控重点是防止感染发生,包括产妇产道及切口感染、新生儿脐部感染及吸入性肺炎、工作人员经血液传播疾病等。防控措施主要是接触隔离,应强调洗手、戴手套、诊疗物品及器械专用、环境及物体表面清洁消毒。

产房应靠近产科病房设置,独立成区,设门禁管理;家庭式产房可以与产房相连,或独立成区;周围环境应清洁、无污染源,宜与手术室、母婴室和新生儿室相邻。

建筑布局基本要求

医院应先确定产科工作模式,如是否在产房行常规剖宫产,有无陪产,是否设置家庭式(也称为一体化)产房,是否接待妇产科急诊及传染病产妇等。

产房应当分为工作区域和辅助区域。工作区域包括分娩室、外科洗手室/区域、无菌物品存放间、器械处理间等,可设麻醉准备间及剖宫产手术室。辅助区域包括工作人员更衣室、办公室、休息室、卫生间、家属等候区等。应分设医务人员通道及患者通道。

工作区域

应设置分娩室、外科洗手室/区域、无菌物品存放间、器械处理间等,可设治疗准备室。有条件的可设麻醉准备间及剖宫产手术室。

分娩室:不同分娩室(如可陪护分娩室、一体化分娩室、普通分娩室等)面积要求不同。分娩室平面净尺寸不得小于 4.8 m×4.2 m,推荐大于 25 m²,以 30 m² 为宜;每分娩室设置一张产床并配备设备带;分娩室门宽度宜大于 1.4 m,以方便医务人员及产妇推床进出。分娩室之间可设透明观察窗或门,便于工作人员观察产程及参与抢救;也可以设置一个大分娩室,内置两张产床,床间距应在 1.5 m 以上,中间采用硬隔断分隔。分娩室温度宜保持在 20～24℃,湿度以 50%～60% 为宜;每个分娩室内应配备新生儿辐射台,足月儿温度控制在 30～32℃,早产儿温度控制在 32～34℃。

分娩室可参照手术室要求设置

(1)墙面应平整,应采用防潮、防霉、不积尘、不产尘、耐腐蚀、易清洁的材料,如彩钢板、电解板等;墙面与地面成一整体,踢脚与地面交界的阴角应做成 $R \geqslant 30$ mm 的圆角,墙体交界处的阴角应成小圆角。

（2）地面应平整、防水,采用耐磨、耐腐蚀、易清洁、浅色的材料,不应有开放的地漏。

（3）吊顶不应采用多缝石膏板。

（4）门窗密闭性要好。

（5）宜采用新风空调系统,可采用开窗通风,必要时使用末端空气过滤、紫外线灯照射消毒或动态空气消毒设备进行空气净化,确保空气中细菌总数≤4 cfu/(15 min·Φ9 cm 皿)。

（6）不推荐分娩室常规使用洁净技术;使用洁净技术的分娩室建筑设施应符合 GB 50333—2013 要求,洁净度宜为 8 级。

（7）分娩室电脑终端宜使用触摸屏。

外科洗手区/间:专用外科洗手池设置在分娩室附近外科洗手区域/间内,水龙头应为非手触式,洗手池及水龙头数量应根据分娩室数量合理设置,应符合 WS/T 313—2019 要求。每 2～4 间分娩室宜独立设置 1 个洗手池,水龙头数量不少于分娩室数量,水龙头推荐长度宜为 25 cm。宜使用免冲洗手消毒剂,采用外科免冲洗手消毒时应配备干手设施。

剖宫产手术室:设置在产房的手术室一般作为紧急剖宫产手术用,但从实际工作而言意义不大,对于大出血等真正紧急情况,在分娩室也可以进行紧急剖宫产手术;如果常规开展剖宫产手术,应配备麻醉准备间及术后复苏室,同时,应配备相应麻醉师及护理人员;剖宫产手术室常设置在产房里相对独立且干扰少的区域;手术室净面积不得小于 5.4 m×4.8 m,推荐大于 30 m²。剖宫产手术室作为Ⅱ类环境,空气中细菌总数应≤4 cfu/(15 min·Φ9 cm 皿)。

隔离待产室和隔离分娩室:隔离待产室及分娩室主要用于患有呼吸道传播疾病(如新冠肺炎、肺结核)的产妇待产及分娩,也用于未经过正常产前检查临产产妇待产及分娩,还可用于患有乙肝等经血液传播疾病的产妇或病原体携带者产妇待产及分娩。从科学防控角度,患有呼吸道传播疾病的产妇应在独立隔离的待产室及分娩室待产及分娩;患有经血液传播疾病(如乙肝)的产妇也可以在普通待产室及分娩室待产及分娩,要重点做好床边隔离及分娩环境终末消毒。

定点收治患有经呼吸道传播疾病的产妇的医疗机构必须设置隔离分娩室和隔离待产室,其他医疗机构可根据临床救治需要设立隔离待产室和隔离分娩室,宜设置在产房一端,自成一区,与产房其他区域之间宜设缓冲间;条件有限时,可只设隔离分娩室,兼作隔离待产室用。

隔离产房应设置排风系统。

不推荐常规设置隔离处置间。传染病患者产生的医疗废物应放入黄色医疗废物包装袋密闭存放,离开隔离室时加套一层医疗废物包装袋,放入污物间医疗废物桶;器械等应密闭运送至消毒供应室进行处理;床上用品等织物作为感染性织物,应采用橘色布袋或者自溶式清洗袋存放,做好标识,密闭送洗。推荐传染病定点收治医院产房在隔离区域设置卫生小循环清洗消毒设备,用于隔离患者(如新冠肺炎患者)诊疗器具及用品处理,以进一步减少转运风险。

待产室:待产室面积应根据产房数量及分娩量决定,宜邻近分娩室,设专用卫生间;应根据是否有家属陪同、是否采用无痛技术来分隔待产区域,待产室宜设护士工作台,推荐在待产室设小型治疗准备间。胎心监护也可在待产室完成。

产后观察室:设置为独立房间或相对开放区域,应设置供氧、负压吸引等设备设施,宜靠近待产室和分娩室,有利于节约人力资源。

急诊接待室:设置检查室并直接对外开门,室内须设置妇科检查床、工作台、洗手池等,用于晚夜间急诊接诊以及产前检查,以减少晚夜间对门禁管理的压力,也可以用于家属沟通。

污物处理间:产房污物处理间通常设置在相对僻静处,主要是基于医疗废物(特别是胎盘)管理。有条件的,可设置冰箱用于存放胎盘。

污物间可以分类收集、中转存放辖区污染物品(包括使用后医用织物、医疗废物、生活垃圾等)以及清洗保存保洁用品,建议配备污染布类收集筐/车、保洁车以及保洁用品清洗池。污物间可分为(干性)存放中转区和(湿性)处理清洗区;有条件的,可将上述两区分别设置为污物间及保洁间。污物间可设对外直接出口,减少垃圾清运对产房环境的影响。若因建筑布局所限,无法形成独立出口,可以在固定时段将污物就地密闭包装,从患者通道运出。

保洁间/区:可存放保洁车,可用于抹布及拖布清洁、消毒与存放,抹布及拖布应分区使用,用后清洗消毒,无须按照收治病种设置多个拖把池。推荐采用医院集中管理模式清洗抹布及拖布,消毒干燥备用。

辅助区

应设置工作人员生活区(包括更衣室、用餐及值班室、卫生及沐浴间)及产妇家属等待区,可设库房及办公室等。

通道

应分开设置产房工作人员出入口(俗称工作人员通道)和患者出入口(俗称患者通道),无须设置肝炎等传染病患者专用通道;设置工作人员通道是为了方便工作人员进出更衣、淋浴等,并非要求工作人员进入产房内部达到每个房间都需要独自通道;患者通道亦然。不推荐在患者通道设置换床区。传染病院常规收治呼吸道传染病患者的产房应设专用通道用于结核等呼吸道传播疾病患者进出。

产房内部可设置为单通道和双通道两种布局

单通道型产房布局是指整个产房内部布局上仅有一个通道,每一分娩室的所有人员(包括患者及工作人员)进出,无菌物品及器械等进入,使用后产包、物品及垃圾运出均使用这个通道。采用单通道型产房布局必须加强内部管理,所有使用后产包及物品、垃圾等污物出分娩室均采用密闭包装,确保洁污分开。单通道产房也可设污物通道。对于污物通道的理解应为污物间向外的直接出口,将集中收集垃圾直接运送出产房,不再影响工作区域;

而不应理解为所有房间都有污物通道。污物在分娩结束后应直接放入黄色垃圾袋,密闭包装后集中运送出房间即可。分娩后应进行环境清洁消毒使产房符合Ⅱ类环境要求。

产房也可以采用内部双通道型产房布局:中间为清洁通道,用于人员(含工作人员和产妇)及无菌物品等进出,外围为污物通道,用于使用后产包、物品及垃圾转运,更加有利于洁污分开。

家庭式产房建筑布局及基本要求

随着人民生活水平提高及生育数量减少,越来越多产妇会选择在家人陪伴下度过人生重要时刻,因此,家庭式产房将成为未来主要助产场地。建设家庭式产房不但要关注人性化布局设计,还要注重感染预防与控制。

家庭式产房分为两种,一种是(labor-delivery-recovery room,简称 LDR),是产妇待产—分娩—恢复全过程均以家庭为中心的分娩医疗和服务过程独立用房,配备全过程使用的相应医疗器械和设施,适用于产妇从待产到分娩后 2 h 恢复过程。另外一种是(labor-delivery-recovery-postpartum room,简称 LDRP),是待产—分娩—恢复—产后均以家庭为中心的分娩医疗和服务独立用房,配备全过程使用的相应医疗器械和设施,适用于产妇从待产到分娩恢复直至出院全程。两者区别在于产后恢复过程结束以后是否继续使用家庭式产房。

家庭式产房使用的前提是相关专业人员保障,如每张产床配置医生 0.2~0.4 人,配置专科护士/助产士 1.09~1.33 人。

家庭式产房可设置在独立病区单元或在产科内相对独立的区域,应与手术部(室)、ICU、NICU、产科护理单元等有便捷联系。建议根据医院产科规模及当地经济状况合理设置家庭式产房房间数,从人力、物力等方面综合考虑,家庭式产房房间数量不宜少于 6 间。根据现有助产机构家庭式产房业务开展情况测算,家庭式产房入住率约为 10%~15%,每间家庭式产房年入住频次为 30~80 人次。

家庭式产房区域建筑布局

家庭式产房(LDRP)区包括一定数量家庭式产房(单间和套间)、医护工作区域、婴儿护理区、公共区域和辅助用房。医护工作区应设置非接触式洗手装置。

每间家庭式产房面积宜大于 28 m²,内部布局可分为临床区(约占 1/2~2/3 房间面积)、支持区、家庭区 3 个区域。

临床区包括分娩区域、新生儿照护区域。临床区面积净尺寸应大于 3.5 m×4.0 m,应配备多功能产床(供临产妇女在产前、产时和产后使用新式产床,兼具产床和病床功能,孕产妇在此床上完成待产、分娩和恢复住院全过程,也称为一体化产床)。多功能产床床尾距墙不应少于 1.2 m,床两侧空间不应少于 1.5 m。多功能产床宜与外窗平行布置。

支持区包括医疗设施暂存区域、卫生设施区域。

家庭区用于家属休息和陪伴。

家庭式产房为Ⅱ类环境,应保持空气清洁,首选自然通风,宜采用空气净化、消毒设备使空气符合《医院消毒卫生标准》(GB 15982—2012)要求;不推荐使用洁净技术。其内部生活设施及装饰装修应便于清洁消毒。推荐卫生间干湿分开,将洗手台放在卫生间外,实现医患共用,水龙头推荐采用非手接触式(推荐肘触式或脚踏式)且长度宜为 250 mm。

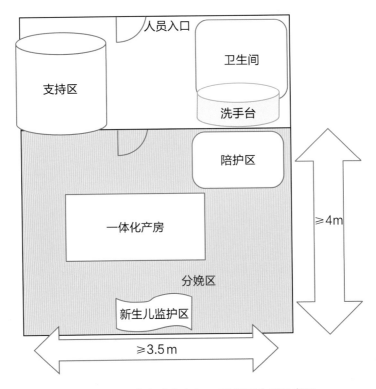

图 3-4-1 家庭式产房(LDRP)平面布局示意图

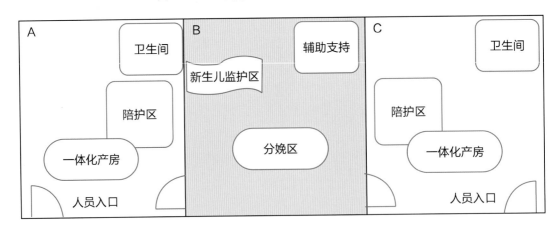

图 3-4-2 家庭式产房套间平面布局示意图

套间将临床区(含分娩区和新生儿监护区)与其他区分别设置在不同房间,待产及产后在各自房间(A 或 C 房间),分娩时一体化产床推进临床区 B 房间,A 或 C 成为家庭等待区,产后恢复 2 h 后回到原来房间。

产房感控要点

工作人员患有皮疹、腹泻、呼吸道症候群及传染病等感染性疾病时应暂离工作岗位。应接种流感、麻疹和水痘等疫苗。

工作人员应严格遵守标准预防原则,掌握职业防护知识,遵守操作规程,产房应按要求配备个人防护设备并正确使用。

孕产妇分娩前应按照要求进行感染性疾病产前筛查。患有经空气及飞沫传播疾病感染的孕产妇(如肺结核、麻疹、水痘、甲型 H1N1 流感、新冠肺炎等)应在隔离待产室和/或分娩室进行待产分娩;感染或携带血源性病原体孕产妇(如 HBV、HCV、HIV、梅毒等)宜在隔离待产室和/或分娩室进行待产分娩,也可在普通待产室及分娩室进行待产分娩,但应做好环境终末消毒。未进行产前筛查的孕产妇宜在隔离待产室和/或分娩室进行待产分娩。

严格执行无菌技术操作原则,每次接产前执行外科手消毒规定。

新生儿断脐剪应确保无菌并专用,严禁用其他使用中器械(如侧切剪)代替。

新生儿出生后应尽快清除呼吸道羊水,并擦拭去除血迹和羊水,应注意新生儿保暖,出生当日不宜进行沐浴。

胎盘归产妇所有。产妇放弃或者捐献胎盘,可以由医疗机构按照病理性废物进行处置或经过正规途径收集利用。需要隔离产妇的胎盘,禁止由产妇带回,作为感染性废物使用双层医疗废物包装袋盛装。

防护要求

参照手术室要求,可以将产房分为限制区、半限制区和非限制区。不同区域防护不同。

限制区(分娩室):应穿洗手衣裤或专用工作服,戴外科口罩(必须罩住口鼻)(进入隔离分娩室应戴医用防护口罩或外科口罩加防护面屏),戴工作圆帽,可换工作鞋;接产或手术时应着无菌手术衣、防水鞋;为乙肝等经血液传播疾病患者及无产前检查产妇手术时应着防渗手术衣,戴耐刺无菌手套,必要时戴防护面屏/防护眼罩。

半限制区(外科洗手区域、无菌物品存放间、待产室、麻醉准备间、复苏室、物品清洗区等):应穿洗手衣裤或专用工作服,可戴外科口罩(进入呼吸道传染病患者待产室应戴外科口罩或医用防护口罩),可换工作鞋;清洗物品时应戴手套。

非限制区(更衣室、卫生间、休息室、办公室等):应着工作服,可换工作鞋;穿着洗手衣裤工作人员外出应加套或者更换外出服。有传染病流行期间,应戴口罩。

工作人员进入产房工作前应常规检测肝炎等传染病指标,应接种乙肝疫苗。

常见问题解答

❶ 妇产科急诊为什么不设在急诊室,而设在产房?

答 妇产科晚夜间急诊常接诊腹痛或者出血患者,应以最快速度进行检查及诊治,产房具备各类检查及诊疗用品(如清宫包等)便于迅速施治。同时,由于妇产科工作人员数量有限,大多数医院无法实现急诊妇产科单独排班,妇产科夜班医生通常负责急诊及住院(包括产房里)患者应急处理,产房是出现应急情况最多的地方,所以,妇产科医生晚夜班常以产房为主要停留地,因此建议在产房预留急诊检查室。

❷ 产房如何按照限制区、半限制区和非限制区划分?

答 产房按照限制区、半限制区和非限制区划分三区,主要从感控管理角度而言。限制区原则上非必须不进入,且进入应着清洁衣服;半限制区也有准入管理,进一步减少对环境影响。但从另外一个角度来看,顺产作为一个正常生理过程,其实有家人陪伴更加有益于产程顺利进展。重点是助产人员做好手卫生以及器械无菌保证,而不是三区划分。无须设置缓冲间。

❸ 分娩室面积,规范要求和实际推荐相差较大,为什么?

答 《综合医院建筑设计规范》在 2014 年发布,随着医院条件不断改善、大量医疗设备的配备,小面积分娩室已经不能满足实际工作需要(特别是在有陪产情况下),所以,推荐增加分娩室面积,方便实际工作开展。

❹ 分娩室需要设工作人员进出门、患者进出门以及污物门吗?

答 不必在分娩室设三个甚至更多门。分娩室建议设 1.4 m 宽门,方便推床进出,而工作人员也从这个门进出。污物在密闭包装后从同一个门运出。

❺ 产房分娩室可以对外开窗吗?

答 产房分娩室可以对外开窗。分娩室开窗可以增加自然通风,易于消除血腥味。应注意开窗时间,在产妇分娩结束后开窗,在有产妇分娩时应保持门窗关闭。

❻ 为什么不推荐分娩室常规使用洁净技术?

答 洁净技术是把经过组织的空气通过不同过滤网以减少空气中尘埃粒子数来达到空气净化目的。对于分娩室而言采用自然通风或机械通风以及其他空气净化(如紫外线灯等)即可达到Ⅱ类环境,无须花费更多财力去净化空气。同时,未经正常运行及维护的洁净设备容易造成新风量不足、灰尘聚集,感染风险反而增加。另外,分娩过程常有羊水及血液喷溅,易有血腥味,通风不良时会使整个治疗环境更加糟糕。

❼ 外科洗手过程中需要用无菌毛巾或无菌纸擦干手吗?

答 手卫生规范要求外科洗手过程中用无菌毛巾或无菌纸擦干手,但其必要性有待论证。因为,现在使用外科免洗手消毒剂,之前洗手和擦干是为了保证消毒效果,清洁纸或者毛巾起到擦干作用即可,擦干以后才进行外科免洗消毒剂消毒。

❽ 产房里剖宫产手术室,如果用于常规剖宫产,应注意哪些问题?

答 如果用于常规剖宫产,需要设置麻醉准备室,产后观察室配备救治设备,同时,需要按照手术室要求配备专职麻醉师和护士。

❾ 产房治疗准备室究竟设在哪里比较好?

答 产房治疗准备室推荐设在靠近待产室区域。治疗准备室主要用于配制静脉用药及存放诊疗用品,而待产室是使用最多的地方,如催产素等药物配制。分娩室常有操作台设置,分娩过程中临时需要使用的药物直接在分娩室操作台准备,工作人员不便再离开分娩室去治疗准备间配备。所以,从方便和实用而言,设在待产室附近比较好。

⑩ 产房里需要像病区一样设护士站吗?

答 不推荐设像病区一样的护士站。建议在待产室里设护士工作台或站。护士站的主要功能是处理医嘱、解答患者咨询、完成护理记录等,产房工作较为特殊,待产室只要有产妇就需要有工作人员随时了解产程进展,而分娩室也同样,且记录都需要随时进行。因此,不推荐设病区护士站,建议在待产室设护士台或站,在分娩室设工作台,随时记录产程进展及新生儿情况。

⑪ 为什么强调新生儿断脐剪必须灭菌和专用?

答 新生儿脐带是其与外界相通的通道,一旦污染会给没有免疫力的新生儿带来灭顶之灾,保证断脐过程无菌很重要。虽然产包里物品都是无菌的,但是,由于助产过程中接触过产妇,就有可能被污染,所以,强调断脐剪必须专用,不能与产包里其他器械混用。

⑫ 必须设置家庭式产房吗?

答 并非必须设置家庭式产房,但从未来发展考虑,推荐设置。

⑬ 家庭式产房可以使用窗帘吗?

答 可以使用,应定期清洗窗帘,有羊水等液体喷溅时随时清洗。

⑭ 产房三区划分必须有物理隔断吗?

答 产房三区划分可以有物理隔断,但并非必须。因为产房已有门禁管理,无关人员进入可能性不大。可以使用地标划分不同区域来提醒进入人员。

⑮ 为什么要求患有呼吸道传播疾病的产妇去传染病院生产?

答 因为按照传染病定点收治原则,这类产妇应在传染病院待产及生产。当然,不具备条件的,可以在综合性医院产科或者妇产专科医院待产及生产。

⑯ 有的传染病院并没有设置产科,应该怎么办?

答 建议将患有传染病的产妇收治在定点传染病医院,通过指定综合性医院产科或妇幼保健院工作人员前来协助其完成生产。也可以收治在有产科的综合性医院,应根据传染病传播形式采取必要防护措施。

⑰ 患有呼吸道传染病的产妇剖宫产可以减少风险吗?

答 剖宫产较顺产有两个风险:就产妇而言,顺产是一个正常生理过程,而剖宫产是一个手术过程;同时,麻醉也存有一定风险。因此,只要产妇条件允许,应鼓励顺产。

⑱ 如果呼吸道传染病的产妇必须行剖宫产,有哪些注意事项?

答 应在隔离手术间进行剖宫产手术,医务人员要做好安全防护,应在洗手衣裤外加穿无菌医用防护服或者无菌防水手术衣,戴医用防护口罩、护目镜/防护面屏、一次性圆帽、手套。如没有隔离手术间,可以选择普通手术间进行剖宫产术,术后做好环境终末消毒。

⑲ 患有呼吸道传播疾病的产妇分娩所用的器械、器具,需要进行预处理消毒吗?

答 以新型冠状病毒感染产妇生产为例,由于新冠病毒具有高传染性,为了减少转运风险,可以在产房用热力消毒或 1 000 mg/L 含氯消毒剂浸泡处理。从专业技术角度讲,该病毒对于外界理化因子的抵抗力比较弱,器械、器具使用后密闭包装,在消毒供应室采用清洗器选择清洗消毒程序处理即可,工作人员应做好标准预防。

⑳ 医院里隔离待产和分娩室是同一个房间,可以吗?

🈺 可以,待产和分娩在同一房间时,类似一体化产房(待产、分娩、产后恢复以及新生儿监护等分娩全过程在单人房间)。隔离待产和生产在同一房间是符合单间隔离要求的。

㉑ 患有呼吸道传染病的产妇隔离分娩时有什么特别要求吗?

🈺 隔离分娩室适用于呼吸道传播疾病患者。分娩过程中产妇会因为疼痛大声喊叫,可能会呼出含有大量病毒的气溶胶,为确保工作人员安全,产妇分娩场地应通风良好,另外,应严格执行终末消毒。

㉒ 为什么在隔离待产室工作的人员需要加穿隔离衣?

🈺 因为隔离待产的产妇患有呼吸道传播疾病,工作人员与患者近距离接触,应做好呼吸道防护,戴医用外科口罩/防护口罩。同时待产产妇行部分检查需要多次操作,如听胎心、做肛查等,加穿隔离衣可以减少自身被污染机会。

㉓ 收治患有呼吸道传染病的产妇,分娩室工作人员为什么需要穿防水隔离衣或医用防护服?

🈺 由于产妇患有呼吸道传染病,分娩过程中可能会接触到羊水以及血性分泌物,为确保工作人员安全,分娩室工作人员应穿防水隔离衣或医用防护服,戴好口罩。

㉔ 为什么收治患有呼吸道传染病的产妇要强调隔离待产室和分娩室通风良好?

🈺 通风良好是呼吸道传染病防控的重要措施之一,可以减小室内病原微生物的密度,减少被传染风险。

㉕ 患有呼吸道传染病的产妇隔离分娩区域可以使用喷雾消毒吗?

🈺 喷雾消毒可以作为房间终末消毒,消毒时应选择病毒敏感消毒剂,掌握适量浓度、用量及作用时间保证消毒效果。消毒后密闭静置 30 min,然后进行物表擦拭。在有人的情况下,不推荐进行喷雾消毒,推荐采用人机共存的空气消毒机消毒。

㉖ 为什么新生儿辐照台应远离患有呼吸道传染病的产妇头部?

🈺 辐照台主要用来存放刚出生的新生儿,应尽量远离患有呼吸道传染病的产妇头部,减少接触到患有呼吸道传染病的母亲呼吸所携带的病毒的机会。

㉗ 患有呼吸系统传播疾病的产妇所生的新生儿为什么要进行隔离观察?

🈺 因为患有呼吸道传染病的产妇的血液中、呼吸时产生的飞沫中可能会带有致病病毒,有传播给新生儿可能性,所以,要加强观察新生儿,并与其他新生儿保持一定距离。

㉘ 为什么需要更换暖箱空气过滤膜?

🈺 呼吸道传播疾病主要通过空气传播,而暖箱空气过滤膜相当于房间内空调的过滤器。完成疑似传染性疾病患儿的护理后,除了对暖箱表面进行终末消毒,还要更换床上用品,同时对暖箱空气过滤膜进行更换。

㉙ 为什么要求患有呼吸道传播疾病的产妇在生产过程中佩戴外科口罩或者使用无创面罩给氧？

答 产妇在生产过程中由于疼痛，呼吸会加快，可能会有更多病原微生物随呼吸排出，佩戴口罩可以解决这个问题。但产妇佩戴口罩会影响呼吸，在生产过程容易加重缺氧情况，对腹中胎儿造成一定影响，所以，使用无创面罩给氧是一个不错选择。

㉚ 患有呼吸道传播疾病的产妇在分娩过程中可以有家人陪产吗？

答 不建议。隔离待产及分娩均在隔离产房，患有呼吸道传播疾病产妇在分娩过程有造成感染传播的可能，应尽可能减少室内人员。当然，对于情绪极度紧张的产妇，有家人陪产可以不同程度地缓解其紧张情绪，有利于产程顺利进展，但必须对陪产人员进行防护指导，防护级别与工作人员相同。

㉛ 产房里收治了患有呼吸道传播疾病的产妇，其他产妇可以正常收治吗？

答 可以。在做好传染病产妇单间呼吸道隔离情况下，其他产妇可使用产房其他分娩室正常分娩。

㉜ 患有呼吸道传播疾病的产妇分娩后，胎盘应该如何处理？

答 患有呼吸道传播疾病的产妇分娩后，胎盘应该作为感染性废物处理。因为产妇血液里可能含有病原微生物。

㉝ 隔离分娩室地面应该如何消毒？

答 隔离分娩室地面若没有明显血液或羊水污染，可以选择 500 mg/L 含氯消毒剂拖地；如果有明显血液或羊水污染地面，应用 2 000 mg/L 含氯消毒剂消毒，再用清水拖一遍。若有大量血液或羊水，则先用布巾去除，再用 2 000 mg/L 含氯消毒剂消毒，然后用清水拖一遍。

㉞ 隔离分娩室抹布及拖布应如何消毒？

答 隔离分娩室抹布及拖布应先清洗，然后用 500 mg/L 含氯消毒剂浸泡 30 min，再用清水清洗晾干。也可以集中送洗涤中心采用 75℃水清洗 30 min 或在机洗过程中增加消毒剂处理。

附 双通道型产房布局示意图(图 3－4－3)

图 3－4－3 双通道型产房布局示意图

双通道型产房布局示意图说明：

黄色区域为工作区域，设置分娩室 2 间（每间近 40 m²，可根据需要设置两张产床，中间设置硬隔断）、手术间 1 间、隔离待产室 1 间、隔离产房 1 间、待产室（带有卫生间）1 间、产后恢复室 1 间、检查（兼谈话）室、治疗室。待产室、分娩室与产后恢复室相靠近，以利于工作人员观察。所有产房设置两个门：一个门通向洁净走廊（俗称清洁走廊），用于患者、工作人员、无菌物品等进出；另外一个门通向清洁走廊（俗称污物走廊），用于产后器械、物品、垃圾等污染物品运送。做到洁污分开。检查室单独向外开门，除了方便向家属交代病情，还可作为晚夜间妇产科急诊患者诊室。隔离待产室及产房靠近入口处设置，患有呼吸道传播疾病的产妇可以最短路径进入隔离待产及产房，减少对整个产房的影响。同时，设污物处理间。

绿色区域为辅助区域，包括工作人员更衣室、值班室、各类库房等。

红色区域为污物通道以及污物存放区域，所有使用后污染器械、物品、废物等从污物通道运送至存放间，通过污梯运出。没有污梯则将污物密闭从患者入口运出。

附 单通道型产房布局示意图(图3-4-4)

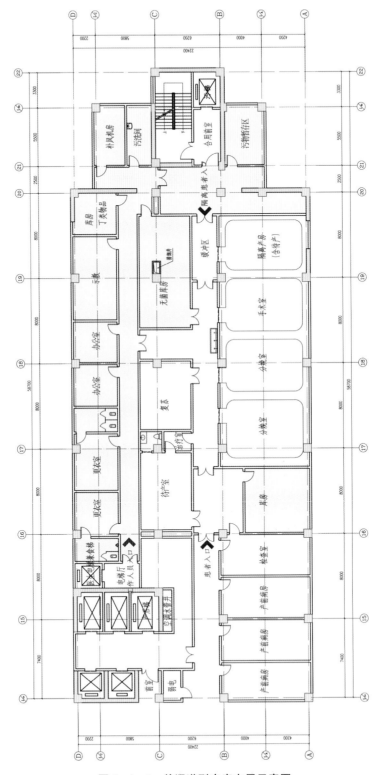

图 3-4-4 单通道型产房布局示意图

单通道型产房布局示意图说明：

黄色区域为工作区域，设置分娩室2间（其中一间近40 m²，可根据需要设置两张产床，中间设置硬隔断）、手术间1间、隔离产房（兼待产）1间、待产室1间、产后恢复室1间、检查（兼谈话）室。所有分娩室设置一个门，通向唯一内部走廊，用于产妇、工作人员进出，无菌物品以及术后器械、物品、垃圾等污染物品运送。用后器械及物品运送须密闭运送到污物间。隔离产房兼作隔离待产室，患有呼吸道传播疾病产妇可从污梯进出隔离产房，不对整个产房环境造成影响；如没有污梯，则患有呼吸道传播疾病的产妇戴口罩从患者入口进入。

绿色区域为辅助区域，包括工作人员的更衣室、值班室、各类库房等。

红色区域为污染电梯以及污物存放区域，所有使用后污染器械、物品、废物等密闭包装，从内部走道运送至污物存放间，通过污物梯运出。若没有污梯，则将污物密闭包装，从患者入口运出。

注：

图3-4-1至图3-4-4由南京回归建筑环境设计研究院有限公司协助完成。

第五节　内镜室

随着医疗技术不断发展，内镜种类越来越多，根据内镜的材质可以将内镜分为软式内镜和硬式内镜两种。软式内镜如消化道内镜（胃镜、肠镜、十二指肠镜等）、呼吸道内镜（喉镜、支气管镜等）、宫腔镜、胆管镜等，硬式内镜如腹腔镜、膀胱镜、脑室镜、关节镜等。根据消毒级别又可将内镜分为消毒内镜和灭菌内镜两种。消毒内镜包括胃镜、肠镜、喉镜、支气管镜等，灭菌内镜包括宫腔镜、胆管镜、腹腔镜、膀胱镜、脑室镜、关节镜等。目前，十二指肠镜清洗消毒已经从原来的高水平消毒提高到灭菌或者两次高水平消毒，而且特别强调对抬钳器的刷洗。

内镜室一般是消毒级别内镜检查及治疗的场所，ERCP 等介入性操作常在内镜室里的相对独立区域或房间完成；无菌级别内镜检查及治疗宜在手术室完成。

内镜室常见的感染风险是使用清洗消毒不合格内镜导致的患者感染，如污染十二指肠镜导致的感染；另外还包括工作人员职业防护不到位导致的结核杆菌感染和幽门螺杆菌感染等。在《软式内镜清洗消毒技术规范》出台前，内镜检查前常做乙肝表面抗原筛查，将乙肝表面抗原阳性患者放在最后检查，但即使这样还是会漏掉窗口期患者；现在强调每一根内镜均经过合格清洗消毒，所有患者使用的内镜都是安全的，无须再进行乙肝筛查。内镜室应强调具备合格的内镜清洗消毒条件及严格执行清洗消毒标准操作流程，而不是强调通道设置。

国家《软式内镜清洗消毒技术规范》（WS 507—2016）对内镜室布局有明确要求。

内镜室常设置在门诊，可分设消化道内镜室、呼吸道内镜室等，也可以设置一个内镜中心，内部分设不同内镜诊疗室（区）。

设置内镜中心前，医院应确定诊疗内镜种类、内镜清洗消毒方式、是否设无痛等。不管内镜诊疗及清洗消毒地点在哪里，其清洗消毒质量应一致，且由专人负责质量控制。

建筑布局

重视划分功能区域，将预约/候诊区域、术前准备及恢复区域、内镜操作区域、消毒/储藏区域、工作人员休息及行政区域、教学、培训区域建设完善。

内镜中心应设诊疗室（区）、清洗消毒室（区）、内镜及附件存储库（柜）、患者候诊区、办公区域。大型内镜中心可设预麻及复苏区、手术室。

建议支气管镜检查候诊及诊疗室相对独立，并设强排风，以减少呼吸道传播疾病在内镜中心播散的风险。

诊疗室（区）：可设置数个独立诊疗室或含数个独立诊疗单元的大诊疗区，每个诊疗单元包含诊查床、主机（含显示器）、吸引器、治疗车等，诊疗单元尺寸宜大于 $3.0 \text{ m} \times 3.5 \text{ m}$，要为床头侧麻醉师及设备预留足够空间。诊疗室数量可按照常规算法计算，其中：

$$内镜操作日预计数量 = 年内镜操作总数 \div 年平均工作日$$
$$操作间日预计数量 = 每日工作时间 \div （每例操作平均时间 + 周转时间）$$
$$内镜操作间数目 = 内镜操作日预计数量 \div 操作间日预计操作数量$$

整个诊疗区应设置非手接触式水龙头。推荐诊疗室设置两扇门，一扇门（宜 1.4 m 宽）用于人员进出（含患者及其推床、医务人员等），另外一扇门（宽度宜 $>1.0 \text{ m}$）用于内镜进出。也可以只设置一扇门，内镜运送采用治疗车等工具。

ERCP 宜在相对独立区域完成，宜设前室用于外科洗手及更衣，该室参照普通手术室要求。ERCP 操作间面积不小于 37 m^2，X 线机位于中央位置，头侧预留麻醉师工作空间，做好墙壁 O_2、吸引（最好双路）设计，安装中控室双门。

清洗消毒室/区：应尽可能靠近诊疗室。应有自然通风或机械通风，机械通风宜采用"上送下回"方式。推荐安装自带排风装置的清洗消毒槽。支气管镜清洗消毒应设置独立房间。

内镜清洗消毒室应按照不同系统配置清洗槽及/或自动清洗机，其室内布局应结合内镜进出流线设置，若清洗消毒室仅可设置一个门进出，则靠近门口设置为相对清洁处，污染镜放入最里侧，由里向外依次设置初洗。应配备（经过过滤的）自来水（主要用于内镜及各槽清洗等）、纯化水（主要用于消毒级内镜消毒后冲洗）及无菌水（主要用于灭菌级内镜灭菌后冲洗）。必须配备全管道灌流器、各种内镜专用清洗刷、压力水枪、压力气枪（清洁压缩空气）、计时器等。可由医院集中供水，或在内镜中心设置水处理装置。

内镜及附件存储库/柜：通风良好，保持干燥；内表面光滑、无缝隙，便于清洁和消毒。

患者候诊区：应根据每天检查的人数合理设置候诊区，开展无痛检查宜设置静脉注射区及复苏区。可设患者更衣区。

恢复区域：大型内镜中心推荐设置两阶段恢复区域。第一恢复区为麻醉苏醒区，为术后重点监测、垂帘分隔区域，配备氧气、吸引、监护及呼叫系统，并且邻近内镜操作间，应做好个人隐私保护；第二恢复区为苏醒后观察区，配备桌椅等，接近出口。

内镜室作为Ⅲ类环境，可以通过自然或机械通风、空气消毒等空气净化方式来保证空气清洁度达到 $4 \text{ cfu}/(5 \text{ min} \cdot \Phi 9 \text{ cm 皿})$；不推荐使用空气洁净技术。其中手术室应按照Ⅱ类环境，空气清洁度达到 $4 \text{ cfu}/(15 \text{ min} \cdot \Phi 9 \text{ cm 皿})$。

防护要求

诊疗人员：穿分体式工作服（或洗手衣裤）或工作服，戴外科口罩，戴工作圆帽。可换工作鞋，可着隔离衣及防护面屏或防护眼罩。

清洗消毒岗位人员：应穿洗手衣裤或分体式工作服（圆领，并能够遮住内衬衣服）、防水专用鞋或工作鞋、隔离衣加防水围裙或者防水隔离衣，戴手套，戴外科口罩、防护面屏或防护眼罩。

常见问题解答

❶ 内镜室必须设工作人员通道、患者通道以及污物通道吗？

🅰 并非必须设置工作人员通道、患者通道以及污物通道。大型综合性医院可以分别设置各个通道便于运行及管理，但基层医院没有必要设置过多通道占用有限诊疗面积。

❷ 内镜中心可以将所有内镜检查，包括膀胱镜、阴道镜、呼吸科内镜以及消化科内镜放在一起吗？

🅰 可以，但不推荐。因为各种内镜的受众不同，检查前准备也各异，实施诊疗医生及护士来自不同科室，为了清洗消毒强制集中在一起反而容易造成混乱，聚集人群过多也存在交叉感染的风险。

❸ 内镜必须到供应室集中清洗消毒吗？

🅰 不一定。基层医院内镜检查量少，可以将内镜送入消毒供应中心集中清洗消毒。若内镜工作量大，推荐在内镜室建清洗消毒工作站，更有利于工作开展和减少转运成本，但清洗质量应和消毒供应室一致。

❹ 内镜中心清洗工作站应由谁来清洗消毒？

🅰 建议由经过专业培训人员进行内镜清洗消毒工作，护士或工人都可以，但质量控制应有专人负责，宜由消毒供应中心承担。

❺ 为什么强调支气管镜分室清洗？

🅰 肺结核患者常见症状是久治不愈咳嗽，支气管镜检查常是其确诊的主要手段，使用后镜子可能会带有结核杆菌。结核杆菌作为分枝杆菌，其抗性强，消毒时间及浓度都有要求，为了减少对其他环境的影响，建议分室进行。

❻ 内镜室需要按照限制区、非限制区和半限制区设置吗？

🅰 不一定，应该根据实际情况来定。对于大型综合性医院内镜中心面积大、人员多、工作量大，同时开展 ERCP 等手术，可以按照限制区、半限制区和非限制区划定，进一步做好患者及工作人员管理。对于基层医院内镜室，划分好诊疗区域、清洗消毒区域、储存区域以及满足患者候诊需要即可。

❼ 为什么强调支气管镜检查候诊区域也要相对独立？

答 建议支气管镜检查采用独立候诊区域，是基于呼吸道传播疾病感染风险，对于面积有限、无法独立候诊内镜室，应要求支气管镜检查患者戴口罩进入候诊及诊疗区域。

❽ 为什么清洗消毒室机械通风要采用"上送下回"方式？

答 清洗消毒室，使用中的消毒剂如戊二醛、含氯消毒剂等，会有一定挥发，采用上回风，会把空气中消毒剂成分上扬，反而对清洗消毒室空气造成了影响，所以，推荐采用"上送下回"方式。

❾ 肠镜和胃镜可以在一组清洗槽内清洗吗？

答 可以。肠镜和胃镜同属消化道内镜，可以在一组清洗槽内清洗。

❿ 肠镜和胃镜必须分室进行检查吗？

答 不一定。对于仅做胃镜或者肠镜的患者，两者应分室进行。但如果患者同时做胃镜和肠镜，则可以在同一房间同时进行。

⓫ 自动清洗机有自动清洗流程配置，是否还需要手工清洗？

答 应根据自动清洗机所带的使用说明书进行操作，通常需要先做手工清洗和酶洗。

⓬ 自动清洗机一定要带自身清洗消毒功能吗？

答 自动清洗机一定要带自身清洗消毒功能。酶液盛放容器及管路容易被污染，如果机器没有自身消毒功能，细菌经过一段时间的繁殖就会导致内镜清洗消毒失败。

⓭ 内镜室无法提供无菌水，如何处理？

答 采用化学灭菌剂灭菌的内镜需要用无菌水进行冲洗，而消毒级内镜用纯化水冲洗即可。灭菌内镜可以采用其他不需无菌水冲洗方法，如过氧化氢等离子等灭菌、环氧乙烷灭菌等。

⓮ 内镜室必须有专用镜库吗？

答 不一定，采用一个干净柜子悬挂内镜也是可以的。

⓯ 内镜柜一定要有紫外线消毒吗？

答 不一定。紫外线只能对照射到的表面进行消毒，而内镜管腔内部清洁、消毒与干燥是关键，内镜柜清洁干燥即可，无须每天紫外线消毒；而且，紫外线还会对内镜造成一定的老化作用。

⓰ 内镜室需要设患者更衣间吗？

答 不一定。常规内镜检查无须更衣；肠道检查患者偶有大小便溢出，有条件可以设一个患者更衣区。

⓱ 为什么在内镜室不推荐使用空气洁净技术？

答 洁净技术是把经过组织的空气通过不同过滤网以减少空气中尘埃粒子数来达到空气净化目的。对于内镜中心而言，采用自然通风或机械通风即可达到Ⅲ类环境，无须花费更多财力去净化空气，同时，内镜检查人数多、时间短，人员反复进出会导致较多尘埃粒子产生，增加各级过滤网维护压力，未经过规范维护的洁净设备容易造成新风量不足、灰尘聚集，感染风险反而增加。另外，部分患者检查中发生呕吐或者排便等，会有异味，通风不良

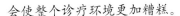

会使整个诊疗环境更加糟糕。

⑱ 内镜在送洗过程中要洁污通道分开设置吗？

答 应根据实际情况来定。对于大型综合性医院,清洗消毒间面积大,可以设不同门来分别运送污镜和洁镜;清洗消毒间面积有限,无须分设不同门进行洁污分设,可以通过转运容器做到洁污分开,如设置洁镜转运箱和污镜转运箱,或者转运车上层放清洁镜、下层放污染镜等。

⑲ 内镜室必须设污物间吗？

答 应根据实际情况来定。对于大型综合性医院,宜设污物间来存放污物及保洁用具。也可以同楼层污物间共用。

⑳ 内镜室必须设污物通道吗？

答 没有要求必须设污物通道。

㉑ 在具体行胃镜检查的房间必须开两个门让工作人员和患者分别进入吗？

答 并非必须。工作人员和患者可以从同一个门进入房间。

㉒ 内镜清洗消毒机必须配备双门吗？

答 有条件的医院可以配备。双门清洗消毒机是从清洗间放入使用后污染镜,经过清洗消毒后从另外一个门取出,做到洁污分开,但其安装也需要一定条件,比如一定的清洗消毒间面积、双侧门打开位置有足够空间等。没有双门清洗消毒机,通过使用不同转运工具也可以达到内镜洁污分开的目的。

附 大型内镜中心布局示意图(图3-5-1、图3-5-2)

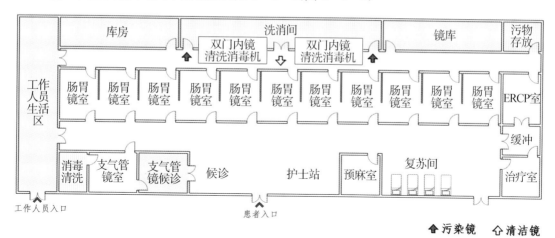

图3-5-1 大型内镜中心布局示意图

图3-5-2 大型内镜中心布局示意图

大型内镜中心布局示意图说明：

黄色区域为诊疗区域，包括胃肠镜检查室、手术室、ERCP 室、治疗室、护士站、预麻室、复苏区域等。支气管镜室采用独立候诊、检查及清洗消毒。ERCP 室设置前室用于进一步保障 ERCP 清洁环境。

预麻室靠近复苏区，便于集中处理及观察。

绿色区域为辅助区域，包括工作人员更衣室、休息室、办公室、库房（含镜库）等。

红色区域为污物存放及处理区域，包括清洗消毒间、污染物品存放间等。图 3-5-1 清洗消毒间两侧门用于污染镜进入，中间门用于清洁消毒后镜子运出。内部清洗槽安装也应按照由两侧向中间分别为初洗、酶洗、消毒、清洗槽、干燥台的顺序。可设置双向开门内镜清洗消毒机，经手工初步清洗后从清洗间放入自动清洗机，清洗消毒后从走廊直接取出使用。（注：清洗间开门可以根据实际情况决定可开两个门，将镜子分开进出，清洗槽初洗设置在污染镜进入门附近，干燥台设置在洁镜出口附近）

图 3-5-2 污染镜从中间进入清洗间，内部清洗槽安装则从中间向两侧分别为初洗、酶洗、消毒、清洗、干燥的顺序，两侧为清洁镜出口。

分别设置了工作人员出入口和辅助用房、患者出入口及候诊区。请注意，无须每间检查室分别设置工作人员及患者入口。

附　基层医疗机构内镜室布局示意图(图3-5-3)

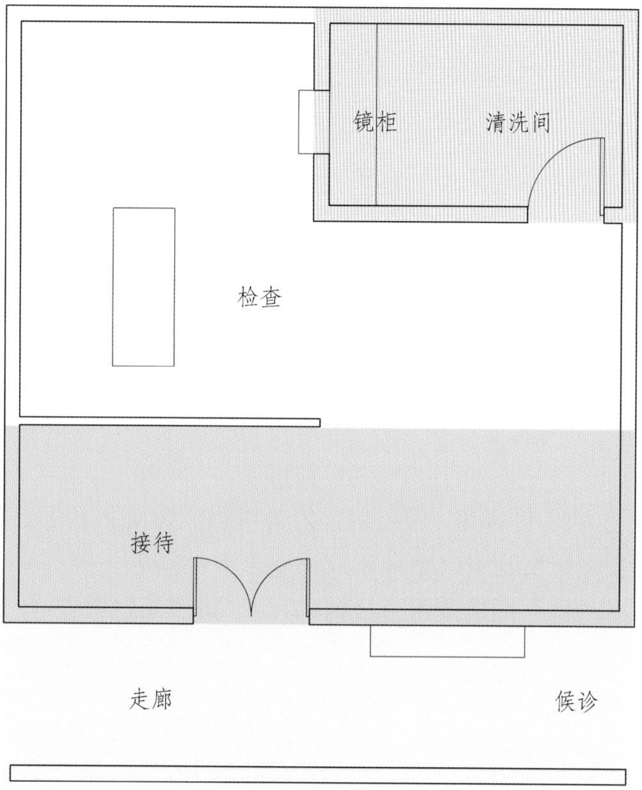

图3-5-3　基层医疗机构内镜室布局示意图

基层医疗机构内镜室布局示意图说明:

基层医疗机构虽然配备了内镜,但使用率低。无须按照大型医院内镜中心去设置各种通道。走廊设置候诊椅,房间内通过柜子或隔断将登记接待区域与检查区域分开,隔出清洗消毒区域或房间。该区域应做到通风良好。镜柜可设置在清洗间内,推荐设置为双开门形式以方便使用。或将镜柜放置在清洗间外。

注:

图3-5-1至图3-5-3由南京回归建筑环境设计研究院有限公司协助完成。

第六节　新生儿病室

　　新生儿病室是收治胎龄 32 周以上或出生体重 1 500 g 以上至出生 28 日且病情相对稳定不需重症监护治疗的新生儿房间，可以设一间或多间。新生儿病室床位数应根据医院实际救治能力及未来发展情况而定。二级及以上综合医院应当在儿科病房内设置新生儿病室；有条件的综合医院以及儿童医院、妇产医院和二级以上妇幼保健院可以设置独立新生儿病房。

　　新生儿由于抵抗力弱，呼吸道、皮肤、脐部等都可以成为细菌及病毒入侵门户。新生儿室常见医院感染暴发。新生儿室的感染风险主要来自经接触传播疾病，包括直接接触、间接接触等。其建筑布局重点在于做到洁污区域分开、功能流程合理、配备满足各种功能清洗池。

　　新生儿病室应当根据床位设置配备足够数量医生和护士，使人员梯队结构合理。其中医生人数与床位数之比应当为 0.3∶1 以上，护士人数与床位数之比应当为 0.6∶1 以上。同时，经过感控培训的保洁人员配备在新生儿室也非常重要。必须强调：没有足够人员配置的新生儿室，工作人员长期超负荷工作，建筑布局再合理也难以将感染防控措施落实到位。

建筑布局

　　新生儿病室应设置在相对独立的区域，接近新生儿重症监护病房。可设置在儿科病区一端。

　　新生儿病室分为医疗区和辅助区两个区域。医疗区包括普通病室、隔离病室和治疗准备室等，可设置早产儿病室。工作辅助区包括清洗消毒间、接待室、配奶间、新生儿洗澡间（区）、污物间等，可设置哺乳室。生活辅助用房应根据新生儿室规模来定，可以独立设置，或与儿科共用。

医疗区

　　分为普通病室、隔离病室，可设早产儿病室。

　　病室：无陪护病室可为一间或数间，病室之间采用玻璃等透明材料隔断，并设置门相互连通，以便晚夜间病情观察和及时救治。每室可设数张病床或暖箱用于患儿收治，每床净使用面积不少于 3 m²，床间距不小于 1 m。普通病室中的有陪护病室应当一患一房，净使用面积不少于 12 m²。

应有自然通风和/或机械通风,可配备动态空气消毒机,在必要时进行空气消毒;不推荐常规使用洁净技术。新生儿病室作为Ⅱ类环境,空气中细菌菌落数应≤4 cfu/(15 min·Φ9 cm 皿)。新生儿病室温度宜控制在 20～26℃。

新生儿病室应当配备必要清洁和消毒设施,每个房间内至少设置 1 个流动水洗手装置及擦手纸或干手设施(推荐使用擦手纸),水龙头为非手触式;同时,床边配备免洗手消毒剂。

治疗准备室:用于配制治疗用药、存放无菌物品等。

工作辅助区

包括清洗消毒间、接待室(区)、配奶间、新生儿洗澡间(区)、污物间等,可设置哺乳室。

清洗消毒间:主要用于暖箱等设施清洗消毒及存放,宜在通风处,设有上下水。

接待室(区):设置在新生儿室入口处,为独立房间或开放区域,设有新生儿检查台,用于入院或者出院新生儿交接检查及沟通。每接待一位患儿,应更换检查台铺单。也可以将入院和出院接待室(区)分开设置。

配奶间:用于新生儿配奶、奶粉存放等。建议分为奶具清洗消毒区和配奶及其存放区。有条件或者规模大的新生儿病室可分设奶具清洗消毒间和配奶间。该室应通风良好,清洗区域应设置水池,配备消毒设备(如蒸锅或煮沸锅等),不推荐将奶瓶等送至消毒供应室集中清洗;配奶区应设操作台,设冰箱用于母乳的存放等。

新生儿洗澡间(区):在新生儿室相对宽敞的区域设置一间洗澡间,床位较多的新生儿室洗澡间门宽宜大于 1.4 m 以方便患儿推床进出。内设 1 个或数个洗澡池,建议洗澡池采用亚克力等材质,洗澡池尺寸宜大于 60 cm×80 cm,尽可能设置深洗澡池,洗澡池底部建议平坦,可使用塑料充气垫等可水洗的防磕碰垫子,并设可拉伸水龙头。洗澡池应有良好水温控制,并且水温度不受附近是否有人用水影响,水温恒定在 38～41 ℃。洗澡池两侧宜预留操作台面,一侧操作台面用于洗澡前解包称重,另一侧用于洗澡后脐带处理及打包,操作台面铺有可擦拭消毒或可清洗软垫(如有 PU 革包裹海绵垫、柔软塑料垫等)。洗澡间室内温度宜控制在 28 ℃左右,并应有通风条件。由于新生儿脐带尚未脱落,洗澡应注意脐带保护及清洁,洗澡池应专用,严禁在洗澡池清洗抹布、拖鞋等污染物品。

也可以在普通病室、隔离病室和早产儿病室分别设置各自洗澡间(区),需要注意洗澡时温度控制。

污物间:污物间用于分类收集、中转存放辖区污染物品,包括使用后医用织物、医疗废物、生活垃圾、各种外包装等以及清洗保存保洁用品,建议配备污染布类收集筐/车、保洁车以及保洁用品清洗池。污物间尽可能面积大些,可分为(干性)存放中转区和(湿性)处理清洗区。如有条件,可将上述两区分别设置污物间及保洁间:污物间可设对外直接出口,减少垃圾清运对新生儿室环境的影响,如因建筑布局而无法设置独立出口,可以在固定时间将污物就地密闭包装,从患者通道运出。保洁间(或区)尽可能有阳光照射并保持通风,可存放保洁车,可用于抹布及拖布清洁、消毒与存放。抹布每床单元一块,拖布分区使用,用后清洗消毒。推荐采用医院集中管理模式清洗抹布及拖布,消毒后干燥备用。

生活辅助区

包括工作人员更衣间、卫生淋浴间、值班室、教室或会议室等,同时,需设置家属等待区域及沟通交流室(区域)。可设置家属探视更衣及会诊人员更衣区。

防护要求

非传染病流行期间应穿分体圆领工作服(宜每天或隔天更换),戴医用外科口罩。

进行如气管插管、吸痰等操作时可加穿隔离衣,戴手套,戴防护面屏或护目镜。

传染病流行期间,为病因不明的发热患儿进行操作应穿工作服加隔离衣,戴医用外科口罩,戴手套。进行如气管插管、吸痰等容易有体液喷溅的操作时,可戴防护面屏或护目镜,必要时加穿防护服。

新生儿病室宜单独设立空调机组,保障常年室温为 22～26 ℃。

所有在新生儿病室工作的人员(包括保洁、物流人员)应经过感控知识培训,并掌握防护用品使用技能。

工作人员进入新生儿病室工作前应常规检测肝炎等传染病指标,应接种乙肝疫苗;宜定期接种流感疫苗。

新生儿病室环境清洁与消毒非常重要,应强调每天湿式清洁而非消毒,尤其是暖箱。使用中的暖箱每天用清水擦拭,患儿出院或更换暖箱时采用消毒剂擦拭;遇到多重耐药菌感染患儿应增加清洁消毒频次,而不是增加消毒剂浓度。推荐每季度或半年对环境及物体表面进行一次终末消毒。

在新生儿病室,工作人员洗手依从性监测非常必要,建议每月开展,至少每季度开展。要让所有人养成洗手的好习惯。

常见问题解答

❶ 新生儿病室和新生儿重症监护病房是一回事吗?

答 新生儿病室和新生儿重症监护病房并非一回事。新生儿病室是收治病情稳定患儿的场所,不需要监护其生命体征;而重症监护是收治病情不稳定患儿的场所,需要监护患儿生命体征。后者医护人员配备量明显高于前者。

❷ 新生儿病室需要设医务人员通道及更衣室吗?

答 并非必须。对于设置在儿科内的新生儿病室,工作人员与儿科病区工作人员一同更衣;对于独立新生儿病区,应设工作人员通道及更衣室。

❸ 需要分设新生儿病室入院和出院办理房间吗?

答 可以分设新生儿病室入院和出院办理房间,也可以设接待室用于入院和出院办理。每次办理患儿入院或出院应对其可能接触的表面进行清洁消毒。

❹ 为什么强调新生儿病室温度控制在 **22～26 ℃**？

答 由于新生儿自身体温控制功能尚不健全，体温容易受外界环境温度影响，所以，控制良好的室温有利于新生儿康复。

❺ 为什么强调暖箱清洗消毒？如何消毒？

答 新生儿暖箱是新生儿日常所处的环境，暖箱环境需要定期清洁与消毒并进行空气滤网更换，每天应用清水擦拭暖箱表面，每天更换湿化水，每个患儿出院后或每周更换暖箱。暖箱消毒可采用消毒湿巾或 400～700 mg/L 含氯消毒剂。不建议每次清洗消毒暖箱时对内部排风扇进行拆洗，因为排风扇是平衡暖箱温度的重要部件，不宜反复拆洗。暖箱空气过滤网一般 2 个月更换，或者按照其说明书更换，以保证暖箱内空气清洁。

❻ 奶瓶奶嘴需要高压灭菌吗？

答 奶瓶奶嘴作为食具，消毒即可。可以采用蒸汽消毒和煮沸消毒，也可以采用压力蒸汽灭菌，但并非必须。

❼ 奶瓶、奶具必须到消毒供应室去集中清洗、消毒、灭菌吗？

答 不推荐奶瓶、奶具到消毒供应室去集中清洗。因为消毒供应中心去污区集中处理全院所有污染医疗器械器具及物品，汇聚了医院各科室众多污染物，奶瓶、奶具作为新生儿食具，应尽量减少被污染的机会。推荐在新生儿病室配奶间选择相应区域清洗、消毒（蒸汽或煮沸），或清洗后包装送消毒供应室灭菌。

❽ 为什么强调洗澡水温度？

答 新生儿皮肤娇嫩，洗澡水温要控制在 38～41 ℃。洗澡水在使用过程中要保持温度恒定，不能因为旁边有人用冷水而导致水温迅速升高，以免造成新生儿烫伤。

❾ 为什么新生儿病室要分为普通病室、隔离病室和早产儿病室？

答 新生儿中的早产儿虽然病情稳定，仍需要多观察，是新生儿病室中最需要关注的群体，有条件的医疗机构应设早产儿病室，并尽可能靠近护理工作站。隔离病室主要收治感染患儿，如多重耐药菌感染患儿，这类患儿宜由专人护理或放在最后护理。

❿ 必须设隔离洗澡间吗？

答 并非必须。可以设置隔离洗澡间；也可以将隔离患儿放在最后洗澡，洗后彻底清洁消毒洗澡池；还可以采用身体擦拭的方式清洁隔离患儿。

⓫ 新生儿病室需要按照"三区两通道"设置吗？

答 新生儿病室不需要按照"三区两通道"设置。新生儿病室并非收治呼吸道传染病患者的场所，无须按照呼吸道传染病收治"三区两通道"设置。重点是做好医疗区和辅助区划分，对各种用途的水池做好划分和管理，如洗手池、洗澡池不得用来清洗抹布、拖布、拖鞋等污染物品。

⓬ 新生儿病室需要采用洁净技术来保证空气净化吗？

答 新生儿病室不推荐采用洁净技术来保证空气净化。可以采用自然通风及机械通风，必要时设置空气消毒器做空气净化。新生儿室作为 Ⅱ 类环境，空气中细菌菌落数 ≤4 cfu/(15 min·Φ9 cm 皿)即可。

⓭ 新生儿病室一定要设污物通道吗？

答 不一定设污物通道，可以规定（操作少、人员流动少）的时间段来清运垃圾。

附 新生儿病室布局示意图（图 3-6-1）

图 3-6-1 新生儿病室布局示意图

新生儿病室布局示意图说明：

黄色区域为诊疗区域，包括足月儿区域、早产儿区域、隔离区域、过渡区域，设置了出入院办理处、母婴室、护士站、治疗室、医师办公室等。

绿色区域为辅助区域，包括工作人员更衣室、值班室等生活辅助区域，还有各类库房、沐浴间、奶具清洗间、配奶间等。

红色区域为污物存放及处理区域，包括污物存放处、清洗消毒间等。当建筑面积有限，污物存放区附近无污梯可用时，污物全部密闭包装，从患者通道运出。

患儿出入院办理处无须分为入院办理处和出院办理处。新生儿病房并非传染病隔离病房，且每位患儿均穿好外衣或打好包离开，与环境并不直接接触。应打开衣服检查后交接，做好铺单一人一更换。

注：

图 3-6-1 由南京回归建筑环境设计研究院有限公司协助完成。

第七节　重症监护病房

重症监护病房(ICU)是医院集中监护和救治重症患者的专业病房,为各种原因导致器官与系统功能障碍危及生命的患者及时提供系统、高质量的医学监护和救治技术的场所。

重症患者病情重,抵抗力差,侵入性操作多,易发生感染,如呼吸机相关肺炎、置管相关血流感染、导尿管相关尿路感染以及多重耐药菌感染等。另外,新冠肺炎、甲流等呼吸道传播疾病重症以呼吸衰竭形式表现时,也会收治在 ICU。因此,ICU 不但要做好床边隔离,还应做好呼吸道传播疾病防控,如设置单间收治不明原因呼吸衰竭患者等。防护用品的使用在 ICU 应得到足够重视。在 ICU,工作人员手卫生执行和环境(包括高频接触按钮等)清洁消毒至关重要。

医院在设计之初,应确定 ICU 收治范围及模式,综合 ICU 之外是否设置专科 ICU(如脑外科、心胸外科、呼吸科、儿科或新生儿等)。ICU 床位数应占总床位数的 2%～8%,建议二级医院按照 2%～5%设置,三级甲等综合性医院推荐 8%～10%。不论 ICU 设置模式如何,推荐患者救治工作集中管理,统一培训及质控。ICU 应配备足够数量的经过重症医学"三基"及感控知识培训,具备独立工作能力的专业医务人员,其中护士与实际床位数比应≥3∶1。

建筑布局

ICU 应位于方便患者转运、检查和治疗的独立区域,宜靠近手术室、医学影像科、检验科和输血科(血库),与手术室之间宜有直接通道以方便术后需要监护的患者迅速进入 ICU,应设门禁管理。

ICU 整体布局应以洁污分开为原则,分设医疗区域、辅助区域(含工作辅助区域、生活辅助区域、污物存放及处理区域)。由于 ICU 有大量仪器设备、药品及耗材,必须预留存放空间,病房与辅助用房面积比通常设置为 1∶1.5。

医疗区

应设监护病房(含单人间、双人间、多人间等)、中央工作站、治疗准备室,可设处置间、无菌物品及耗材库房。

监护病房:可设单人间、双人间和(或)多人间。单人间主要用于收治病情重、操作多、需要保护性隔离的危重症患者(如大面积烧伤患者、器官移植患者等)以及有感染风险、需要隔离的患者(如多重耐药菌感染患者、新冠肺炎患者、甲流患者等)。推荐单人间使用面积≥18 m²,室内开间净尺寸应>3 m,单人间与单人间之间建议采用可视观察窗。多人间收治周转快、病情相对稳定的患者,如外科手术后监护及观察患者。双人间及多人间使用面积应≥15 m²/床,床间距应≥1.5 m。对于多于8张监护床的大通间,建议增设可移动隔断,必要时,可将大通间分割成独立空间进行环境终末消毒。双人间与双人间之间建议采用可视观察窗或门,以便于病情观察及救治。

ICU常使用医用吊塔,其用途为供氧、吸引、压缩空气、氮气等医用气体终端转接,需要根据病房大小选择不同规格及功能。对于面积小的病房,推荐使用干湿合一吊塔。应关注ICU氧气供应。

ICU作为Ⅱ类环境,宜采用独立空调系统,新风宜采用变频机组,每间负压病房采用独立空调(俗称"一拖一")。病房应具备良好的通风采光条件,可采用开窗通风,必要时使用紫外线灯照射消毒或动态空气消毒设备进行空气净化,确保空气中细菌总数≤4 cfu/(15 min·Φ9 cm 皿)。不推荐ICU常规使用洁净技术。

医疗区域温度应维持在22~26 ℃,相对湿度应维持在30%~60%。病房装饰应遵循不产尘、耐腐蚀、防潮、防霉、防静电,易于清洁和消毒的原则。不宜在室内摆放干花、鲜花或盆栽植物,以避免真菌滋生。

推荐ICU设置单人间、双人间、三人间及四人间相结合,每间病房设置流动水洗手设施,包括非手触式水龙头、皂液、干手纸等。多人间应根据床位摆放情况设置流动水洗手设施。中华人民共和国卫生行业标准WS/T 509—2016要求洗手设施与床位数的比≥1∶2,但在实际工作中,洗手设施并非越多越好。水池数量与霉菌生长速度成正比,而且水池周围1 m范围内常会潮湿,无法摆放诊疗设备,大量水池占据了有限的空间,使监护病房环境显得拥挤。建议每张床设置免洗消毒剂,每4张床位设置一个流动水洗手池。

推荐设置1~2间负压单人间或增设强排风装置,设置缓冲前室,用于收治呼吸道感染患者。可设置进入该室的专用通道,以减少对整个ICU的影响。如无法设置专用通道,应让患者戴好口罩进入。

中央工作站:用于集中处理医嘱,协调各项医疗活动(如转运患者、安排会诊等),设置在ICU相对中心位置并兼顾患者入口。推荐设置为开放式吧台,靠近治疗准备室和处置室,可医护共用。

治疗准备室:存放静脉用药及各种穿刺包、口腔护理包等,同时对药品进行配制。室内应设操作台、冰箱、物品柜,可放置治疗车等。操作台可以设置在室内一侧或两侧,不推荐四周均设置操作台。治疗准备室内靠近门附近设置洗手池,应避免在操作台中间设置水池,以减少使用水池时溅出的水对操作台造成的污染。如果护士站设置洗手池且在治疗准备室附近,则治疗准备室内不设水池。

小型检验室:配备应急检测仪器,如血气分析仪等。有条件的可设置为独立房间;也可设置在相对独立区域,如走廊尽头或清洁库房一个相对独立区域。

处置间:宜靠近治疗准备室,用于存放使用后器械以及配药后的废弃物,应设水池用于器械初步处理。

辅助区

工作辅助区尽可能多设置辅助用房,ICU诊疗及监护设备多、耗材多、药品多,如果事先没有设置各种库房,一旦启用,床边及走道将堆满物品,不利于环境清洁消毒和患者抢救。应设置设备及仪器库房(宜配备多组电插座,以利于设备、仪器充电)、一次性使用耗材库、药品、大输液用品、办公用品及被服库等。有条件的医疗机构应按照种类分开设置库房;没有条件的,按照无菌物品库、清洁物品库分别设置。可设置支气管镜清洗消毒间用于支气管镜清洗消毒。新生儿重症监护病房还需设置配奶间、洗澡间等辅助用房。

生活辅助区包括工作人员更衣间、卫生淋浴间、值班室、教室或会议室等。有的医院为了尽可能多设置病床,将工作人员辅助用房压缩殆尽,在走廊进行更衣办公,这是非常错误的做法。必须保证工作人员辅助用房。同时,需设置家属等待区域及沟通交流室(区域)。不推荐设置探视走廊。探视走廊虽能起到家属远观患者的作用,但走廊的存在减少了病房自然通风的机会。对于重症患者,亲人陪伴对于其克服恐惧、战胜疾病有极大帮助。如病情允许,应鼓励家属每天床边探视,可设置家属探视更衣及会诊人员更衣区;如病情不允许,应通过视频探视而不是通过探视走廊探视。

污物存放及处理区

污物间:建议配备污染布类收集框/车、保洁车以及保洁用品清洗池。污物间面积应尽可能大些,可分为(干性)存放中转区和(湿性)处理清洗区。可在上述两区分别设置污物间及保洁间。污物间可设对外直接出口,减少垃圾清运对ICU环境的影响。如建筑布局所限无法设置独立出口,则在固定时间将污物就地密闭包装,从患者通道运出。保洁间(或区)应尽可能有阳光照射并保持通风,可存放保洁车,可用于抹布及拖布清洁、消毒与存放。抹布每床单元一块,拖布分区使用,用后清洗消毒。推荐采用医院集中管理模式清洗抹布及拖布,消毒后干燥备用。

推荐设置卫生小循环设备,用于引流瓶、便盆倾倒和清洁、消毒,患者脸盆、冰袋清洁与消毒等。卫生小循环可以设置在监护病房附近,方便倾倒大小便。新生儿重症监护病房还需设置暖箱清洗消毒及存放区域(间)。

通道

应设工作人员通道、患者通道,可设物品通道和污物通道,也可以分时段通过患者通道转运物品及密闭包装的污物。清洁物品也可以从工作人员通道进入。

ICU应单独设立空调机组,保障常年室温为 $22\sim26\ ℃$。

防护要求

所有在 ICU 工作的人员（包括保洁、物流人员）应经过感控知识培训，并掌握防护用品使用技能。

工作人员宜穿分体圆领工作服（宜每天或隔日更换），戴医用外科口罩。

在进行气管插管、吸痰等操作时可加穿隔离衣，戴手套，戴防护面屏或护目镜。在工作区域，防护用品应随时随地可以拿取。同时，应预留通风良好或有负压的区域及房间供传染病疑似患者隔离用，这也是重要防护手段。

从科学感控的角度，ICU 工作人员无须换鞋（尤其不应换露脚趾的拖鞋），无须常规使用鞋套，也不必设置消毒地垫消毒鞋底。从方便工作的角度，推荐 ICU 工作人员更换舒适性强、便于清洁的工作鞋。

传染病流行期间，工作人员在为病因不明的呼吸困难患者进行各种操作应加穿隔离衣，戴医用外科口罩或医用防护口罩，戴手套。进行如气管插管、吸痰等容易有体液喷溅的操作时，可戴防护面屏或护目镜，必要时加穿防护服。

工作人员进入 ICU 工作前应常规检测肝炎等传染病指标，应接种乙肝疫苗；宜定期接种流感疫苗。

环境清洁与消毒

1. 保持空气清新，定时开窗通风，室内温湿度符合规定。

2. 应采取湿式清洁消毒方法，对环境、物体表面进行清洁和消毒。每天应对床单元表面如病床、床头桌、输液架、仪器按钮、地面等物品及环境进行清洁，宜用清水或者消毒湿巾擦拭。输液及呼吸机按钮等高频接触表面清洁及消毒应由医务人员完成。

3. 遇有多重耐药菌感染患者应增加清洁消毒频次，而不是增加消毒剂浓度。

4. 患者出院应对床单元进行终末消毒，可采用消毒湿巾或 $400\sim700$ mg/L 含氯消毒剂擦拭消毒。

5. 推荐每季度或半年对 ICU 整体环境及物体表面进行一次终末消毒。

6. 清洁工具使用后应及时清洁与消毒，干燥保存，其复用处理方式应符合 WS/T 512—2016 规定。

常见问题解答

❶ **ICU 一定要设层流病房吗？**

答　重症监护室不需要常规设置层流病房。层流是洁净技术的一种方式，也是洁净技术的俗称。洁净技术是通过组织气流经过不同级别过滤器（一般有粗效过滤、中效过滤及高效过滤器）过滤来维持空气洁净度的技术，形成相对洁净的空间。这在大面积烧伤患者无菌维护中显得十分重要。但除了送风排风过滤外，室内人员进行操作也会对层流病房空气质量造成影响。而大多数重症患者并无裸露创面,空气洁净度要求并非必需,反而是工作人员手的清洁更加重要。同时,层流病房设置及运行维护成本较高,从性价比而言,也不推荐,若维护不良,层流可能还会成为缺氧甚至感染源头。

在疫情流行期间,重点是保证 ICU 通风良好。另外,空调管道定期维护及应按照要求清洗也是重要防护措施。

❷ 为什么建议在 ICU 设负压病房?

答 负压病房通过设计使排风大于送风来保持病房内空气呈负压状态,病房内污染空气不会流向走道或其他房间。ICU 常常是收治危重症患者的场所,传染病重症可能以呼吸困难为表现,此类患者会入住重症监护室救治,但传染病重症的传染性一时无法确定,所以整个重症监护室气流组织,特别是负压病房设置非常重要,这是保证整个环境安全的重要方面。将疑似传染病危重患者安置在负压病房,能够将其与其他患者所处的环境相对隔离,保证其他患者安全。这也是工作人员安全防护的重要方面。

❸ 在 ICU,哪些患者应收治在负压病房?

答 起病急、周围有相似症状患者出现,或从疫区回来、考虑跟传染病相关的危重患者应在第一时间收治在负压病房,不应等明确诊断后再入住,应尽可能减少他们对其他患者影响。

❹ 为什么强调 ICU 负压病房要有前室?

答 负压病房前室称为缓冲间,缓冲间应双门互锁,病区走廊、缓冲间及病房两者之间应有一定压力梯度,确保病房里空气不流到外面走廊。另外,前室可以作为穿脱防护服的场所,使工作人员进入负压房间前做好防护,离开负压房间后,工作人员在缓冲间脱防护用品,可减少对走廊等的环境影响。

❺ ICU 如果收治了传染病患者,还可以收治其他患者吗?

答 在做好传染病患者隔离的情况下,可以收治。比如将新冠肺炎重症患者收治在设有缓冲间的负压单间,所有接触人员做好防护,缓冲间压力梯度也合格,则走廊及其他区域是安全的,其他病房可以收治其他患者。

❻ ICU 可以开窗吗?

答 可以,通风是最好的空气净化方法。自然通风是通风的一个方面,在自然通风情况下,还要有机械通风,这样可以保证空气流动,而流动的空气可有效稀释空气中病原微生物的密度。

❼ ICU 空气如何消毒比较好?

答 ICU 可以采用带空气消毒功能的空调系统,送风已经过消毒。对于收治了结核等空气传播疾病患者的 ICU,可以用动态空气消毒机(如循环风紫外线、过氧化氢等离子等)消毒,或者进行终末空气消毒。但即使进行了空气消毒,近距离接触患者也应做好呼吸道防护。

❽ 为什么 ICU 工作服需要分体圆领?

答 因为 ICU 是收治重症患者的场所,平日操作比较多,容易有污染物出现,圆领能够更好地遮盖住身体避免污染,起到阻隔作用;同时,使用分体式工作服便于操作。

❾ 为什么强调在 ICU 防护用品要随时随地可以取到?

答 因为危重症患者病情变化很快,防护用品必须能够以最短时间拿到才可能保证在应急状态操作时使用,不宜统一存放在库房。

⑩ 为什么要求在传染病流行期间为病因不明患者进行操作时要加穿隔离衣？

答 在传染病流行期间，危重症患者有可能携带病原微生物并具有传染性，应提高警惕。在工作服外应加穿隔离衣，保证在有液体喷溅时能够不污染自己的体表。

⑪ 为什么要求对 ICU 空调管路进行定期清洗？

答 这是呼吸道传染病防控重要环节。空调机组由于有回风存在，病原微生物常随着灰尘存在于空调管道系统中，定期清洗可以减少灰尘及病原菌。管路清洗人员应做好防护。

⑫ 在传染病流行期间需要启动全新风系统吗？

答 从理论上讲，全新风系统没有回风，可以防止病原微生物通过空气传播。但从 ICU 空调实际运行来讲这一想法无法实现，一是能耗巨大，二是空调机组难以承担。

⑬ 为什么要求 ICU 所有人员都要经过感防控知识培训？

答 ICU 经常会收治感染患者(包括传染病患者)，一旦疏于防护，就可能出现医院感染，因此，在 ICU 工作的人员都应掌握感控知识，包括传染病防护知识、标准预防、环境清洁与消毒、多重耐药菌防控、手卫生等。所有人(含医护人员、保洁和物流人员等)都必须了解这些防控知识，并在实际工作中严格按照相关要求执行。同时，应强调标准预防，即双向防护，不但要保护工作人员，也要保护患者。

⑭ ICU 经常会有传染病患者，病员服应该如何处理？

答 传染病病人穿过的病员服可以由清洗部门专业清洗，清洗流程为：水洗温度达到 75 ℃、30 min 或添加消毒剂清洗。应将传染病患者的衣服放入橘色布袋或自溶性塑料袋中。

⑮ ICU 对室内温湿度有要求吗？

答 ICU 室内温度应维持在 22～26 ℃，湿度应为 30%～60%。

⑯ ICU 医护人员为了保暖常外加毛衣或其他衣服，可以这样做吗？

答 如能够保证 ICU 室内温度维持在 22～26 ℃，医护人员穿分体式工作服即可。但如果 ICU 室内温度无法保证，就只能通过加穿外衣来保暖，这也是无奈的选择。建议外加衣增加清洗次数，减少衣服上寄居的病原微生物数量，从而降低疾病传播风险。

⑰ 在 ICU 内收治了传染病患者，所产生生活废物应如何处理？

答 传染病患者生活垃圾作为感染性废物处理，垃圾直接放入黄色垃圾袋内，在带盖黄色垃圾桶内存放，垃圾袋离开房间时做鹅颈式结扎，并加套一层垃圾袋，以保证垃圾袋外面清洁。

⑱ 呼吸道传染病患者小便需要特别处理吗？

答 不需要，正常倾倒在有污水处理系统的下水道即可。

⑲ 呼吸道传染病患者痰液应如何处理？

答 呼吸道传染病患者的痰应吐在纸上，直接丢于黄色垃圾袋中，密闭存放，作为感染性废物焚烧处理；抽取的痰液随一次性收集袋放入黄色垃圾袋作为感染性废物处理；非一次性引流瓶中的引流液也可以倾倒于有污水处理系统的下水道，倾倒者需要做好安全防护，如下水道没有污水处理系统，引流液应该加入含氯消毒剂浸泡后倾倒。

附 综合性 ICU 布局示意图（图 3-7-1，图 3-7-2）

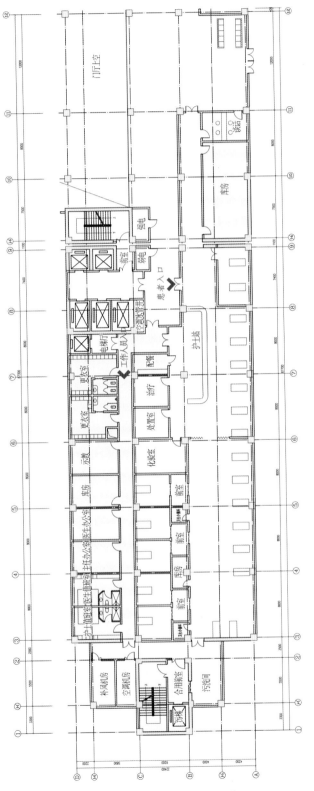

图 3-7-1 综合性 ICU 布局示意图

综合性 ICU 布局示意图说明：

黄色区域为诊疗区域，设病房（含单人间、双人间、多人间等）、治疗准备室等。单人间可以每间或每两间设置一个缓冲前室，同时，在多人间（俗称大通铺）设置可移动隔断，在需要时（如出现鲍曼不动杆菌感染患者增多时）可以通过隔断将多人间分隔开，分别进行彻底环境清洁与消毒，而无须将整个 ICU 腾空。多人间 ICU 常用于周转快的外科手术患者监护。大通铺设置并不能节约太多人力资源，虽然患者病情轻重不一，但一个护士很难同时护理和观察四名以上患者。

绿色区域为辅助区域，包括工作人员更衣室、淋浴间、值班间、教室等。ICU 里仪器设备、耗材、大输液、药品、被服、无菌包等各种器械、物品众多，都需要有存放地点，必须预留足够库房。

红色区域为污物存放及处理区域，包括污物存放处（面积尽可能大些，有医疗废物、生活垃圾、脏被服、空输液瓶等多种物品需要存放）、污洗间等。在 ICU 推荐使用卫生小循环用于污物倾倒和清洗，以清洗消毒卫生用品，如冰袋、便盆等。

污物存放间与污物电梯邻近，污物直接从污梯运走。如果建筑面积有限，附近没有污物电梯，则污物全部密闭包装从患者通道运出。

呼吸道传染病患者可以从污物电梯转运，以最短距离进入 ICU 单间病房。若附近没有污物电梯，则患者全程佩戴口罩从患者通道进入。

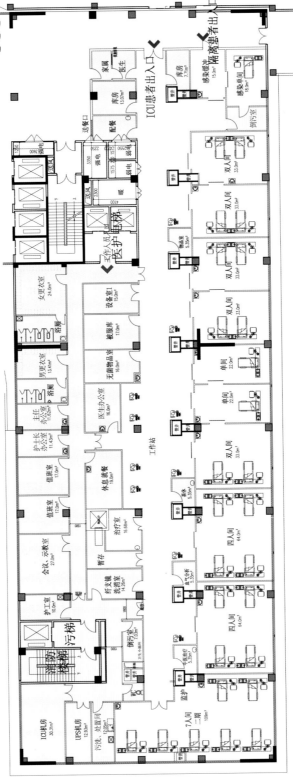

图 3－7－2　综合性 ICU 布局示意图

综合性 ICU 布局示意图说明：

黄色区域为诊疗区域，设病房（含单人间、双人间、四人间、七人间组合）、治疗准备室等。房间之间有门相通，便于晚夜间观察及抢救。设置了隔离病房及倒污室（含便盆倾倒和清洗区域）。

绿色区域为辅助区域，包括工作人员更衣室、淋浴间、值班室、教室等，预留了各种库房。

红色区域为污物存放及处理区域，包括污物存放处、污洗间、支气管镜清洗消毒间等。综合性 ICU 一般不设置患者卫生间，但在县级医院，推荐设置 1～2 间带卫生间的房间，用于收治一些因社会因素并无入住 ICU 指征的患者。

除了设置工作人员入口、患者入口，还单独设置了隔离患者入口。

附 专科 ICU(CCU)布局示意图(图 3-7-3)

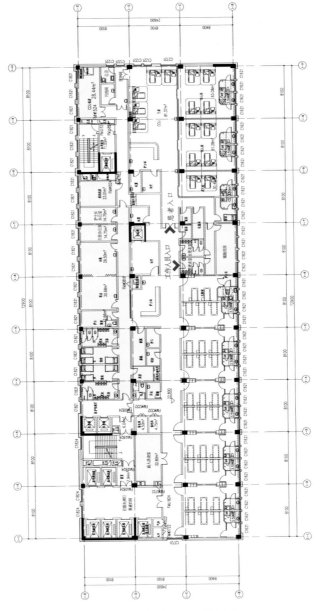

图 3-7-3 专科 ICU 布局示意图

专科 ICU(CCU)布局示意图说明:

专科 ICU 常设置在病区内,以该 CCU 为例,设置在心脏内科病区内相对独立的区域,设双人间、四人间及五人间。设置了工作人员出入口和患者出入口。设置了工作辅助区。CCU 监护病房推荐设置卫生间。

注:

图 3-7-1 至图 3-7-3 由南京回归建筑环境设计研究院有限公司协助完成。

第八节 口腔科

口腔科是诊治患者口腔疾患的场所,工作人员在近距离操作时极易接触到患者唾液,同时,牙钻、洁牙器使用时会有气溶胶产生,而人体口腔常含有大量细菌、真菌等微生物,其随着唾液及气溶胶达到物体表面及工作人员手、黏膜等处。口腔科工作人员职业暴露风险高,应关注医务人员职业安全。口腔科感控重点是预防经血液、唾液接触传播疾病发生,同时,应关注口腔科各类诊疗器械的安全性。

建筑布局

口腔诊所每牙科治疗椅建筑面积应不少于 25 m²;门诊部及医院每牙科治疗椅建筑面积应不少于 30 m²;诊室每牙科治疗椅净使用面积应不少于 6 m²,推荐为 9 m²。

口腔科应分设工作区域及辅助区域,工作区域包括诊疗区和器械处理区,辅助区域包括工作人员更衣、休息区。

诊疗区应根据实际情况进行牙科治疗椅布局,可设单人间、双人间及多人间。多人间每张牙科治疗椅之间应设物理隔断,推荐牙科治疗椅隔断设置为宽 3 m、高 1.8 m,隔断与隔断之间距离为 3 m。每张牙科治疗椅配备非手触式洗手池。可设置无菌物品存放间,或配备无菌物品存放柜,也可采用治疗车存放无菌物品。该区域为Ⅲ类环境,可以通过自然或机械通风、空气消毒等空气净化方式来保证空气中细菌菌落总数≤4 cfu/(5 min·Φ9 cm 皿)。不推荐使用空气洁净技术。推荐配备移动式紫外线灯用于必要时空气及物体表面消毒。

诊疗区内不应存放工作人员生活用品(如水杯、餐具等)。

种植牙手术可以在医院手术室进行,或在口腔科设置种植牙专用手术室,要求参照普通手术间,无须设置"三区两通道",但应设前室,用于更衣、外科洗手。

器械处理间/区可根据情况设置。如医院消毒供应室统一集中处理,则仅设回收及预处理水池即可;如在口腔科做器械处理,宜为独立房间,或设相对独立区域。

器械处理间/区应分为回收清洗区域、检查保养包装及灭菌区、无菌物品存放区。回收清洗区域与保养包装灭菌区之间应有物理隔断。基层医疗机构工作量不大的可不设无菌物品存放区,灭菌后物品直接存放于治疗车或无菌物品柜。

工作人员辅助区:可独立设置,也可与其他科室共用。用于工作人员更衣、休息等。

防护要求

诊疗人员：穿分体式工作服（圆领），戴外科口罩，戴工作圆帽。进行洁牙等有气溶胶产生的操作可着隔离衣及防护面屏或防护眼罩。

清洗消毒岗位人员：应穿洗手衣裤或分体式工作服（圆领，并能够遮住内衬衣服）、隔离衣加防水围裙或者防水隔离衣，戴手套，戴外科口罩；可戴防护面屏或防护眼罩，穿工作鞋或防水鞋。

常见问题解答

❶ 口腔科牙科治疗椅与器械处理之间必须分设不同房间吗？

答 推荐分设不同房间。也可以做隔断，相对划分器械处理区域。

❷ 为什么推荐牙科治疗椅隔断设置为宽 3 m、高 1.8 m，隔断与隔断之间距离为 3 m。

答 隔断之间采用 3 m 距离是为了工作人员操作方便，牙科治疗椅摆放在中间，患者头部及两旁可以供工作人员操作并摆放诊疗器械，书写病历等；高度 1.8 m 是从气溶胶播散考虑，在牙科诊疗过程中，由于使用牙钻常常会产生气溶胶，其因为重力关系，一般不会上升到 1 m 以上，患者躺在牙科治疗椅上，高度基本为 80 cm，所以 1.8 m 能够阻断牙科治疗椅之间气溶胶播散。

❸ 为什么推荐在口腔科配备移动式紫外线灯？

答 口腔科物体表面常受到患者唾液污染，物体表面清洁消毒非常必要。移动式紫外线灯落地摆放，可做空气消毒，同时可以对近距离物表进行消毒，其操作简单，经济、有效。

❹ 为什么不推荐在口腔科使用空气洁净技术？

答 空气洁净技术是把经过组织的空气通过不同过滤网以去除空气中的尘埃粒子来达到空气净化目的。对于口腔科而言，采用自然通风或机械通风即可达到 Ⅲ 类环境，无须花费更多财力去净化空气，同时，洁净技术采用的过滤网本身并不具备消毒功能，未经过规范维护的洁净设备容易造成新风量不足、灰尘聚集，感染风险反而增加。

❺ 为什么不可在口腔诊疗区域摆放工作人员水杯？

答 从职业安全角度考虑，口腔科产生的气溶胶较多，气溶胶里常含有病原微生物，水杯摆放在诊疗区域，有可能受到气溶胶污染，增加感染机会。因此，不应在此区域存放生活用品。

❻ 器械处理间/区设置在什么位置比较好？

答 有条件应尽可能设置独立房间处理器械，减少器械处理对周围环境的影响。如条件不具备，应划分相对区域做清洗消毒，并注意对该区域进行清洁消毒，器械处理区域应设置在人员走动少、通风良好的区域。

❼ 回收清洗区与包装灭菌区之间必须有物理隔断吗？

答 国家规范要求必须设物理隔断，出发点是保证包装时器械不被污染，但对于基层医疗机构而言实际意义并不大。因为清洗和包装是同一个人操作,在清洗时,他一定没有在包装,推荐清洗结束以后做物体表面清洁消毒擦拭,再进行包装。

❽ 需要在器械处理区清洗区与包装灭菌区之间设双门互锁传递窗吗?

答 可以设置,但实际意义不大。口腔科器械处理区工作人员较少,一般清洗和包装由同一个人完成,通过传递窗传递增加了无实际感控意义的工作量。

❾ 为什么要求口腔科工作人员穿分体式工作服,而且是圆领的?

答 因为口腔科操作容易产生气溶胶,而气溶胶常带有病原微生物,气溶胶可以沾到工作人员自己的衣服上,圆领工作服可以将自己的衣服很好地覆盖,减少被污染的机会。分体式工作服方便操作。

❿ 口腔科器械处理区可以摆放压力蒸汽灭菌器吗?

答 可以摆放。一般在口腔科使用小型压力蒸汽灭菌器。

⓫ 口腔科使用小型压力灭菌器需要监测吗?

答 需要监测。应做物理监测、化学监测和生物监测。物理监测每锅进行,化学监测可每批次进行,生物监测每月进行。小型压力灭菌器无须做 B－D 测试。

附 综合性医院口腔科布局示意图（图3-8-1）

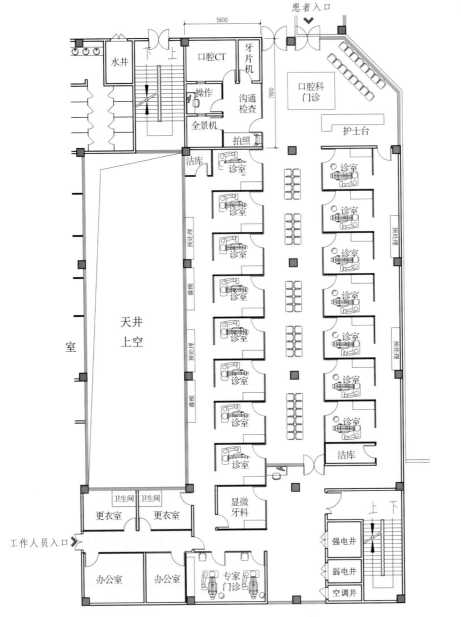

图3-8-1 综合性医院口腔科布局示意图

综合性医院口腔科布局示意图说明：

黄色区域为诊疗区，包括牙科治疗椅17张、护士站、牙科影像学检查室、模具等，设置了预处理走廊，用于摆放使用后器械及物品。

绿色区域为工作人员辅助区，包括工作人员更衣室、办公室等。设置清洁物品及无菌物品库房。

该口腔科未设置污物间，同楼层共用污物间。

附 综合性医院口腔科(含种植牙手术室)布局示意图(图3-8-2)

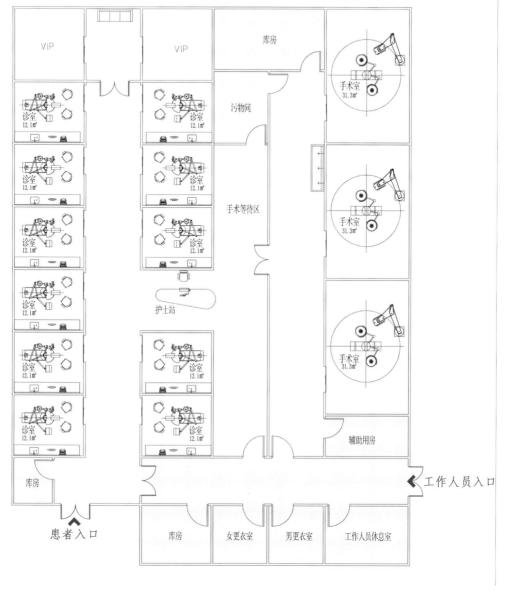

图3-8-2 综合性医院口腔科(含种植牙手术室)布局示意图

综合性医院(含种植牙手术室)口腔科布局示意图说明:

黄色区域为诊疗区域,包括牙科治疗椅11张、VIP诊室2间、护士站等,还设置了3间种植牙手术室、手术等待区。

绿色区域为工作人员辅助区域,包括工作人员更衣室、办公室等。设置清洁物品及无菌物品库房。

红色区域为污物存放及术后器械预处理区域。

护士站设置在中间,既兼顾诊室配合、协助,又可以对种植牙手术患者进行体温测量及术后观察等工作。

附 口腔诊所布局示意图(图3-8-3)

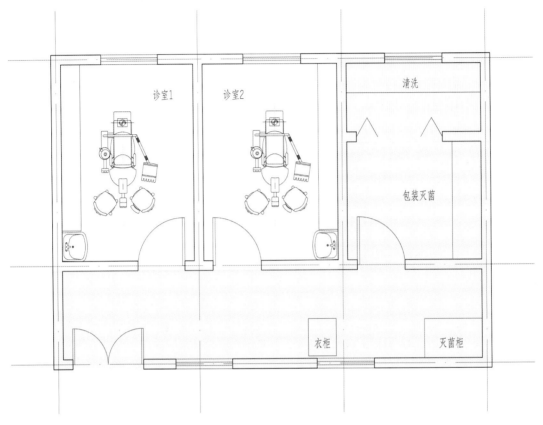

图3-8-3 口腔诊所布局示意图

口腔诊所布局示意图说明:

黄色区域为诊疗区域,包括牙科治疗椅2张,每张牙科治疗椅使用面积应大于6 m²。

绿色区域为辅助区域,设置无菌物品柜用于摆放无菌物品;设置器械处理部分清洁区,包括检查上油、包装、灭菌区域或房间。设置工作人员衣柜用于工作人员更衣及生活用品摆放。

红色区域为污染器械清洗间(区域),与绿色区域之间设置可移动隔断。由于诊所常由一个工作人员兼职负责清洗、消毒、灭菌工作,一个人在做清洗工作就不能检查打包,在每个区域的工作时间段是不同的,所以,无须采用双门互锁传递窗来做到人流、物流分开,采用可移动隔断将洁污分开即可。灭菌后的无菌物品放入无菌柜保存。

注:

图3-8-1至图3-8-3由南京回归建筑环境设计研究院有限公司协助完成。

第九节　临床微生物实验室

　　临床微生物实验室是对取自人体的各种标本(包括血液、痰、分泌物等)进行病原微生物菌(毒)种有关研究、教学、检测、诊断等活动的场所。适用于二级(涵盖一级)生物安全防护水平病原体检验,不适用三级生物安全防护水平病原体检验。由于医院有大量血标本、痰标本及体液标本需要处理,其中不乏感染性病原体,设备设施不完善或者操作不当都有引发感染的风险。对于临床微生物实验室而言,感控重点是工作人员职业安全、环境安全以及标本安全。实验室建筑布局符合相关规范是基本要求,更重要的是日常行为管理和设备运行维护。

　　2020年10月17日通过的《中华人民共和国生物安全法》中明确规定,设立病原微生物实验室应当依法取得批准或者进行备案,个人不得设立病原微生物实验室或者从事病原微生物实验活动。国家根据病原微生物生物安全防护水平对病原微生物实验室实行分等级管理。病原微生物实验活动应当在相应等级实验室内进行,低等级病原微生物实验室不得从事国家病原微生物目录规定当中在高等级病原微生物实验室进行的病原微生物实验活动;从事高等级病原微生物实验活动,应经过省级以上人民政府卫生健康部门批准并核验。病原微生物实验室设立单位法人代表和实验室负责人对实验室生物安全负责。

　　国家卫生健康委曾经发文要求二级及以上综合性医院设置微生物实验室。但对实验室等级未做明文规定,推荐二级医院设置生物安全一级 BSL－1(也称P1,Protection level 1)实验室,用于Ⅰ级(低个体危害和群体危害)不会导致工作人员和动物致病的细菌、真菌、病毒和寄生虫等生物因子的实验。传染病定点收治医院及三级综合性医院由于患者众多,遇见传染病及疑难杂症机会多,应设置BSL－2(也称P2)实验室,用于Ⅱ级(中等个体危害,有限群体危害)能引起人或动物发病,但不会引起严重危害病原微生物实验。极少数研究型医院或国家级研究中心经过省级行政主管部门批准设置 BSL－3(也称P3)实验室,用于Ⅲ级(高个体危害,低群体危害)能引起人类或动物严重疾病或造成严重经济损失,但通常不会因偶尔接触发生个体间传播,或有抗生素、抗寄生虫药物有效治疗的病原微生物实验。

临床微生物实验室生物安全一级 BSL-1(也称 P1) 实验室建筑布局基本要求

　　P1实验室通常设置在检验科内相对独立的位置,或在医院其他建筑里,与建筑物里其他部分可相通,但实验室有可控制进出的门。

　　入口处设置更衣室、更衣柜或挂衣装置,或在检验科统一设置更衣室,将个人服装与实验室工作服分开放置。实验室门应有可视窗并可锁闭,门锁及门开启方向应不妨碍室内人员逃生。

实验室可设置为大开间,按照功能分区;也可以按照功能分室;至少有标本接收及处理区/间(若有可能操作有毒、刺激性、放射性挥发物质,应配备适当的负压排风柜或生物安全柜)、培养区/间、鉴定区/间、标本存储区/间等。应设洗手池,洗手池设置在靠近实验室出入口处。标本接收区可设置窗口接收标本并尽可能靠近检验科各类标本接收区,以缩短微生物标本运送距离。

实验室墙壁、天花板和地面应易清洁,不渗水,耐化学品和消毒剂腐蚀。地面应平整、防滑,不应铺设地毯。

实验室应有足够空间和台下柜等摆放实验室设备和物品。台下柜和座椅等应稳固,边角应圆滑,以防意外伤害;其摆放宜离地,便于清洁;实验台面应防水、耐腐蚀、耐热和坚固。

实验室可利用自然通风,如果有可开启的窗户,应安装可防蚊虫的纱窗;如采用机械通风,应注意气流走向,避免交叉污染。

应有足够的固定电源插座,避免多台设备使用共同电源插座。

若实验室内要操作刺激性或腐蚀性及感染性物质,应在 30 m 内设洗眼装置,必要时设紧急喷淋装置;供水和排水管道系统应不渗漏,下水应有防回流设计。

应在本栋建筑内设置压力蒸汽灭菌器或者采用化学消毒剂对微生物实验室培养的阳性标本进行消毒处理。

防护用品使用

着圆领工作服,在做标本接种等操作时戴外科口罩、手套;可着工作鞋,戴工作帽。实验区工作服仅在实验区穿着。应配备意外泼洒应急处理箱*。

注*:
应急处理箱内放置遇到标本意外泼洒等紧急情况或突发公共卫生事件时可以供工作人员使用的防护用品。包括医用防护口罩2个、隔离衣/防护服2件、防护眼罩2个、防护面屏2个、清洁手套2副、长镊子1个(用于拾捡破损平皿、试管等玻璃碴)、大于80 cm×80 cm一次性吸水垫布**2块或若干吸水纸,酌情加消毒湿巾一包。

**:
一次性吸水垫布可以自制,用旧工作服或床单数件裁剪缝制成大于 80 cm×80 cm 的垫子,用于包裹、去除泼洒的大量标本。有条件可使用一次性消毒覆盖包。

附 P1 实验室布局示意图(图 3-9-1)

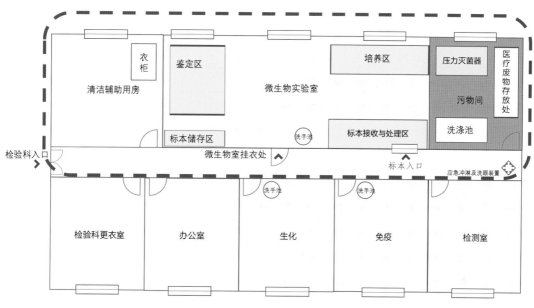

图 3-9-1 P1 实验室布局示意图

P1 实验室布局示意图 3-9-1 说明：

蓝色虚线区域为 P1 实验室,设置在检验科内相对独立的区域,有可视窗的门保持关闭。

粉色区域为实验区域,包括标本接收与处理区(此处可设标本接收窗,可安装通风柜或生物安全柜,但不得使用净化台)、培养区、鉴定区、标本存储区,实验区出入口处设洗手池。门外可设挂衣处/衣柜。

绿色区域为辅助区域,包括更衣室、办公室、清洁辅助用房等。

红色区域为污染物品存放及处理区域,设置压力灭菌器、医疗废物存放处、洗涤池等。如有条件,洗涤间可以单独设置。

在检验科内设应急洗眼设施及冲淋设施。

临床微生物实验室生物安全二级 BSL-2(也称 P2)实验室建筑布局基本要求

P2 实验室通常设置在检验科内相对独立位置,或在医院其他建筑里,与建筑物里其他部分可相通,但实验室主入口门应有门禁管理并可自动关闭。应在入口处设置更衣室或更衣柜,也可以在检验科统一设置更衣室,将个人服装与实验室工作服分开放置。

A 类实验室(如图 3-9-2)指操作非经空气传播生物因子的实验室,分防护区和辅助工作区两部分。其中防护区应包括主实验室、缓冲间等,缓冲间可兼作防护用品更换间;辅助工作区应包括清洁衣物更换间、监控室、洗消间、淋浴间等。主实验室不宜直接与其他公共区域相邻。辅助区可与检验科共享。

B 类实验室(如图 3-9-3)指操作经空气传播生物因子(如结核菌)的实验室,防护区应包括主实验室、缓冲间及防护用品更换间等，该类实验室缓冲间不可兼作防护用品更换间。实验室工作区域外应有存放备用物品的条件。

操作病原微生物样本的实验间内配备相应生物安全柜，应按产品设计要求安装和使用生物安全柜（详见表3-9-1）。如果生物安全柜排风在室内循环，室内应具备通风换气条件；如果使用需要管道排风的生物安全柜，应通过独立于建筑物其他公共通风系统的管道排出。实验室内各种设备位置应有利于气流由"清洁空间"向"污染空间"流动，最大程度减少室内回流与漏流（生物安全柜一般应置于室内气流最下游，即最远离送风口处）。生物安全柜排风不能代替室内排风。

表3-9-1　生物安全柜分级和分类

级别	类型	排风	循环空气比例/%	柜内气流	工作窗口进风平均风速/(m·s⁻¹)	保护对象
Ⅰ级	—	可向室内排风	0	乱流	$\geqslant 0.40$	使用者
Ⅱ级	A1型	可向室内排风	70	单向流	$\geqslant 0.40$	使用者、受试样本和环境
	A2型	可向室内排风	70	单向流	$\geqslant 0.50$	
	B1型	不可向室内排风	30	单向流	$\geqslant 0.50$	
	B2型	不可向室内排风	0	单向流	$\geqslant 0.50$	
Ⅲ级	—	不可向室内排风	0	单向流或乱流	无工作窗进风口。当一只手套取下时，手套口风速$\geqslant 0.70$	使用者和环境，有时兼顾受试样本

主实验室可设置为大开间（如图3-9-2示），按照功能分区，也可以按照功能分室（如图3-9-3示）。至少有标本接收及处理区/间（内设标本接收窗，接收窗尽可能靠近检验科标本接收处）、培养区/间、鉴定区/间、标本存储区/间等。应设洗手池，洗手池设置在靠近实验室出入口处。

实验室墙壁、天花板和地面应易清洁，不渗水，耐化学品和消毒剂腐蚀。地面应平整、防滑，不应铺设地毯。

实验室应有足够空间和台下柜等摆放实验室设备和物品。台下柜和座椅等应稳固，边角应圆滑，以防意外伤害；其摆放宜离地便于清洁；实验台面应防水、耐腐蚀、耐热和坚固。

实验室可开窗通风，并应有防虫纱窗。无空气洁净度要求，无与室外相邻相通房间压差要求，无须设置双门互锁传递窗。应有防昆虫、鼠等动物进入措施。可以采用带循环风的空调系统，送排风形式最好采用"上送下排"，也可采用"上送上排"方式，但应注意送风口和排风口位置，送风口应设在房间入口处上方，排风口宜设在房间最里侧。

实验室室温应在18～27℃，相对湿度为30%～70%，噪声$\leqslant$60 dB，最低照度$\geqslant$300 lx。

应在实验室工作区配备洗眼装置。应在实验室或其所在建筑内配备高压蒸汽灭菌器和移动紫外线灯等消毒设备。

含菌污水应经过压力蒸汽灭菌或化学消毒后排放至市政污水管道。

生物安全柜选择

（1）产生微生物气溶胶或出现溅出的操作，可使用Ⅰ级生物安全柜。

（2）处理感染性材料，应使用Ⅱ级生物安全柜。

（3）处理化学致癌剂、放射性物质和挥发性溶媒，应使用Ⅱ-B级生物安全柜。超净工作台不属于生物安全柜，不能用于生物安全操作。

防护用品使用

着圆领工作服，戴外科口罩、手套、工作帽，可加穿隔离衣、工作鞋/鞋套。隔离衣仅在防护区穿着。

如实验室生物安全操作失误或意外导致标本污染生物安全柜、操作台造成少量局限污染，可使用生物安全柜内的紫外线灯等照射消毒 30～60 min 或者使用有效氯含量为 500 mg/L 的消毒液擦拭消毒；如标本泼洒造成实验室大量污染，应暂停工作，保持实验室空间密闭，避免不相关人员进入，避免污染物扩散。在做好防护的情况下，用大布巾或吸水纸去除污染物，再用有效氯含量为 2 000 mg/L 的消毒液擦拭消毒。

附　P2 A类实验室建筑布局示意图（图 3-9-2）

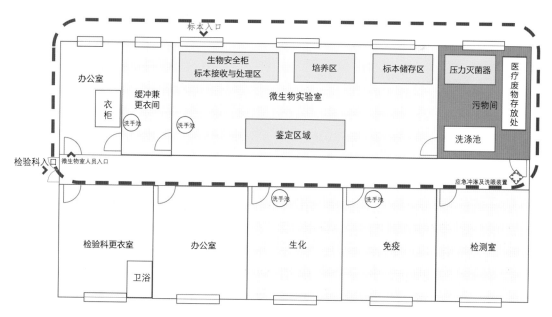

图 3-9-2　P2 A类实验室建筑布局示意图

示意图 3-9-2 说明

蓝色虚线区域为 P2 A类实验室，设置在检验科内相对独立的区域，为大开间布局（也可以采用分室布局），有可视窗的门可自动锁闭。主实验区不与其他公共区域相通。防护区围护结构可使用建筑外墙。

粉色区域为防护区，包括主实验区和缓冲间。可设外窗，但应有防虫纱窗。主实验区应包括标本接收与处理区（可设标本接收窗）、培养区、鉴定区、标本存储区；实验区出入口处设洗手池。缓冲间兼用于防护用品穿脱。与相邻房间无须设置传递窗。

绿色区域为辅助区，包括更衣室、办公室、清洁物品存放区等。

红色区域为污染物品存放及处理区域。设置压力灭菌器、医疗废物存放处、洗涤池等。有条件的，洗涤间可以单独设置。

在检验科工作区域内应设应急洗眼设施及冲淋设施。

附　P2 B类实验室建筑布局示意图（图3-9-3）

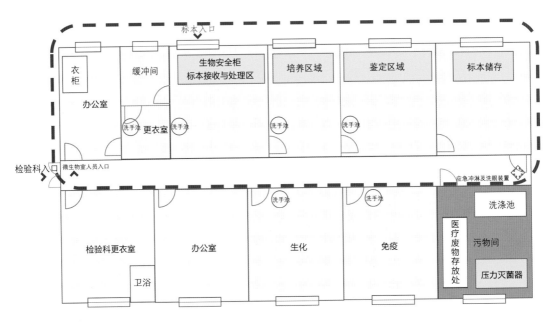

图3-9-3　P2 B类实验室建筑布局示意图

示意图3-9-3说明

蓝色虚线区域为P2 B类实验室，设置在检验科内相对独立的区域，为各功能房间布局（也可大开间布局），有可视窗的门可自动锁闭。主实验区不与其他公共区域相通。防护区围护结构可使用建筑外墙。

粉色区域为防护区，包括主实验区和缓冲间。主实验区包括标本接收与处理间（设标本接收窗）、培养间、鉴定间、标本存储；实验室出入口处设洗手池。与3-9-2的区别在于防护区缓冲间不得用于防护用品穿脱，应另设用于穿脱防护用品的更衣间。

PCR 实验室（也称 P2+ 实验室），又名基因扩增实验室。

　　PCR 是聚合酶链式反应(polymerase chain reaction)的简称，是一种分子生物学技术，用于扩增特定 DNA 片段，可看作生物体外特殊 DNA 复制。避免污染是 PCR 实验室质控的重点。PCR 技术具有高度敏感性，技术要求高，影响因素多，从样品制备到结果产生，任何一处细微失误均会造成结果偏差，导致样品假阳性和假阴性结果。为保证环境安全，PCR 实验室应在独立区域设置，避免与其他环境交叉，至少应达到 P2 实验室要求，同时，对空气也有流向及洁净度要求，因此，也有人引入 P2＋等级概念。其防护要求同 P2 实验室。

　　PCR 主实验室一般分为 4 个区，依次为试剂配制区、样品制备区、核酸扩增区、扩增产物分析区（核酸扩增区和扩增产物分析区也可以合并为一个区）。每个区域不能直通，须独立设置，各区有独立缓冲间供工作人员换工作服和鞋。进入各工作区域必须严格遵循单一方向顺序，即试剂准备区→标本制备区→扩增反应区→扩增分析区。实验区房间空气采取洁净技术，设计为 7 或 8 级。缓冲间的主要作用是作为洁净间与非洁净间的过渡与缓冲带，减少洁净间内空气污染。缓冲间可设计为正压区，保证与外界环境隔离，避免气溶胶从邻近区域进入本区域造成污染。

　　试剂储存和准备区：用于分装、储存试剂，制备扩增反应混合液，以及储存和准备实验耗材。该区应配备冰箱或冰柜、离心机、实验台、涡旋振荡器、微量加样器等。为防止污染，该区宜保持正压状态。

　　标本制备区：用于标本转运桶开启、标本灭活（必要时）、核酸提取及模板加入至扩增反应管等。该区应配备冰箱或冰柜、生物安全柜、离心机、实验台、微量加样器，可根据实际工作需要选配自动化核酸提取仪等。标本转运桶随工作人员通过缓冲间进入或通过对外传递窗进入，传递窗应在开始标本操作前打开，操作过程中不得打开传递窗，以免标本泄漏污染外环境。标本转运桶开启、分装应在生物安全柜内完成。为防止污染，该区宜保持负压状态。为了操作方便，标本分装以及核酸提取也可以在独立生物安全二级 BSL‐2(P2)实验室进行，提取了核酸可以转运至该区加至扩增反应液中。

　　核酸扩增区和扩增产物分析区：进行核酸扩增反应和产物分析。核酸扩增区应配备实时荧光定量 PCR 仪。为防止扩增产物污染环境，该区宜保持负压状态，气压等于或低于标本制备区。扩增完成后反应管不可开盖，应直接放于垃圾袋中，封好袋口，无须压力灭菌，按一般医疗废物转移出实验室处理。

　　在试剂储存和准备区与标本制备区之间、标本制备区与核酸扩增区之间、核酸扩增区与扩增产物分析区之间设置电子连锁传递窗，以单向进行试剂、标本等物品传送，配制的试剂通过单向传递窗由试剂储存和准备区传递到标本制备区，标本处理后通过单向传递窗由标本制备区传递到核酸扩增区，按照工艺流程逐次传递，避免反流。单向物品传送系统既保障了标本、试剂不受污染，又保障了标本、试剂不污染环境。

防护用品使用

同 P2 实验室要求,不推荐使用医用防护口罩及防护服。由于 PCR 检测各功能区域独立,而且各自有缓冲间,应根据各功能区域的功能特点使用防护用品,不得穿着同一套防护用品反复进入不同区域。试剂储存和准备区由于仅接触未使用试剂,属于清洁区域,工作人员无须隔离衣或防护服,穿着清洁工作服即可,离开该区应将工作服脱在缓冲间内,此工作服仅限此区域使用,不建议穿入标本制备间等地,严禁进入标本制备间的工作服返回到试剂储存和准备间;可戴医用口罩或外科口罩,戴手套、工作帽,穿工作鞋。标本制备区工作人员应着圆领工作服,戴外科口罩,戴手套、工作帽,可加穿隔离衣、工作鞋或鞋套。核酸扩增和产物分析区应着圆领工作服,戴手套,可加穿隔离衣,戴外科口罩。

    附   PCR 实验室布局示意图(图 3 - 9 - 4)

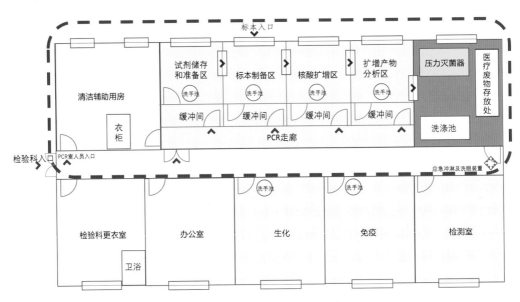

图 3 - 9 - 4　PCR 实验室布局示意图

示意图 3 - 9 - 4 说明

蓝色虚线区域为 PCR 实验室,设置在检验科内相对独立的区域,设置专用走廊以保障环境不受影响。

粉色区域为防护区,包括专用走廊、试剂储存和准备区、标品制备区、核酸扩增区、扩增产物分析区(核酸扩增区和扩增产物分析区也可以合并为一个区)以及各区独立缓冲间,缓冲间可兼用于防护用品穿脱。一般不设外窗,或设置密闭可透光窗。如果已经设置外窗(如标本接收传递窗),则应确保密闭性,且工作状态时应保持密闭。在实验开始前或实验结束清洁消毒后才能打开外窗。各区可设洗手池。

　　绿色区域为辅助区,包括更衣室、办公室、清洁辅助用房等。可与检验科共用。

　　红色区域为污染物品存放及处理区域。设置压力灭菌器、医疗废物存放处、洗涤池等。有条件的,洗涤间可以单独设置。注意:核酸扩增完成后反应管不可打开,应直接放入黄色垃圾袋作为医疗废物处理,无须压力灭菌处理。

临床实验室生物安全三级 BSL‑3（也称 P3）实验室建筑布局要求

　　P3 实验室可与其他用途房屋设在一栋建筑物中,但必须自成一区。该区通过隔离门与公共走廊或公共部位相隔,其中 B2 类实验室和四级生物安全实验室宜独立于其他建筑。三级生物安全实验室人流路线设置应符合空气洁净技术关于污染控制和物理隔离的原则。三级生物安全实验室防护区围护结构宜远离建筑外墙,主实验室宜设置在防护区中部。

　　P3 实验室中 B1 类实验室防护区应包括主实验室、缓冲间、二次更衣间等。辅助工作区应包括清洁衣物更换间、监控室、洗消间、淋浴间等。主实验间及与之相连的缓冲间应设置为双门互锁缓冲间,形成进入实验间的通道。主实验室不应直接与其他公共区域相邻。在缓冲间可进行二次更衣。当实验室通风系统不设自动控制装置时,缓冲间面积不宜过大,不宜超过实验间面积的八分之一。Ⅱ级或Ⅲ级生物安全柜安装位置应远离实验间入口,避开工作人员频繁走动的区域,且有利于使气流由"清洁区域"流向"污染区域"。

　　实验室(含缓冲间)围护结构内表面必须光滑、耐腐蚀、防水,以易于消毒、清洁。所有缝隙必须加以可靠密封。实验室内所有门均可自动关闭。

　　除观察窗外,不得设置任何窗户。观察窗必须为密封结构,所用玻璃为不碎玻璃。实验室相邻区域和相邻房间之间应根据需要设置传递窗,传递窗两门应互锁,并应设有消毒灭菌装置,其结构承压力及严密性应符合所在区域要求。

　　地面应无渗漏,光洁但不滑。不得使用地砖和水磨石等有缝隙的地面。

　　天花板、地板、墙间交角均应为圆弧形且可靠密封,施工时应防止昆虫和老鼠钻进墙脚。

　　必须安装独立通风空调系统以控制实验室气流方向和压强梯度。该系统必须确保实验室使用时,室内空气除通过排风管道经高效过滤排出外,不得从实验室其他部位或缝隙排向室外,同时确保实验室内气流由"清洁区域"流向"污染区域"。进风口和排风口布局应使实验区内气流死空间缩小到最小程度。

　　通风空调系统为直排系统,不得采用部分回风系统。不得在实验室内安装分体空调器。

　　环境参数:相对于实验室外部,实验室内部应保持负压。实验间相对压强以 -30 Pa 为宜,缓冲间相对压强以 -15 Pa 为宜。实验室内温度、湿度以控制在人体舒适范围为宜,或根据工艺要求而定。实验室内空气洁净度以《洁净厂房设计规范》(GB 50073—2001)中所定义的 7 级至 8 级为宜。实验室人工照明应均匀、不眩目,照度不低于 500 lx。

　　为确保实验室内气流由"清洁区域"流向"污染区域",实验室内不应使用双侧均匀分布排风口布局,不宜采用"上送上排"通风设计。由生物安全柜排出经内部高效过滤的空气可通过系统排风管直接排至大气,也可送入建筑物排风系统。应确保生物安全柜与排风系统压力平衡。

连续流离心机或其他可能产生气溶胶的设备应置于物理抑制设备之中,该物理抑制设备应能将其可能产生的气溶胶经高效过滤器过滤后排出。实验室内所有其他排风装置(通风橱、排气罩等)排风均须经过高效过滤器过滤后方可排出。其室内布置应有利于使气流由"清洁区域"流向"污染区域"。

实验室进风应经初、中效二级过滤,可增加亚高效或高效过滤。

实验室排风必须经高效过滤或加其他方法处理后,以不低于 12 m/s 的速度直接向大气中排放。该排风口应远离系统进风口位置。处理后排风也可排入建筑物排风管道,但不得被送回该建筑物任何部位。

进风和排风高效过滤器必须安装在实验室围护结构上风口里,以避免污染风管。

实验室通风系统中,在进风和排风总管处应安装气密型调节阀门。必要时可将其完全关闭以进行室内化学熏蒸消毒。

实验室通风系统中所有部件必须为气密型。高效过滤器不得使用木框架。

应安装风机启动自动联锁装置,确保实验室启动时先开排风机后开送风机,关闭时先关送风机后关排风机。

三级生物安全实验室防护区应设置安全通道和紧急出口,并应有明显标志。三级生物安全实验室应在防护区内设置生物安全型(不产生蒸汽)双扉高压灭菌器,主体一侧应有维护空间。三级生物安全实验室室内净高不宜低于 2.6 m,设备层净高不宜低于 2.2 m。

必须在实验室入口处显著位置设置压力显示报警装置,显示实验间和缓冲间的负压状况。当负压指示偏离预设区间时必须能通过声、光等手段向实验室内外人员发出警报。可在该装置上增加送、排风高效过滤器气流阻力的显示。

实验室启动工作期间不能停电,应采用双路供电电源。如难以实现,则应安装停电时可自动切换的后备电源或不间断电源,为关键设备(生物安全柜、通风橱、排气罩以及照明设施等)供电。

可在缓冲间设洗手池,洗手池供水阀门必须为脚踏、肘动或感应开关。洗手池如设在主实验室,下水道必须与建筑物下水管线分离,且应有明显标志。下水必须经过消毒处理。洗手池仅供洗手用,不得向洗手池内倾倒任何感染性材料。供水管必须安装防回流装置。不得在实验室内安设地漏。实验室中应设置洗眼装置。

防护用品使用

进入三级生物安全实验室应着隔离衣或防护服,戴外科口罩或医用防护口罩、帽子、手套,穿工作鞋及鞋套。

附　P3 实验室建筑布局示意图(图 3-9-5)

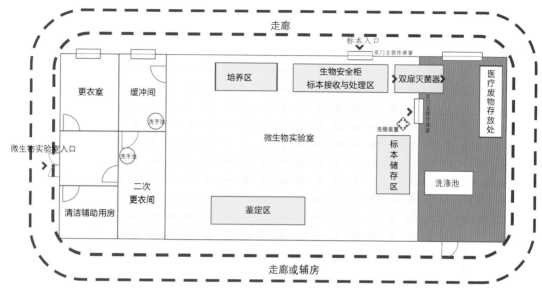

图 3-9-5　P3 实验室建筑布局示意图

示意图 3-9-5 说明:

蓝色虚线里圈区域为 P3 实验室,蓝色虚线外圈与里圈之间为走廊或库房等辅助用房。P3 实验室设置在独立区域,防护区围护结构应远离建筑外墙,与外墙之间可设走廊或库房等辅助用房,整个区域通过隔离门与其他公共区域相隔。

粉色区域为防护区,包括主实验区、缓冲间及二次更衣间。主实验区包括标本接收与处理区(标本接收设双门互锁传递窗,也可以用密闭转运容器随操作人员带入实验区)、培养区、鉴定区、标本存储区。缓冲间及二次更衣间内设洗手池。主实验区内设置应急洗眼装置。设置双扉灭菌器用于废弃物灭菌处理,设置双门互锁传递窗用于物品传递。

绿色区域为辅助区,包括更衣室、办公室、清洁辅助用房等。

红色区域为污染物品存放及处理区域。实验室灭菌器的另外一个门开在此区,灭菌后物品由此门取出,作为医疗废物存放。有条件的,洗涤间可以单独设置。

微生物实验室清洁消毒应由经过专业培训的人员担任,实验区在实验结束应先由实验操作人员进行物体表面消毒,再由保洁人员进行环境清洁。

不同版本病原微生物危害等级分类与实验室生物分类方法对应关系

《病原微生物实验室生物安全管理条例》(2018 年修订版)、《实验室生物安全通用要求》(GB 19489—2008)和 WHO《实验室生物安全手册》第三版中对病原微生物进行了分类。现将不同版本病原微生物危害等级分类与实验室生物分类方法对应关系通过表格形式列出(表 3-9-2),供大家参考。

表 3‑9‑2　不同版本病原微生物危害等级分类与实验室生物分类方法对应关系表

《病原微生物实验室生物安全管理条例》》(2018 年修订版)	《实验室生物安全通用要求》(GB 19489—2008)	WHO《实验室生物安全手册》第三版
第四类　在通常情况下不会引起人类或者动物疾病的微生物	I级(低个体危害和群体危害)不会导致工作人员和动物致病的细菌、真菌、病毒和寄生虫等生物因子	I级(无或极低的个体和群体危险)引起人或动物致病可能性极小的微生物
第三类　能够引起人类或动物疾病,但一般情况下对人、动物或环境不构成严重危害,传播风险有限,实验室感染后很少引起严重疾病,并具备有效治疗和预防措施的微生物	Ⅱ级(中等个体危害,有限群体危害)　能引起人或动物发病,但不会引起严重危害的病原微生物。实验室感染不会导致严重疾病,并且传播风险有限;具备有效治疗和预防措施	Ⅱ级(中等个体危险,低群体危险)能够对人或动物致病的病原微生物,但对工作人员、社区、牲畜或环境不易导致严重危害。实验室暴露有引起严重感染的可能,但疾病传播危险有限。对感染有有效预防和治疗措施
第二类　能够引起人类或者动物严重疾病,比较容易直接或者间接在人与人、动物与人、动物与动物间传播的微生物	Ⅲ级(高个体危害,低群体危害)　能引起人类或动物严重疾病,或造成严重经济损失,但通常不会因偶尔接触发生个体间传播,或有抗生素、抗寄生虫药物有效治疗的病原微生物	Ⅲ级(高个体危险,低群体危险)病原微生物能引起人或动物的严重疾病,但通常不会发生感染个体向其他个体传播,并且对感染有有效预防和治疗措施
第一类　能够引起人类或动物非常严重疾病的微生物,以及我国尚未发现或者已经宣布消灭的微生物	Ⅳ级(高个体危害,高群体危害)　能引起人或动物非常严重疾病且难以治愈,容易直接或间接或偶然接触在人与人或与动物之间跨界相互传播的病原微生物	Ⅳ级(高个体和群体危险)　病原微生物通常能引起人或动物的严重疾病,且很容易发生个体之间直接或间接传播,对感染尚无有效预防和治疗措施

生物安全实验室的分级

2011 年由中华人民共和国住房和城乡建设部制定的中华人民共和国国家标准《生物安全实验室建筑技术规范》对生物安全实验室进行了分级。根据实验室所处理对象的生物危害程度和采取的防护措施,生物安全实验室分为四级。微生物生物安全实验室可采用 BSL‑1(也称 P1 实验室)、BSL‑2(也称 P2 实验室)、BSL‑3(也称 P3 实验室)、BSL‑4(也称 P4 实验室)表示相应级别(表 3‑9‑3)。

表 3‑9‑3　生物安全实验室的分级

分级	生物危害程度	操作对象
BSL‑1	低个体危害,低群体危害	对人体、动植物或环境危害较低,不对健康成人、动植物致病的致病因子
BSL‑2	中等个体危害,有限群体危害	对人体、动植物或环境具有中等危害或具有潜在危险的致病因子,对健康成人、动物和环境不会造成严重危害且有有效预防和治疗措施

续表

分级	生物危害程度	操作对象
BSL-3	高个体危害，低群体危害	对人体、动植物或环境具有高度危害性，通过直接接触或气溶胶可导致人体严重甚至致命疾病，或对动植物和环境具有高度危害的致病因子。通常有预防和治疗措施
BSL-4	高个体危害，高群体危害	对人体、动植物或环境具有高度危害性，通过气溶胶途径传播或传播途径不明，或未知的、高度危险的致病因子。没有预防和治疗措施

生物安全实验室除了分级，还应根据所操作的致病性生物因子的传播途径分为A类和B类。A类指操作非经空气传播生物因子的实验室，B类指操作经空气传播生物因子的实验室。B1类生物安全实验室指可有效利用安全隔离装置进行操作的实验室，B2类生物安全实验室指不能有效利用安全隔离装置进行操作的实验室。

四级生物安全实验室根据使用的生物安全柜类型（表3-9-1）和工作人员穿着的防护服的不同，可分为生物安全柜型和正压服型两类。

使用中的生物安全柜应每次操作后进行清洁消毒，每季度进行运行维护，每年定检。必须确保生物安全柜的安全性。

生物安全柜并非必须配备紫外线灯消毒，如果配备，则应每周用乙醇对灯表面进行擦拭以减少尘埃对消毒效果的影响。对于配备紫外线灯的生物安全柜，可以采用紫外线灯对生物安全柜台面进行消毒，消毒后用清水擦拭台面即可。

常见问题解答

❶ 基层医院临床微生物实验室应该按照什么生物安全级别设置？

答　对于基层医院来说，可以按照一级生物安全实验室设置临床微生物实验室。如果该医院负责收治辖区内所有传染病患者，应按照二级生物安全实验室设置临床微生物实验室。

❷ 医院微生物实验室需要设置双门互锁传递窗吗？

答　医院微生物实验室一般按照二级生物安全实验室设置，无须设置双门互锁传递窗。

❸ 微生物实验室是大开间好，还是按照不同功能分设房间好？

答　各有利弊。在总面积相对有限的情况下，设置为大开间；有条件的，可按照功能分设房间。大开间便于空气流动，操作路径短，方便使用，但接收区污染容易扩散至整个房间，清洁消毒难度增加。分设房间能够将不同操作限定在相应房间，污染区域相对控制在相应房间内，安全性更好，同时清洁消毒难度低。当然，如果总面积有限，分割成的房间面积过小，反而不利于空气流动，则应采用大开间。

❹ 微生物实验室面积以多大为宜？

答　目前没有标准答案。需要根据医院每日需要处理的标本量来决定设备配备及使用面积。

❺ 为什么二级生物安全实验室有的要缓冲间,有的不但要缓冲间,还要防护用品穿脱间?

答 区别在于实验室是否处理经空气传播疾病的病原体。处理经空气传播疾病病原体的实验室,缓冲间主要用于隔离实验室空气,工作人员应在进入缓冲间之前穿好防护用品。如果实验室不处理经空气传播疾病病原体,则缓冲间可以兼用于防护用品穿戴。

❻ 在核酸检测实验室验收中,有专家说实验室必须有水池,有专家反对实验室有水池,如何理解?

答 核酸检测实验室属于P2实验室,同时,对空气气流组织有要求,常称之为P2＋实验室,应该设水池。水池应设置在主实验区出入口附近,而且应使用非手触式水龙头。同时应做好水池管理,仅用于洗手、配备消毒剂取水等,不得向池中倾倒实验废水。

❼ 新冠肺炎患者标本采集,哪一种比较好?

答 新冠肺炎患者标本从阳性率而言,肺泡灌洗液阳性率高,其次是鼻部拭子、咽拭子。阳性率高是因为其含病毒量高,从另一个角度讲,采集时感染风险也高。因此,应权衡利弊,从工作人员安全角度,鼻拭子和咽拭子相对较好。

❽ 新冠肺炎核酸标本检测操作时,为什么强调标本不开盖?

答 因为标本开盖过程中可能会有气溶胶溅出,所以要求尽量不开盖,如果需要开盖,最好在生物安全柜内进行。

❾ 为什么强调生物安全柜合格?

答 生物安全柜是保护实验者安全的防护装置。在生物安全柜内,操作中可能产生的微粒可以被经过设计的气流带走,同时,生物安全柜自带紫外线灯消毒,可使操作台面得到有效消毒。如果生物安全柜不合格,则无法保证操作者安全。

❿ 为什么强调生物安全柜需要定期检测?

答 每年应对生物安全柜进行检测,具体检测项目包括温湿度、照度、洁净度、噪声、下降气流流速、流入气流流速及气流模式等。应确保使用中的生物安全柜是合格的,能够起到保护作用。

⓫ 应间隔多长时间进行生物安全柜检测?

答 每年应进行生物安全柜性能检测,每个季度应对生物安全柜进行运行安全维护。

⓬ 生物安全柜内台面上有标本泼洒,为什么可以用紫外线进行照射消毒?

答 紫外线在照射范围内(1.5 m范围内)对于病原微生物有杀灭作用,对物表消毒可靠,生物安全柜内紫外线灯与柜内台面的距离符合照射范围,采用这样的物理消毒方法经济方便。

⓭ 在微生物实验室工作,戴几副手套比较合适?

答 正常情况下戴一副手套即可,手套有明显污染或破损时及时更换。但在高传染性传染病流行期间,可以在进行病原微生物检测等操作时戴两副手套,以避免因手套明显污染或破损在污染区域更换手套时手裸露在外。

⓮ 在病原微生物实验室内工作应该如何穿戴防护用品?

答 在病原微生物实验室内工作推荐穿分体式工作服加隔离衣。

⓯ 病原微生物实验室使用后的标本应如何处理?

答 按照国家相关要求,病原微生物标本应就地行压力灭菌或化学消毒剂浸泡,处理后的废物应作为医疗废物处理。

⓰ 病原微生物实验室标本就地消毒必须在病原微生物实验室里进行吗?

答 病原微生物实验室标本就地消毒是为了减少标本对环境或人员的影响。可以在病原微生物实验室里紧邻操作区房间放置压力灭菌器处理标本,不推荐在操作区内放置灭菌器;也可在该栋建筑内同楼层选择路径短的区域放置压力灭菌器处理标本。

⓱ 病原微生物实验室使用后防护服需要消毒剂喷洒吗?

答 不推荐采用消毒剂喷洒。如果使用一次性防护服,使用后建议脱下直接放入黄色垃圾袋,脱卸过程应将污染面卷起来以减少对环境的污染。对防护服外进行喷洒消毒容易导致防护服潮湿,使阻菌效果减弱,同时,消毒剂使用量无法精确计算,不能保证消毒效果,而且,消毒剂易造成人员皮肤及黏膜损伤。另外,一次性防护服脱下就作为医疗废物处理,没有必要进行二次消毒处理。如果使用可复用防护服,应将其放于橘色布袋或自溶性收集袋中密闭运送到织物洗涤部门或企业,作为感染性织物放入专用清洗机选择75 ℃水温程序清洗消毒或在清洗过程中添加消毒剂即可,无须现场喷雾消毒防护服外表面。

⓲ 病原微生物实验室使用的枪头,需要先用化学消毒剂浸泡,再进行压力蒸汽灭菌处理吗?

答 无须化学消毒剂浸泡,可直接密闭存放,采用压力蒸汽灭菌后作为医疗废弃物处理。

⓳ 结核痰涂片室需要单独设置吗?

答 结核痰涂片室可以单独设置,但并非必须。可以参照P2实验室B类型设置微生物实验室,用于包括结核菌在内的细菌培养及检测。

⓴ 有专家要求PCR实验室专用走廊进入和离开的门应分开设置,如何理解?

答 PCR实验室专用走廊进入和离开的门可以分开设置,也可以仅设置一个门供进出。因为进入各操作间时工作人员在各自独立缓冲间穿脱防护用品,专用走廊相对清洁,出入分开设置对于感控而言并无实际意义。

㉑ 病原体培养基采用压力灭菌后还是作为感染性废物吗?

答 从专业技术角度及国外实际处理情况来看,实验室病原体培养基经过消毒灭菌处理后可以作为普通废物处理;但由于我国在《医疗卫生机构医疗废物管理办法》中明确规定病原体培养基、标本和菌种、毒种保存液等高危险废物在消毒灭菌处理后,应按照感染性废物收集处理。目前,只能按照国家要求去做,期待未来可以合理调整,减少不必要的处置费用。

注:
图3-9-1至图3-9-5由伍兹贝格建筑设计咨询(上海)有限公司鲍天慧和南京回归建筑环境设计研究院有限公司共同协助完成。

第十节 移植病房

随着现代科学技术的飞速发展,移植技术在医院很多科室开展应用。移植技术包括人体造血干细胞移植技术和人体器官移植技术。人体造血干细胞移植技术主要用于再生障碍性贫血、急性白血病等多种疾病的治疗。人体器官(包括心脏、肺脏、肝脏、肾脏、胰腺、小肠等器官)移植技术也不断成熟并应用于临床。

造血干细胞移植前超大剂量的放化疗预处理会导致严重且广泛的黏膜屏障破坏以及重度粒细胞缺乏状态。另外,侵入性操作以及多种免疫抑制剂的应用使得感染成为移植相关死亡的重要原因之一。尤其在植活前长达 2~3 周的骨髓零期,血流感染发生率约为 20%~56%,由于血培养阳性率低,病原菌耐药率高,死亡率高达 6%~21%。在干细胞移植相关感染中,感染部位以血液、口腔、上呼吸道及肛周为最常见。致病菌以革兰阴性菌为主,常见的有大肠埃希菌、铜绿假单胞菌、肺炎克雷伯菌;革兰阳性菌常见的有表皮葡萄球菌、葡萄球菌、屎肠球菌;真菌也较为常见。

围绕移植过程,除了手术专业技术外,需特别关注感染预防与控制,包括患者自身准备、空气清洁度、环境清洁保证、各项操作技术以及器官保存液等无菌保障。

开展人体器官移植技术,需要经过国家卫生健康委批准,具有与开展人体器官移植技术相适应的诊疗科目。应具有与人体器官移植技术工作相适应的场地和设备设施,需设置相对独立的移植病区,分设普通病房区和保护性隔离区。移植病区设备设施应配置齐全,病房床单元设置应能够满足移植患者管理需要(开展干细胞移植病区至少有百级层流病房床位 4 张以上,开展肝脏、肾脏移植病区床位不少于 20 张,开展心脏、肺脏移植病区床位不少于 5 张,开展胰腺、小肠移植病区床位不少于 2 张)。移植重症监护病床数量原则上不少于移植病区床单元数量的 20%,其中开展肝脏、心脏、肺脏、胰腺、小肠移植技术应至少设置 1 张重症监护单间病床。应配备多功能心电监护仪、血流监测等必要设备设施以满足人体器官移植技术专业需求。

造血干细胞移植病区建筑布局

《造血干细胞移植技术管理规范》(2017 年版)中对造血干细胞移植治疗技术移植病房提出了空气洁净度为 100 级的要求,即空气中 PM0.5 颗粒数须≤3.5 粒/L,PM5.0 颗粒数须为 0。

洁净技术(俗称为层流)一直被公认为是最有效的空气净化方式之一,对医院感染控制具有重要意义,但其有综合成本昂贵、有较大噪声,且存在后期维护不便特点。随着层流在中国广泛运用,"层流并非万能"的呼声也越来越高。层流病房的无菌环境主要通过空气过滤、层流以及室内维护正压状态来维持。采用层流系统虽然能有效控制病原微生物经空气途径引发的感染,但其本身并无消毒灭菌之功效,也无法控制通过其他途径带入室内污染源。干细胞移植患者的主要感染源并非来自空气,而是来自患者体内。在黏膜破损的情况下,肠道细菌、真菌大量进入血液导致内源性感染。所以,层流实际防控作用并不大,其实际使用价值、成本及效益分析有待进一步研究。推荐设置增加末端过滤或自带空气消毒功能的独立空调机组房间,采用"上送下回"回风方式,保障室内空气安全性即可。

移植病区分为普通病房区和保护性隔离区(后者常称为移植病房区)。

保护性隔离区内部主要分为诊疗区域和辅助区域。诊疗区域设置百级层流移植病房、万级过渡病房、护士站、治疗室,辅助区域设置患者更衣间、患者药浴/卫生通过间、医护人员更衣室、医生办公室、医生值班室、处置室、消毒室等。分设医护人员出入口、患者出入口,可设家属探视走廊等。

保护性隔离区内部设医护洁净走廊,连接各个层流病房、消毒供应中心、消毒间、治疗室等。患者经药浴/卫生后,经过缓冲间,通过洁净走廊进入层流病房。走廊内设护士站,环境达到万级洁净标准。

百级层流移植病房可分为水平层流式和垂直层流式两种,水平层流式过滤器送风口常设置在患者床头,会有明显风感,舒适感略差。部分百级层流移植病房设置了卫生间,必须严格控制用水安全并做好洗浴和如厕污染物处理。病房与洁净走廊之间设传递窗和门,也可设缓冲前室。病房与探视走廊之间有密闭可视窗。

从人力资源及设备效益分析来看,如果采用层流,推荐层流病房至少设置6间。

保护性隔离区可以根据建筑具体情况进行布局,如"一"字形、"T"字形、半圆形布局等(详见图3-10-2至图3-10-4)。

移植病房感控要求

对于患者感染预防与控制而言,空气、物体表面、食物、水源等均要尽可能做到无菌。同时,患者移植前自身细菌去定植也是非常重要的措施。对于层流房间环境及物体表面,建议以湿式清洁为主,高频接触的物体表面可采用覆膜方式进行保护。洁净设备正常运行及维护也是非常重要感控措施。

防护要求

可以将移植病区分为限制区、半限制区和非限制区。不同区域防护要求不同。

限制区(层流病房):有(经过放化疗到植活前时期)移植患者入住的洁净场所,应有最严格的限制要求。工作人员应穿无菌隔离衣或洁净服或超细纤维清洁工作服,戴外科口罩(必须罩住口鼻),戴工作圆帽(如果洁净服自带帽子,则无须戴工作帽;必须罩住所有头发),换工作鞋。工作人员尽可能少进出、走动和说话。

半限制区（洁净走廊、万级过渡病房、治疗室、消毒间、配餐室等）：与限制区紧邻，有可能影响其空气及环境，应有一定限制要求。工作人员应穿洁净服、超细纤维清洁工作服或专用工作服，戴工作圆帽（如果洁净服自带帽子，则无须戴工作帽；必须罩住所有头发），宜戴外科口罩、可换工作鞋。外来物品应去除外包装或做外表面消毒后进入该区。工作人员外出应加套或者更换外出服。

在非限制区（更衣室、卫生间、休息室、办公室等）：其他不会对层流病房造成影响的场所，包括移植病区普通区。工作人员应着工作服，可换工作鞋。

普通区设置同普通病区，详见本书第四章第三节。

常见问题解答

❶ 移植病区主要收治哪些患者？

答 移植病区主要收治干细胞移植患者，所患病种有白血病、多发性骨髓瘤、系统性红斑狼疮等。

❷ 器官移植患者是否需要收治在层流病房？

答 根据实际情况决定。通常器官移植患者手术后入住 ICU，生命体征平稳后转回普通病房，无须入住层流病房。因为器官移植患者仅使用了抗排斥免疫抑制剂，并未使用化疗药物，患者黏膜并无损伤，且其白细胞数量无明显减少。

❸ 干细胞移植患者必须入住层流病房吗？

答 目前通常的做法是干细胞移植患者入住层流病房，但层流病房实际感控价值有待考证。因为，层流只能过滤空气中的微生物，对于患者自身感染源并无控制作用。而通过空气引发感染的可能性较小。

❹ 层流病房里需要每天消毒空气吗？

答 层流病房空气已经过各级过滤器过滤，无须常规消毒空气。

❺ 层流病房需要每天用紫外线照射或等离子雾化消毒吗？

答 不推荐。层流病房空气已经过各级过滤器过滤，而且进入层流病房的物品也已经过消毒。紫外线照射及等离子雾化消毒主要是针对空气消毒，意义不大。

❻ 层流病房应该每天采用消毒剂擦拭所有物体表面吗？

答 在层流病房终末消毒时，应采用消毒剂擦拭所有物体表面，包括地面。但在有患者入住的情况下，应以湿式清洁为主。

❼ 干细胞移植患者容易发生肛周脓肿，应如何预防？

答 干细胞移植患者容易发生肛周脓肿的主要原因是化疗导致黏膜破损，肠道内细菌进入血液和局部软组织，在局部形成脓肿。早期抗生素应用是主要预防手段。保持患者大便畅通，减少患者大便时用力是减少肠道内细菌入血液及局部软组织的关键，便后及时清洁肛门，减少污染也是防控措施的一部分。

附　移植病区保护性隔离区布局示意图(图 3 - 10 - 1)

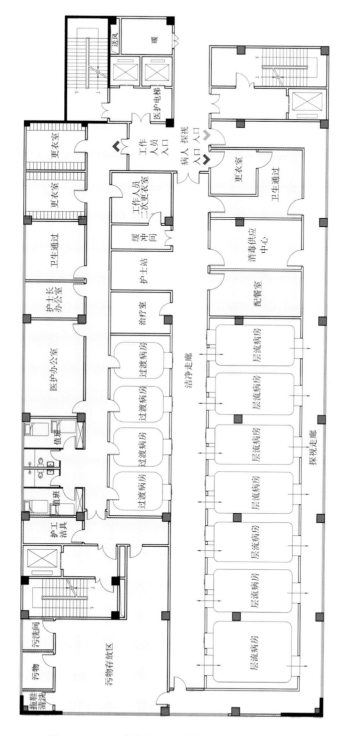

图 3 - 10 - 1　移植病区保护性隔离区布局示意图

移植病房区保护性隔离区布局示意图说明：

黄色区域为诊疗区域，设置了百级层流病房 7 间、万级过渡病房 4 间，设置了治疗室、护士站。病房设置一个门、两个传递窗。门通向洁净走廊，用于患者、工作人员、无菌物品等进出，设传递窗用于物品传递；另外一个传递窗通向探视走廊（兼污物走廊），用于物品、垃圾等污染物品运送。做到洁污分开（注明：传递窗也可仅设置一个，用于所有物品传递）。

绿色区域为辅助区域，包括工作人员更衣室、值班室、各类库房等。设置二次更衣间，进入洁净区域应穿洁净服或隔离衣等。患者由患者入口进入，经过更衣、药浴或淋浴，再进入病房。家属在规定时间由探视入口进入探视走廊。

红色区域为污物存放及处理区域，所有使用后污染器械、物品、废物等从探视走廊运送至存放间，通过污物梯运出。无污物梯设置的，则将污物密闭包装后从探视走廊运出。设置消毒间用于进入病房物品的消毒。

　　附　不同建筑内移植病房布局示意图(图3-10-2至图3-10-4)

图3-10-2　"一"字形建筑布局示意图

图3-10-3　"T"字形建筑布局示意图

图3-10-4　半圆形建筑布局示意图

不同建筑内移植病房布局示意图说明:

　　病区布局可以根据建筑形态有所不同,但基本是层流病房经过缓冲洁净走廊与工作辅助区域相连。

　　注:

图3-10-1至图3-10-4由南京回归建筑环境设计研究院有限公司协助完成。

第十一节　静脉用药调配中心

静脉用药调配中心（pharmacy intravenous admixture service，PIVAS，简称"静配中心"）是医疗机构为患者提供静脉用药集中调配专业技术服务的部门。静配中心通过开展静脉用药处方医嘱审核干预、加药混合调配、参与静脉输液使用评估等药学服务，为临床提供可直接静脉输注的成品输液。

静配中心主要用于肠外营养液和危害药品静脉用药的集中调配与供应，其他药物根据医疗机构实际情况来决定，可以集中调配与供应，也可以在各科室治疗准备室配制。静配中心感控重点是静脉用药安全以及工作人员安全（注：危害药品调配的职业暴露风险以及利器伤是需要重点关注的问题，虽然其不是感控风险）。

我国于2021年颁布了《关于印发静脉用药调配中心建设与管理指南（试行）的通知》（国卫办医函〔2021〕598号），对二级以上医疗机构静脉用药调配中心建设与管理提出了明确要求。

静配中心建筑布局

在建设静配中心前应先确定其工作范围，具体包括进入中心调配的药物品种、供应范围、成品运送模式等。推荐静配中心仅用于肠外营养液和危害药品静脉用药调配，无须将所有静脉用药放到静配中心集中配制。

静配中心应当设置在人员流动少、位置相对独立安静，同时方便成品输液运送的区域。应远离各种污染源，确保周围环境、路面、植被、空气等不会对静配中心和静脉用药调配过程造成污染。静配中心不宜设置在地下室和半地下室。洁净区采风口应设置在周围 30 m 内环境清洁、无污染的地区，离地面高度不低于 3 m。

静配中心使用面积应与日调配工作量相适应。洁净区面积应与设置洁净台的数量相匹配：日调配量 1 000 袋以下的不少于 300 m²；日调配量 1 001～2 000 袋，面积宜为 300～500 m²；日调配量 2 001～3 000 袋，面积宜为 500～650 m²；日调配量 3 001 袋以上的，每增加 500 袋面积递增50 m²。

布局要求

静配中心应设有洁净区、非洁净控制区、辅助工作区三个功能区。

洁净区设有调配操作间、一次更衣室、二次更衣室以及洗衣洁具间。洁净区内洗手池、清洗池等清洁设施应选用陶瓷、SUS304 不锈钢等材质。

非洁净控制区设有用药医嘱审核、打印输液标签、贴签、摆药核对、成品输液核查、包装配送的区域,清洁间,普通更衣室及放置工作台、药架、推车、摆药筐等的区域。

辅助工作区设有药品库、物料储存区、药品脱外包区、转运箱和转运车存放区以及多功能室等,还包括配套的空调机房、淋浴室和卫生间等。

三个功能区之间的缓冲衔接和人流与物流走向应合理,不得交叉。

静配中心各功能区应当按要求设置水池和上下水管道,不设置地漏。淋浴室和卫生间属于污染源区域,应设置于静配中心外附近区域,并应严格管控。

附　静脉用药调配中心布局示意图(图 3-11-1)

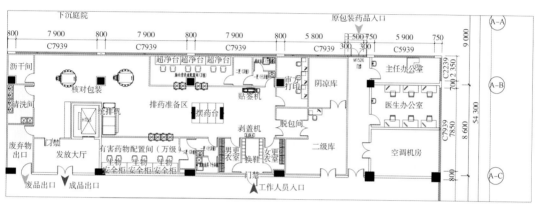

图 3-11-1　静脉用药调配中心布局示意图

洁净级别要求

一次更衣室、洁净洗衣洁具间为 D 级(十万级),二次更衣室、调配操作间为 C 级(万级),生物安全柜(应当选用Ⅱ级 A2 型号,用于有害药物和肠外营养液配制)和水平层流洁净台(仅用于肠外营养液、电解质等配制)为 A 级(百级)。洁净区洁净标准应符合国家相关规定,经检测合格后方可投入使用。

用于同一洁净区域的空气净化机组及空调系统开关、温湿度表、压差表宜设置于同一块控制面板上,安装在方便操作和观察记录的位置,并应当易于擦拭清洁。调配操作间设计应当能够使管理或监控人员从外部观察到内部操作。

静配中心应当根据所调配药品的性质分别建立不同的送风口、排/回风系统。洁净区内气流的循环模式、送风口和排/回风口数量和位置应当符合要求。应在使用前完成工程验收与洁净环境监测。

全空气定风量空调系统——混合式系统(即送回风系统):是指一种空调系统空气循环方式,即空调处理器空气由回风和不少于 30% 的新风混合而成,混合空气送入洁净间后,等量空气排至室外,一部分空气循环使用。主要用于电解质类等普通输液和肠外营养液调配操作间,与其相对应的一次更衣室、二次更衣室、洗衣洁具间为一套独立混合式空调系统。

全空气定风量空调系统——全新风(直流式)系统(即送排风系统):是指一种空调系统

空气循环方式,即空调处理器空气为全新风,送入洁净间后全部排放到室外,没有回风管。用于抗生素和危害药品调配操作间,与其相对应的一次更衣室、二次更衣室、洗衣洁具间为一套独立全新风(直流式)空调系统,但危害药品调配操作间应隔离成单独调配操作间。

静配中心应当按照规定,配备数量适宜、比例合理的药学专业技术人员和工勤人员。一般可按照每人每日平均调配 70～90 袋(瓶)成品输液的工作量配备药学专业技术人员。所有工作人员应经过感控知识培训,包括职业安全防护、无菌操作技术等。

洁净区日常运行维护十分重要,生物安全柜和水平层流台应定期清洁消毒,按照要求定期更换过滤网。同时,药液配制人员规范操作也很重要,应在操作台面中间部位操作,并应注意打开玻璃安瓿或抽吸液体时勿使液体溅入台面及回风格栅。

从科学感控角度,静配中心洁净技术应用及缓冲间(含洗衣等)设置的科学性及必要性有待进一步研究及论证。重点应做好以下两点:实际工作中通过设置超净台或生物安全柜来保障肠外营养液配制环境安全;通过设置生物安全柜来保障配制危害药品(如细胞毒性药物)的工作人员安全。同时,做好通风及气流组织。

人员防护要求

洁净区调配操作间工作人员应穿着连体超细纤维防护服,戴医用口罩、手套,穿工作鞋;非洁净控制区工作人员应穿着工作服,可戴手套、医用口罩,穿工作鞋;辅助区工作人员应穿着工作服。

常见问题解答

❶ 建设静脉用药调配中心的主要目的是什么?

答 静脉用药调配中心的核心技术是提供洁净环境,这个环境用于肠外营养液配制,能进一步减少营养液污染,使患者用药安全落到实处。同时,对于有害药品如细胞毒性药物,通过使用全新风空调以及生物安全柜能够保证配制人员的职业安全。

❷ 所有静脉用药都需要到静配中心去配制吗?

答 推荐肠外营养液和有害药品集中到静配中心配制,但无须所有药物都到静配中心配制。肠外营养液不仅对患者来说是营养液,对于细菌等微生物来说也是好培养基,一旦有少量细菌污染,细菌就会很快繁殖,在静配中心配制主要是为了保障药品安全;而有害药物(如化疗药物)在静脉中心配制,通过生物安全柜能够进一步做好工作人员安全防护。静配中心工作人员上班时间相对固定,集中配制药液时很难兼顾到每日给药次数和间隔时间。以青霉素为例,每 6 h 用药一次,而且,临床输液速度不一致,静配中心无法做到按需配制,同时,一次性配好的药液在临床放置时间较长,也存在风险。

❸ 静配中心空调机组发生故障,无法温度控制时,是否可以继续工作?

答 静配中心空调机组发生故障,操作间就如同闷罐子,温度上升很快,且空气质量很差,不适合继续进行静脉用药配制。建议暂停静配中心的药物配制工作,可以到所在病区治疗准备室配制。

❹ 配制区传递窗必须分医疗废物传递窗和药品传递窗吗?

答 可以分,但并非必须。因为,使用后注射器、安瓿均未接触患者,不存在感染风险,从传递窗经过并不造成污染风险,推荐在配制操作结束后集中传递医疗废物,然后对传递窗进行清洁消毒。

❺ 对于配制区而言,如何进行消毒?

答 生物安全柜内设置了紫外线灯,可以在配制操作结束后用先紫外线灯照射半小时,然后用清水擦拭操作台面;或采用消毒湿巾、酒精或含氯消毒剂擦拭消毒。

❻ 有文件要求消毒剂要定期更换品种,如何实现?

答 对于消毒剂而言,微生物对其产生耐药性是一个漫长过程,在实际工作中无须纠结。正常使用消毒剂,在消毒效果确定情况下无须定期更换品种。

❼ 配制操作中注射器需要每配一袋药就更换吗?

答 注射器在反复抽吸药液的过程中容易造成污染,操作熟练程度不同的人员造成污染的概率也不相同,所以,应尽可能避免反复使用注射器,但是否需要每配一袋药就更换注射器,也没有强制要求,在实际工作中常配制 5 袋药液后更换。

❽ 安瓿和瓶口消毒可以采用酒精喷雾方法吗?

答 可以酒精喷雾消毒安瓿和瓶口,但应注意要切实喷到进针部位。同时,应在喷雾 30 s 后操作进针。

❾ 为什么强调洁净设备运行维护?

答 洁净设备通过不同级别过滤网来实现空气净化,需要定期对过滤网进行清洁或更换来保证洁净区域空气质量,因此,需要按照要求去维护洁净设备。有的医院在投入资金建成静配中心以后,就觉得一劳永逸了,疏于对洁净设备进行运行维护,致使过滤网积尘过多,通风量明显减小,甚至出现新风明显不足、工作人员缺氧的现象。所以,必须强调洁净设备运行维护。

❿ 静配中心生物安全柜和水平层流台一直在洁净环境中,为什么还要定期清洁维护?

答 静配中心生物安全柜和水平层流台主要用来配制液体,操作过程中常有生理盐水或葡萄糖溶液等液体流到操作台面,有的甚至进入回风格栅。如果不定期维护,格栅下会有大量葡萄糖晶体析出,成为霉菌生长培养基,所以,除了每天对台面进行清洁外,每月应打开格栅清洁处理。

第十二节 烧伤科病区

烧伤科病区是医院收治烧伤患者的专业病房。

烧伤可根据皮肤损伤程度划分等级。Ⅰ度烧伤:仅表皮一部分受到损伤,生发层未受损,常于3～5天内愈合,不留瘢痕。浅Ⅱ度烧伤:整个表皮和部分乳头层受损。由于生发层部分受损,上皮再生有赖于残存生发层及皮肤附件,如汗腺及毛囊上皮增殖。如无继发感染,一般经1～2周左右愈合,亦不留瘢痕。深Ⅱ度烧伤:烧伤深及真皮乳头层以下,但仍残留部分真皮及皮肤附件,愈合依赖于皮肤附件上皮,特别是毛囊突出部内表皮祖细胞增殖。如无感染,一般需3～4周自行愈合,常留有瘢痕。Ⅲ度烧伤:又称焦痂性烧伤,指全程皮肤烧伤,表皮、真皮及皮肤附件全部毁损,创面修复依赖于手术植皮或皮瓣修复。

根据烧伤面积、深度及是否有吸入性损伤等情况又可将烧伤分为轻度、中度和重度烧伤。轻度烧伤即总面积在10%以下的Ⅱ度烧伤。中度烧伤即总面积在11%～30%的Ⅱ度烧伤,或Ⅲ度烧伤面积在10%以下的烧伤。重度烧伤即烧伤面积在31%～50%之间,或Ⅲ度烧伤面积在11%～20%之间,或总面积不超过31%,但有下列情况之一:全身情况严重或有休克,有复合伤或合并伤(如严重创伤、化学中毒等),有中、重度吸入性损伤。

对于烧伤患者强调早期就地治疗处理,尤其是早期抗休克治疗和创面保护。烧伤患者由于皮肤缺损、呼吸道损伤、中心静脉置管侵入性操作等多种原因,极易出现感染。烧伤科感控重点是患者感染预防与控制,包括创面感染、置管相关感染、呼吸道相关感染、肠源性感染等。要强调手卫生、无菌操作等人员行为管理,还要关注空气等环境对开放性创面的影响。

医院在设计之初,应确定烧伤科是否设置专科 ICU 或重症病房来承担重症患者救治任务。

建筑布局

烧伤科通常设置在外科楼里,宜靠近手术室、医学影像科、检验科和输血科(血库),设门禁管理。

烧伤科病区设医疗区、辅助区(工作辅助区和生活辅助区)、污物存放及处理区。医疗区分设重症收治区(或专科 ICU)和普通病房区,前者通常在病区中的独立区域。

医疗区

应设监护病房和普通病房(含单人间、双人间、多人间等)、护士站、治疗准备室,可设处置间、无菌物品及耗材库房。病区布局同普通病区。监护病房常设置在病区相对独立的区域，监护病房设置要求同重症监护病房，部分辅助用可共用。

监护病房：可设单人间、双人间和/或多人间。单人间主要用于收治病情重、操作多、需要保护性隔离的重症烧伤患者。推荐单人间使用面积应≥18 m²，室内开间应>3 m。单人间与单人间之间建议采用可视观察窗。双人间及多人间床单元使用面积应≥15 m²/床，床间距≥1.5 m；对于多于8张监护床的大通间，建议增设可移动的隔断，必要时，将大通间分割成独立空间进行环境终末消毒。双人间与双人间之间建议采用可视观察窗或门，以便于病情观察及救治。

监护病房作为Ⅱ类环境，宜采用独立空调系统；病房应具备良好的机械通风条件，推荐机械通风系统末端增设空气过滤，可设外窗或排风设施用于必要时（如在大量溶痂过程中恶臭产生时）通风，推荐安装动态空气消毒设备（如等离子空气消毒机）进行空气净化，确保空气中细菌总数≤4 cfu/(15 min·Φ9 cm 皿)。

医疗区域温度应维持在22~26 ℃，相对湿度应维持在30%~60%，部分单间湿度可调节至70%~90%。病房装饰应遵循不产尘，耐腐蚀，防潮、防霉、防静电，容易清洁和消毒的原则。不宜在室内摆放干花、鲜花或盆栽植物，以避免真菌滋生。

推荐设置1~2间负压单人间或增设强排风装置，用于收治多重耐药菌感染患者或溶痂期患者。

除了护士站、治疗准备室等共性功能房间外，应设置换药室和冲淋间，冲淋间宜设计为四周排水或栅栏式排水，以便为患者进行卧式全身冲淋时迅速排水。

辅助区

工作辅助宜设置仪器库房（宜配备多组电插座，以利于设备、仪器充电），一次性使用耗材库、药品、大输液器材、办公用品及被服库等。

生活辅助区包括工作人员更衣间、卫生淋浴间、值班室、教室或会议室等。同时，需设置家属等待区域及沟通交流室（区域）。不推荐设置探视走廊。探视走廊虽能起到家属远观患者的作用，但走廊的存在减少了病房自然通风的机会。对于重症患者，亲人陪伴对于其克服恐惧、战胜疾病有极大帮助。如患者病情允许，应鼓励家属每天床边探视，可设置家属探视更衣及会诊人员更衣区，也可通过视频探视。

污物存放及处理区

污物间：建议配备污染布类收集框/车、保洁车以及保洁用品清洗池。污物间尽可能面积大些，可分为（干性）存放中转区和（湿性）处理清洗区。烧伤科常进行大换药，应设置大容量医疗废物桶存放敷料。有条件的，可在上述两区分别设置污物间及保洁间：污物间可设对外直接出口，减少垃圾清运对病区环境的影响。如因建筑布局限制而无法设置独立出口，可以在固定时间将污物就地密闭包装，从患者通道运出。保洁间（或区）应尽可能有阳光照射并保持通风，可存放保洁车，用于抹布及拖布清洁、消毒与存放。抹布每床单元一块，拖布分区使用，用后清洗消毒。推荐采用医院集中管理模式清洗抹布及拖布，消毒后干燥备用。

推荐设置卫生小循环设备,分别用于引流瓶、便盆倾倒和清洁、消毒,患者脸盆、冰袋清洁与消毒等。卫生小循环设置可以在监护病房附近,方便倾倒大小便。

防护要求

普通区工作人员应穿工作服,戴医用口罩或外科口罩。进行如大换药、气管插管、吸痰等操作时可加穿隔离衣,戴手套,戴防护面屏或护目镜。

监护区工作人员宜穿分体圆领工作服(宜每天或隔日更换),戴医用外科口罩。在进行大换药、气管插管、吸痰等操作时可加穿隔离衣,戴手套,戴防护面屏或护目镜。

监护室应单独设立空调机组,保障室温常年为 22~26 ℃。

所有在重症监护室工作的人员(包括保洁、物流人员)应经过感控知识培训,并掌握防护用品使用技能。

环境清洁与消毒

1. 保持空气清新,定时开窗通风,室内温湿度符合规定。

2. 应采取湿式清洁消毒方法,对环境、物体表面进行清洁和消毒。每天应对床单元表面如病床、床头桌、输液架、仪器按钮、地面等物品及环境进行清洁,宜用清水或者消毒湿巾擦拭。

3. 遇有多重耐药菌感染患者应增加清洁消毒频次,而不是增加消毒剂浓度。

4. 患者出院应对床单元进行终末消毒,可采用消毒湿巾或 400~700 mg/L 含氯消毒剂擦拭消毒。

5. 推荐每季度或半年对监护区整体环境及物体表面进行一次终末消毒。

6. 清洁工具使用后应及时清洁与消毒,干燥保存,其复用处理方式应符合 WS/T 512—2016 的规定。

常见问题解答

❶ 烧伤科必须设置重症监护病房吗?

答 烧伤科不一定设置重症监护病房。重症烧伤患者可以入住医院综合 ICU 进行救治,也可以在烧伤科设置的重症监护病房救治。

❷ 烧伤科病房必须设置层流吗?

答 烧伤科病房可以设置层流保护性隔离病房,但并非必须设置。一般设计为正压洁净病房,用于安置大面积裸露创面烧伤患者,尽可能减少空气中病原微生物的影响。但对于有创面覆盖或溶痂的患者,层流病房感染防控价值有限,而且,溶痂过程中所产生的恶臭也难以清除。

❸ 给烧伤患者换药一定要穿隔离衣吗?

答 推荐给烧伤(尤其是大面积烧伤)患者换药时穿隔离衣,而且要穿无菌隔离衣。

❹ 烧伤科病房需要设置空气消毒机吗？

答 推荐在烧伤科病房设置动态空气消毒机，尽可能减少空气中的病原微生物。烧伤科病房空气中细菌总数应≤4 cfu/(15 min·Φ9 cm 皿)。

❺ 感控专家在检查中提出医疗废物桶容积太大，应该与其他病区医疗废物桶保持一致，需要按照专家意见整改吗？

答 不需要按照专家意见整改。因为烧伤科常进行大换药，敷料多，需要大容积医疗废物桶存放才不至于溢出。每个科室的情况不同，需要确保医疗废物不流失，而不是容器大小一致。

❻ 为了预防烧伤患者静脉置管感染，需要常规更换静脉导管吗？

答 无须常规更换静脉导管。静脉导管与导尿管有所不同。尿液中存在细菌，尿道里的细菌也会沿着导尿管生长，随着时间推移不断增加，所以，导尿管需要更换。静脉导管在血液里会有遇到细菌的可能，但血液里也有白细胞等，可为抗感染助力，故应强调置管过程执行无菌屏障，对于没有感染迹象的静脉导管无须常规更换。

第四章

其他部门及科室
建筑布局及感控要求

　　其他部门及科室虽非感控重点部门，也应关注感染预防与控制。如门诊部人流规划中如何减少不同人群之间的交叉接触机会，急诊室紧急插管职业防护保障，病理科排风设置，生殖医学中心洁净设备维护等。本章主要介绍门诊部、急诊部、住院部、病理科、生殖医学中心等部门及科室建筑布局及感控工作重点。

第一节　门诊部

门诊部应设置在靠近医院交通主入口处，与医技用房及急诊部相邻，应合理布局，尽可能减少患者在门诊部不同楼层之间反复流动。

门诊公共部分应设置门厅、挂号与收费处（可设人工挂号窗口或柜台、自助挂号收费机）、问询及服务台、预检分诊区域、药房、候诊区域、采血以及检验用房（附近应设卫生间用于标本留取）、注射室、门诊办公室、卫生间等公共设施。对于体量大的建筑，可以分层设置上述公共设施，让患者在同楼层完成挂号、收费、候诊、看诊、化验、取药。

门诊部候诊区域宜分科设置。利用走道单侧候诊时，走道净宽不应小于 2.4 m；利用走道两侧候诊时，走道净宽不应小于 3 m。

门诊部应设诊查室、治疗室、护士站、污物间、换药室、处置室、清创室、辅助检查室，更衣、库房、卫生间等。

诊查室用房宜设置为单人诊室，诊室开间净尺寸不应小于 2.5 m，使用面积不应小于 8 m²，教学医院应设置部分大面积诊查室用于学生实习带教。诊室内可以办公桌为界相对区分医生区域和患者区域，在医生区域设洗手池。如图 4-1-1 所示。

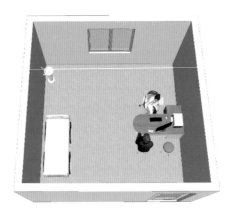

注：患者活动区域为进门至办公桌前及诊察床位置，
医生活动区域为从办公桌向后的区域，靠近窗口设洗手台

图 4-1-1　诊室立体图示

妇科、产科和计划生育用房可自成一体；妇科宜增设隔间/隔档用于妇科检查，也可以采取两个诊室合用一个检查室的组合方式；产科和计划生育用房应增设休息室和专用卫生间。可在该区域设置专科手术室，以完成妇科小手术、宫腔镜检查、激光冷冻手术等，同时

也可进行人流手术、诊断性刮宫等。

儿科应自成一体，设置独立出入口，可独立设置挂号、药房、注射、检验、输液等用房。应设置预检分诊及候诊区域，候诊区域面积不应小于 $1.5\ m^2$/位患儿。应设儿科专用卫生间、隔离诊室和隔离留观室，隔离区域宜有单独对外出口。

呼吸科门诊宜远离儿科门诊，推荐独立设置呼吸科门诊，其候诊区域及诊室应通风良好。

推荐门诊部集中设置换药及治疗室，推荐设置 2 间，分别用于无菌切口及中心静脉置管换药、污染伤口清洗及换药等操作等。

由于门诊部患者众多，且处于室内环境，交叉感染风险相对较高。门诊部就诊患者应尽量采取预约的方式，分时段就诊，减少候诊人员聚集。对于门诊部非预约患者，各门诊诊室应做好传染病患者识别。在传染病流行期间，所有患者应佩戴口罩。

防护要求

工作人员平日应穿工作服，戴医用口罩或外科口罩，做好手卫生；疫情期间，工作人员应戴外科口罩或医用防护口罩，可加穿隔离衣，戴手套、防护眼罩或防护面屏。

第二节 急诊部

急诊部是医院急重症患者诊疗的首诊场所。急诊部 24 h 开放,为来院急诊患者提供紧急诊疗服务,为患者及时获得后续专科诊疗服务提供支持和保障。急诊患者中不乏传染病患者,如结核患者伴咯血、肝炎肝硬化患者出现消化道出血、新冠肺炎患者突发呼吸困难、轮状病毒感染患者腹泻致休克等,都可能第一时间被送到急诊部急救。对于急危重症患者必须立即施救,常无法及时进行传染病流行病学调查,因此,职业安全防护显得特别重要。急救过程中除了要注意接触传播疾病的防控,还应注意呼吸道传播疾病的防控。应重视急诊预检分诊环节,推荐预检分诊人员相对固定,他们除了接受急救相关知识培训外,还应经过传染病相关知识培训,掌握常见传染病初步识别知识及分诊要求。

急诊部应设置在医院内便于患者迅速到达的区域,急诊部入口应保持通畅,设有醒目标志(含夜间醒目标志),设有无障碍通道以方便轮椅、平车出入,并设有救护车通道和专用停靠处。可分设普通急诊患者、危重伤病患者和救护车出入通道。与手术部应有绿色通道,方便急诊手术患者迅速到达手术部。医院如设置直升机停机坪,停机坪应与急诊部之间有全程无障碍通道。

急诊部布局应遵循尽可能缩短救治半径的原则。急诊部可分为急诊区和急救区两个区域:急诊区设预检分诊区域、诊查室、护士站、输液室/区、观察室、急诊手术室/清创换药室、库房、污物间等,急救区应设抢救室、急诊监护室等用房。急诊部宜独立设置挂号、收费、药房、检验、CT 等辅助科室,还需设办公室、值班室、更衣室、卫生间等辅助用房。

急诊部预检分诊区域在平日可与急诊登记区域合并设置,在传染病流行期间应分开设置,将预检分诊区域设置在急诊入口处或入口外,所有进入急诊部的人员应先经过传染病预检分诊。

诊查室可分为内科、外科、儿科等各科诊查室,可设为独立诊查室或多人联合诊室。联合诊室里每个诊疗单元间应有隔断,可两个诊疗单元共享一个诊察床。儿科急诊部宜单列,候诊区域、诊室及输液区域应相对独立。

输液室应由治疗室和输液间组成。可将输液间分 2~3 间,方便不同患者输液用。在晚夜间可以根据输液人数决定使用间数。可在输液室的治疗室与药房之间设直接药物传递通道,患者只要支付完费用就可以到输液室等待输液,既缩短了患者拿药等待的时间,也减少了工作人员反复核对的工作量。处置室宜靠近治疗室设置。

护士站应设置在中心位置并兼顾入口,确保到抢救室、输液室等区域距离最短。由于基层医疗机构工作人员相对较少,护士需要兼顾输液观察、抢救配合等,护士站宜以吧台形式设置且有不同方向出口。

急诊留观室可自成区域。平行排列的观察床间距不应小于 1.2 m,有隔帘的观察床间距不应小于 1.4 m,床沿与墙面的净距离不应小于 1 m。建议在观察室区域设置隔离观察室,并设立独立出入口。急诊患者留观时间原则上不超过 72 h。

抢救室应临近急诊分诊处并直通门厅,有条件的可设置直通急救车停车位,根据需要设置相应数量的抢救床,抢救室净使用面积应不少于 12 m²/床,推荐 18～20 m²/床。抢救室内应备有急救药品、器械及心肺复苏、监护等抢救设备,并应当具有必要时施行紧急外科处置(如气管切开术等)的功能。抢救室门净宽不应小于 1.4 m,应设有氧气、吸引等医疗气体管路系统终端。推荐在抢救室设置强排风区域或房间,用于进行危重症患者插管等有可能产生气溶胶的操作。如因面积有限无法设置,可在部分抢救区域安装带有伸缩软管的排烟罩(排烟机设置在室外),平日排烟罩悬挂在吊塔或墙面上方,有插管等操作时可拉下打开使用,让局部区域气流迅速排出,进一步减少气溶胶对抢救室空气的影响。疑似呼吸道传染病患者应安置在强排风区域。

急诊部重症监护病房应设置在抢救室附近,参照重症监护病房设置,辅助用房可与急诊部共用。

《急诊科建设与管理指南》中要求三级综合医院和有条件的二级综合医院应当设急诊手术室和急诊重症监护病房,但从实际运行情况来看操作性不强。不论是三级医院还是二级医院,急诊手术室利用率都较低,真正需要紧急手术的患者不多,如果工作人员排急诊手术班,工作量不稳定,易造成人力资源浪费。让急诊医生和护士来负责手术,手术时间段外科急诊诊疗工作无人承担。另外,麻醉师也难以做到随叫随到。手术麻醉师常在手术室统一排班,单独排急诊手术班会造成人员闲置,但若在手术部排班的同时排急诊手术班,则住院部急诊手术也列在其中,难以两地兼顾。所以,推荐急诊部设置清创室,由急诊医生负责小型清创;需要急诊手术及大型清创手术患者,通过最短运送路径、便捷入院手续、迅速到位手术人员等救治全流程"绿色通道",迅速到达手术室实施手术。二级医院及部分三级医院已经设置了综合重症监护病房,承担全院(包括急诊部)危重症患者救治工作。急诊重症监护病房床位少,患者入住率低,容易造成人力资源浪费,部分医院急诊重症监护病房成为等级医院评审时的摆设。推荐根据实际情况而定,对于急诊量大、创伤等急救患者多的医院,在急诊部设置急诊重症监护病房;而急诊量小、鲜有创伤患者的医院,综合重症监护病房能够满足危重症患者收治的需要,可在抢救室配备必要的监护设备用于危重症患者紧急救治,而不必常规设置急诊重症监护病房。

急诊部应光线明亮、通风良好,候诊区域宽敞,就诊流程便捷通畅,应有醒目路标以方便和引导患者就诊。

急诊部空气除了自然通风,还应有机械通风,应保证一定的新风量。对于大型医院的急诊部,实际新风量设计推荐至少应在理论设计要求的 1.5 倍以上,建议采用变频新风机组或设置备用新风机组。部分房间(抢救室强排风区域或房间、隔离观察室等)应增设排风机组,有需要时随时打开。急诊部推荐采用带消毒功能空调机组。

急诊部环境应根据人流量适当增加清洁消毒频次，并做到有血液、体液等可见污染时随时清洁消毒。

防护要求

非传染病流行期间，工作人员应穿工作服，戴医用口罩或外科口罩。进行如气管插管、吸痰、查看伤口等可能接触患者血液、体液的操作时，可加穿隔离衣，戴手套，戴防护面屏或护目镜。

在抢救室和监护室内，防护用品应随时随地可以拿取。预留通风良好或强排风区域及房间用于隔离疑似传染病患者也是重要防护手段。

在传染病流行期间，工作人员为病因不明的呼吸困难患者进行操作时应穿工作服加隔离衣，戴医用外科口罩，戴手套。进行如气管插管、吸痰等容易有体液喷溅的操作时，可戴防护面屏或护目镜；必要时加穿防护服。

第三节　住院部

住院部是患者住院接受诊疗的场所。可根据医院核定床位数来设置住院部。大型医院以科室为单位设置不同楼宇,如外科楼、内科楼、妇幼楼等,基层医院可设置一栋楼安置所有住院患者。外科楼(或邻近区域)宜设手术部、消毒供应中心,使手术患者及手术器械运送路线最短;住院部宜设医学影像科用于患者辅助检查。有条件的,住院部尽可能采用低楼层设计以减少垂直交通压力及能耗。如用地面积有限,住院部只能设置为高层,则应充分考虑垂直交通布局,工作人员、患者、清洁物品及餐车、污物等动线应做好规划。推荐消防楼梯入口能够与电梯厅相邻相通,去相近楼层可以步行。宜避免将大型会议室设置在高层楼宇顶层,以减少会议导致的垂直交通压力。

《综合医院建设标准》(建标 110—2021)和《中医医院建设标准》(建标 106—2021)规定:综合医院三层及三层以上医疗用房应设电梯且不得少于两部,其中一部应为无障碍电梯;病房楼应设污物电梯,污物电梯及供患者使用的电梯应采用病床梯。对于污物电梯的定义应重新审视,推荐未来定义为货梯,因为医疗废物、生活垃圾等污物均经过包装,且通过转运容器(转运推车、桶、整理箱等)运送。上述转运容器只要外表面保持清洁即可,无须强调其内容物的污染属性。转运容器分时段通过病房梯转运并不增加感控风险。应强调所有污物密闭包装转运,避免对环境造成影响。

住院部用于收治内外科、中医科等各科住院患者,一般以 40～50 张床位为一个病区设置,病区宜有门禁管理。病区宜分设工作人员出入口和患者出入口。如因建筑格局限制,无法分别设置出入口,可设置相对独立的工作人员更衣值班区域。病区分设诊疗区域和辅助区域,辅助区域包括生活辅助区和工作辅助区。

病区诊疗区域包括病房、护士站、抢救室、治疗准备室,外科病区设换药室,内科病区设治疗室(用于穿刺、置管、PICC 管换药等),中医科病区设中医特色治疗室,老年科病区宜设专用洗澡间等。

病房可设单间、双人间、三人间,不宜超过六人间。病床排列应平行于采光窗墙面,单排不宜超过三床,双排不宜超过六床。平行两床净距离不应小于 0.8 m,靠墙病床床沿与墙面净距离不应小于 0.6 m,单排病床通道净宽不应小于 1.1 m,双排病床通道净宽不宜小于 1.4 m。病房门应直接开向走廊,净宽不应小于 1.1 m,应设观察窗。病房应带有独立卫生间,设坐便器、淋浴设施、洗手台等,洗手台也可以设置在卫生间外面。卫生间应有良好排风设施。

应选择通风良好且人员走动较少的区域作为病区里的过渡病房,一旦发现有疑似传染病患者(不论是否确诊),应在第一时间将其转入过渡病房,减少对整个病区的影响。

护士站应设置在病区相对中心位置,且靠近治疗准备室和处置室。护士站距离最远的病房不宜超过 30 m。

治疗准备室用于配制和摆放静脉用药、各种无菌诊疗包、药品等,宜有冰箱摆放需冷藏的药品。治疗准备室可设洗手池,洗手池推荐设置在门附近,不宜设置在操作台中间,以避免洗手过程溅出的水滴污染操作台。治疗准备室不宜四周均安装操作台,应预留冰箱和摆放治疗车的位置。经常配制化疗药物的治疗准备室宜安装生物安全柜。

换药室或治疗室宜宽敞,摆放检查床一张、治疗台及物品柜,可设洗手池。中医特色治疗室应设置强排风,以迅速排出刺激性气体或烟雾。老年科病区专用洗澡间用于行动不便患者助浴,推荐设计为四周排水或栅栏式排水。

抢救室设置在护士站对面或附近,以方便抢救时工作人员配合和物品供应。

处置室设置在护士站附近,用于摆放和初步处理使用后医疗器械及物品,以及诊疗过程中产生的医疗废物(注射器、输液器等)。处置室应设水池。

工作辅助区包括医护办公室、教室、各类库房、污物存放间、保洁间、避难间(日常作为活动室)等。

医护办公室宜靠近护士站及病房。

库房设置应考虑各类物品存放,如无菌物品、清洁物品(含被服、行政办公用品、药品、大输液器材)等。应设置仪器室用于各种仪器设备存放,同时要配备多个电插座用于仪器充电。

污物间宜大于 8 m²,用于存放医疗废物、生活垃圾、脏被服等,污物应相对分区存放。如果面积有限,可将污物间和保洁间合并成一间,分干区、湿区存放。

保洁间主要用于保洁工具清洗、晾晒及存放。推荐医院集中清洗保洁工具,减少在病区清洗保洁工具。

避难间作为消防必备设施,日常可以作为活动室或用于晾晒及推床临时摆放等。

生活辅助区包括工作人员更衣室、卫生间、值班室、多功能室、患者配餐间(含开水供应处,设有热水供应水池用于餐具清洗,推荐摆放冰箱供患者存放食品)、公共卫生间等。

防护要求

非传染病流行期间,工作人员应穿工作服,戴医用口罩或外科口罩。在进行如气管插管、吸痰、查看伤口等可能接触患者血液、体液的操作时,可加穿隔离衣,戴手套,戴防护面屏或护目镜。

在传染病流行期间,工作人员为病因不明的呼吸困难患者进行操作时应穿工作服加隔离衣,戴医用外科口罩,戴手套。进行如气管插管、吸痰等容易有体液喷溅的操作时,可戴防护面屏或护目镜;必要时加穿防护服。

附　普通病区布局示意图(图 4-3-1)

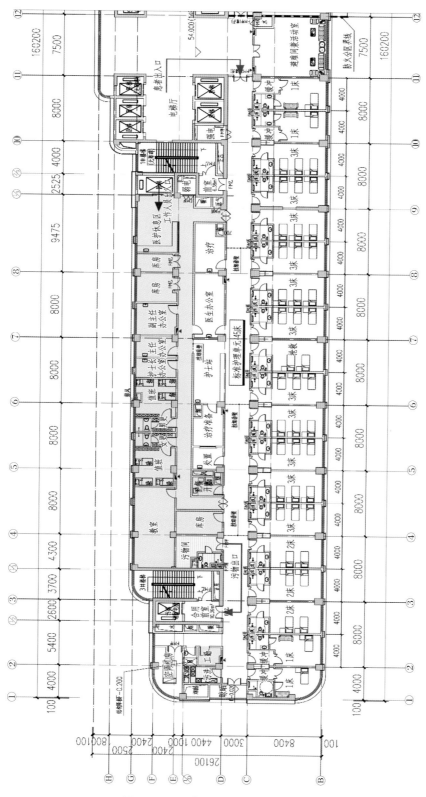

图 4-3-1　普通病区布局示意图

普通病区布局示意图说明：

该示意图为病房楼整个楼层的一半，两个病区对称分布。

黄色区域为诊疗区域，设置了 11 个三人间、3 个两人间、4 个单人间，设置了抢救室（抢救室设置两套设备带，有需要时可以收治患者），最多收治 45 名患者。设置了护士站、医生办公室、治疗准备室、处置室、治疗室/换药室、消防避难间（平日可作为活动室）。单人间设置了缓冲区域，为过渡病房使用提供了有利条件。

绿色区域为辅助区域，设置了工作人员更衣室、值班室、库房、教室、开水间等。

红色区域为污物存放及清洗区域，分设了污物间和污洗间。

注：

图 4-3-1 由南京回归建筑环境设计研究院有限公司协助完成。

第四节　日间病房

日间病房(ambulatory ward)起源于国外的新型治疗模式,即患者在当天入院和出院,当天手术或治疗,介于门急诊与住院之间的新型医疗模式。日间病房住院时间通常为 1 d,最长不超过 48 h。设立日间病房可以提高周转率及服务效率,同时还可以降低患者医疗费用支出,节约患者及其家属时间与精力。解决了百姓住院难、看病贵的困难,真正做到了双赢。

日间病房主要用于肿瘤患者化疗、日间手术患者手术及术后观察、儿童输液及观察等。日间病房的管理模式分为病区管理模式和独立日间病房管理模式两种。

病区管理模式:即病区内设数间病房作为日间病房收治患者,由该病区工作人员负责治疗及管理。日间病房布局同普通病区布局。

独立日间病房管理模式:日间病房独立设置在住院部以外,用于收治各科患者开展治疗、手术及其术后观察。部分医院配备日间病房主任和护士长,医护人员相对固定,专职负责独立日间病房治疗和观察,包括日间手术;部分医院仅配备护士长,护士相对固定,医生由各科室医生兼职协助其相关病种患者治疗处理;少数医院日间病房管理隶属于门急诊,仅配备护士完成日间病房患者治疗和观察,医生由门诊或急诊医生轮班。

日间病房患者病情相对较轻,手术也不大,但患者及家属流动性大,且患者来自不同科室,病房管理显得非常重要。推荐配备主任、护士长及相对固定的医护人员。

独立日间病房应设置在门急诊附近,宜与急诊留观室、门诊手术室相近,若设置在门诊区域,宜有相对独立区域及出入口,以便于晚夜间管理。通常设置为多人间,也可设单人间、双人间、三人间等,病房内宜有卫生间,设护士办公区、治疗准备室、库房、污物间等。应保持病房自然通风,自然通风不良应增加机械通风,应配备移动式紫外线灯等空气消毒机用于必要时消毒。可设置抢救室或在治疗室配备抢救车。

由于每天进出的患者多,应高度重视和严格执行患者身份识别。宜将内科、外科患者分开安置。不论是否处于传染病流行期,应对入住患者做好传染病预检识别,对于有咳嗽、发热症状的患者应询问呼吸道传染病流行病学史,尽可能将其安置在单人间或通风良好的房间。每位患者出院后均应做好终末消毒。

防护要求

非传染病流行期间,工作人员应穿工作服,戴医用口罩或外科口罩。在进行如气管插管、吸痰、查看伤口等可能接触患者血液、体液的操作时,可加穿隔离衣,戴手套,戴防护面屏或护目镜。

在传染病流行期间,工作人员为病因不明的呼吸困难患者进行操作时应穿工作服加隔离衣,戴医用外科口罩,戴手套。进行如气管插管、吸痰等容易有体液喷溅的操作时,可戴防护面屏或护目镜;必要时加穿防护服。

第五节　病理科

病理科是进行疾病诊断的重要科室,负责对取自人体的各种器官、组织、细胞、体液及分泌物等标本进行大体和显微镜观察,运用免疫组织化学、分子生物学、特殊染色以及电子显微镜等技术进行分析,并结合病人临床资料,做出疾病病理诊断。有条件的病理科应开展尸体病理检查。

病理科的诊断方式包括常规病理诊断、快速病理诊断、细胞组织病理诊断、分子病理诊断、免疫组化病理诊断等。

病理科以处理手术标本为主,标本有可能携带病原体,应做好接触隔离。在取材及脱水制片的过程中会接触到甲醛、二甲苯等挥发性化学物质,需要认真执行防护要求。同时,应做好大量病理性废物、化学性废物的存放及处理。

建筑布局

病理科用房应自成一区,宜与手术部有便捷联系。

病理科可根据所接触的污染物程度分区设置,设清洁区、半污染区和污染区。清洁区包括办公室、病理档案室、工作人员更衣室及休息室等辅助用房,教学医院应设教室。潜在污染区包括病理诊断室、会诊室等。污染区包括取材室、标本处理及制片室、免疫组织化学室和分子病理检测室、细胞穿刺室、快速冰冻切片病理检查与诊断室、洗涤室、标本存放室等。

取材室、标本处理及制片室应相对集中;应参照 P2 实验室要求设置(详见本书第三章第九节),并增加气流组织。应做好上述用房通风设计,确保室内空气质量符合 GB/T 18883—2022 要求,即空气中甲醛<0.08 mg/(m³ · h),室内空气中二甲苯含量<0.20 mg/(m³ · h)。推荐设排风立柱(立柱设置上部排风和下部排风,排风量分别是总排风量的 1/3 和 2/3),使室内排风更加彻底。推荐在排风机组中使用有害物质清除技术(如离子空气净化技术等)。取材台、排风柜应符合 JB/T 6412—1999 要求,工作面风速应达到 0.4～0.5 m/s,确保气流形成单向流迅速排出。另外,排风柜、取材台应选用表面光洁易清洗的材质,进一步减少有害物质残留。同时,应设置新风机来补充室内排风所导致的房间负压。新风机内胆材质应为 304 以上不锈钢,风机电机及支架应耐腐蚀,不产生铁锈。取材台宜带有甲醛回收装置。可在取材室设置冰柜存放取材后标本。取材室工作人员应穿工作服,戴口罩和手套,推荐加穿隔离衣和戴防护面屏或护目镜。标本处理及制片室应通风良好,工作人员应穿工作服,戴口罩和手套,二甲苯等化学废液收集桶可存放在该室。

快速冰冻切片病理检查与诊断室应设置在病理科或手术部。处理快速病理标本时应戴口罩和手套、防护面屏或护目镜，可加穿隔离衣。

细胞穿刺室设置在病理科或门诊诊室。应强调穿刺操作前洗手，同时，穿刺应在局部皮肤消毒剂消毒作用时间达到后进行（以采用碘伏消毒为例，应在消毒 2 min 后穿刺，而不是消毒后立即穿刺）。

分子病理室应按照 PCR 实验室（P2＋）标准设置（详见本书第三章第九节）。

有条件的医疗机构可设病理解剖室，推荐设置在太平间附近，病理解剖室宜与停尸房有内门直接相通。进行尸体解剖时应穿工作服加隔离衣，戴口罩、手套、防护面屏或护目镜。病理解剖室宜设更衣及淋浴室。

标本存放（医疗废物）室应通风良好，设置多个标本柜（箱）或冰柜，按照时间顺序存放病理性废物。化学性废物采用专用收集桶存放，可分区存放在该室。工作量小的病理科可以不设置此室，病理性废物存放柜存放在取材室，化学性废物桶存放在制片室。

可在病理科设置污物间，或与其他科室合用。用于生活垃圾存放、保洁工具清洗及存放等。

病理档案室由于存放有大量切片及蜡块，且切片需保存 15 年，蜡块需保存 30 年，应注意该室承重设计，可按照 1 500 kg/m² 标准进行承重设计（蜡块柜 1 000 kg/m²，切片柜 1 600 kg/m²）。病理档案室宜通风良好。

辅助区域应设工作人员更衣室、休息室、卫生间等辅助用房，教学医院应设教室。工作人员生活用品如水杯、餐具等不应出现在污染区及潜在污染区。

三级综合医院病理科宜设置接诊室或会诊室用于外院病理会诊。

附　病理科布局示意图(图4-5-1)

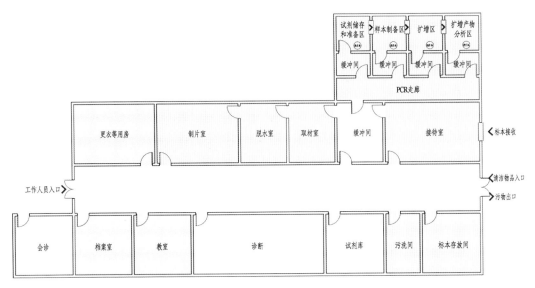

图4-5-1　病理科布局示意图

病理科布局示意图说明:

红色区域为污染区域,设置了接待室用于标本接收、报告发放及切片借阅等(注:报告发放也可采用自助报告机或手机推送等形式)。取材室和脱水室是直接接触标本的区域,也是含甲醛、二甲苯等化学物质较多的房间,应设强排风设施;取材室通过缓冲间与走廊相通;制片室虽不直接接触标本,也应做好通风;设标本存放间、污洗间。

蓝色区域为潜在污染区域,设诊断室、会诊室(并非必须设置)、试剂库房*等。

绿色区域为清洁区域,设置档案室**,档案室应有承重设计并通风良好,宜靠近会诊室方便调取切片;可设教室或多功能室用于会议、培训等。设工作人员更衣室、值班室等辅助用房。

取材室由于有挥发性化学物质,应做好通风,并设缓冲间,尽可能减少对病理科整个环境的影响。

对于病理科,无须强调不同通道的设置。应设置标本进入通道,可以设置工作人员进出通道,清洁物品与污物进出可以使用同一个通道。

设置PCR实验室,应设专用走廊,由走廊进入各自缓冲间,分设试剂存储及准备间、标本备制间、扩增间、产物分析间。

注:

*:试剂库房主要存放未使用的试剂,属于清洁区范围,但由于其主要用于污染区,从实用性考虑推荐设置在潜在污染区。

**档案室亦可以设置在潜在污染区。

(图4-5-1由南京回归建筑环境设计研究院有限公司协助完成。)

第六节 生殖医学中心

生殖医学中心是运用人类辅助生殖技术（ART）治疗不孕不育的场所。人类辅助生殖技术是指运用医学技术和方法对配子、合子、胚胎进行人工操作，以达到受孕目的的技术，分为人工授精和体外受精胚胎移植术及其各种衍生技术。随着人们生活水平的不断提升，越来越多的不孕不育者在生殖医学中心寻求帮助以达成心愿。

人工授精是指用人工方式将精液注入女性体内以取代性交途径使其妊娠的一种方法。根据精液来源的不同，可分为丈夫精液人工授精和供精人工授精两类。

体外受精胚胎移植术及其各种衍生技术是指从女性体内取出卵子，在器皿内培养后，加入经技术处理的精子，待卵子受精后，继续培养，到形成早期胚胎时再转移到子宫内着床，发育成胎儿直至分娩的技术。

设置生殖医学中心应报省行政主管部门审核，并经过国家卫生健康委批准。

生殖医学中心感控要点：患者手术安全，卵子、精子以及胚胎免受污染，工作人员职业安全等。

建筑布局

生殖医学中心应自成一区，其主要工作流程包括夫妻双方检查—取精取卵—精子卵子收集处理—受精—培养—保存—移植。应围绕上述流程配备用房：诊查室、B超室、取精室、取卵室、体外受精实验室、胚胎移植室、检查室、妇科内分泌（secretion）测定室、精子库。可单独设置或利用医技科室用房，以进行影像学检查、遗传学检查。

建筑布局中采用洁净技术的功能用房应相对集中，且应布局在中心区域，由中心向外，房间压力梯度逐级递减。需要采用洁净技术的功能用房包括取卵室、体外受精实验室（也称胚胎实验室）、胚胎移植室等。洁净级别依次从胚胎实验室5级（原称百级）实验操作控制台、6级（原称千级）胚胎实验室、7级（原称万级）取卵室、7级（原称万级）胚胎移植室、7级（原称万级）胚胎冷冻室、7级（原称万级）洗精室、8级（原称十万级）洁净走廊、8.5级（原称三十万级）取精室，最终到非净化区，逐级递减，压力梯度也逐级递减。洁净用房紧邻检查及术前准备室。门诊、术后复诊等检查及咨询用房可以在洁净用房附近设置或在其他地点（如门诊）设置。另外，工作人员更衣、淋浴、办公等辅助用房应一并设置。

体外受精实验室是人工生殖技术的关键所在，特别强调环境控制要求，除了满足空气洁净度要求外，还应满足化学与放射因子、气味控制和防振要求。其主要用于进行卵子收集、体外受精和胚胎培养，室内空间应符合洁净用房6级（原称千级）标准，实验操作控制台应到达5级(原称百级)净化标准。体外受精实验室设计尤其要考虑孵育箱和配子操作区合理布局,应尽量减少两个区域的距离,以缩短配子和胚胎在热台、孵育箱外暴露的时间,同时又要保证空间足够大,以免工作时冲突和干扰。体外受精实验室应设置缓冲间(部分缓冲间设置了风淋设备)。实验室内部墙面、地面和顶棚均要求整体性高,材料表面光滑。室内如出现阴角,需处理成圆角或斜角。该室空气洁净设备应独立设置。实验室温度应维持在23~25℃,并根据季节和气候变化对相对湿度进行控制,使相对湿度维持在40%以下。

取卵室和胚胎移植室应符合洁净手术室7级(原称万级)标准,其室内配置同手术室相近,配置的设备如无影灯、手术床、看片灯、医用气体供应接插口、空气净化设备控制板。取卵室应设传递窗与实验室相通,用于卵泡液和卵泡冲洗液递送;胚胎移植室应设传递窗与实验室相通,用于接收胚胎。两者均应设自动门用于患者及工作人员进出。

精液处理室(俗称洗精室)要求符合洁净用房7级(原称万级)标准,和取精室相邻并设传递窗用于接收取精室精液标本,配备显微镜和专用离心机等。同时,精液处理室与胚胎实验室之间应设传递窗,便于传送处理后的精液标本。

冷冻室要求符合洁净用房7级(原称万级)标准。用于精子、卵子和胚胎冷冻保存,配备程序降温仪、胚胎冻存罐、恒温水浴箱及某些必需小型仪器,与实验室之间有门相通。

防护要求

可以将生殖中心分为限制区、半限制区和非限制区。不同区域防护要求有所不同。

限制区(体外受精室、取卵室、胚胎移植室、冷冻室):应有最严格限制要求。工作人员应穿无菌隔离衣或洁净工作服,戴外科口罩(必须罩住口鼻),戴工作圆帽(如果洁净工作服自带帽子,则无须戴工作帽;必须罩住所有头发),换工作鞋;工作人员非必要不进入,且尽可能少走动和说话。

半限制区(洁净走廊、洗精室等):与限制区紧邻,有可能影响其空气及环境,应有一定限制要求。工作人员应穿洁净工作服或超细纤维清洁工作服或专用工作服,戴工作圆帽(如果工作服自带帽子,则无须戴工作帽;必须罩住所有头发),宜戴外科口罩,可换工作鞋。外来物品应去除外包装或做外表面消毒后进入该区。工作人员外出应加穿或者更换外出服。

非限制区(更衣室、卫生间、休息室、办公室等):其他不会对层流房间造成影响的场所。应着工作服,可换工作鞋。

附　生殖中心布局示意图(图4-6-1)

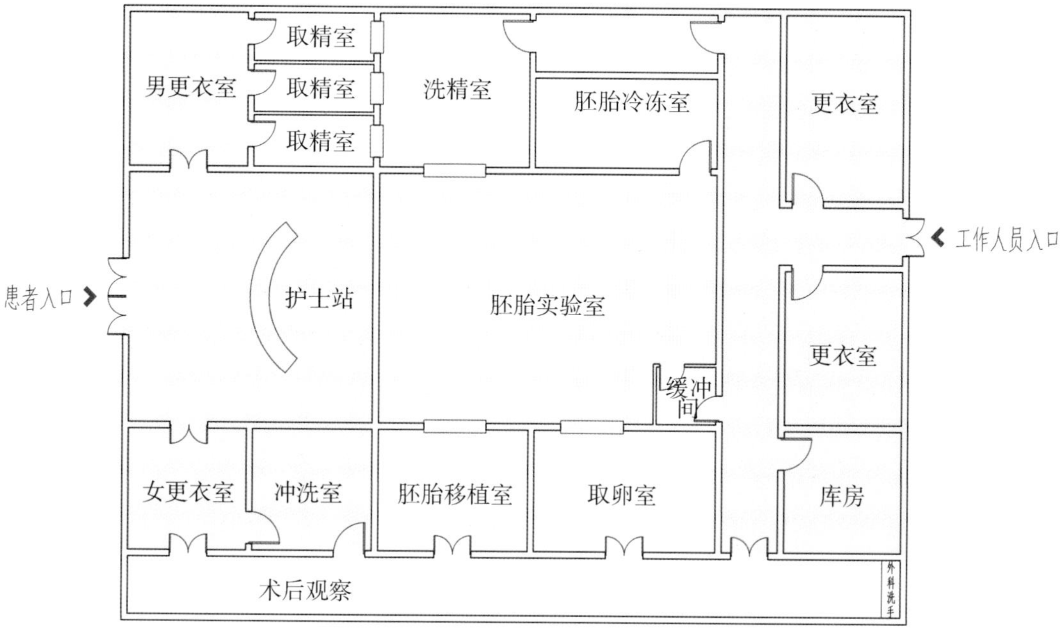

图4-6-1　生殖中心布局示意图

生殖中心布局实例图说明：

生殖中心设置工作区域和辅助区域：工作区域包括取卵室、体外受精实验室(也称胚胎实验室)、胚胎移植室、洗精室、取精室、检查及术前准备室等；辅助区域包括工作人员更衣室、淋浴间、办公室、库房等辅助用房。

红色区域为体外受精实验室，为千级洁净环境，局部百级洁净，与工作人员辅助区之间设有缓冲间。分别与取卵室、洗精室、胚胎移植室设传递窗用于精子、卵子、胚胎的传递，与胚胎冷冻室之间设门。

蓝色区域为万级洁净环境，设有取卵室、胚胎移植室、洗精室、胚胎冷冻室。取卵室与胚胎移植室按照手术室设置；洗精室与取精室之间设传递窗用于精子传递；洗精室和胚胎冷冻室按照洁净辅助用房设置。

黄色区域为洁净走廊，按照十万级洁净环境设置。分别通向取卵室、胚胎移植室、洗精室，走廊内设置外科洗手池。

绿色区域为辅助区域，包括工作人员更衣室、库房等；同时，设置患者准备区域(更衣室、冲洗室等)。

注：

该生殖中心与生殖门诊紧邻，共用污物间和保洁间，清洁用品医院集中清洗消毒，故未在其中设置相关区域。

图4-6-1由南京回归建筑环境设计研究院有限公司协助完成。

第五章

后勤保障及设施设备相关感控要求

第一节　医院废弃物存放地

医院每天产生大量废弃物,包括医疗废物、生活垃圾(又分为干性垃圾、湿性垃圾、有害垃圾、可回收垃圾四类),还有可回收的未被污染输液瓶(袋)以及各种外包装。应在院区主导风下风向设置医疗废物和生活垃圾收集及暂存用房,远离门急诊、医技和住院等用房,且附近应有出口以方便车辆进出。生活垃圾及医疗废物暂存地不建议设置在地下层,尤其是与地下停车场相通的地下室。

推荐将各类废物相对集中在一个区域存放(如图 5-1-1),区域内再划分为医疗废物存放地、生活废物存放地、可回收未被污染输液瓶(袋)存放地。《医疗卫生机构医疗废物管理办法》中要求医疗废物暂存地远离生活垃圾存放处,但医疗机构占地面积有限,如何划定两块既相互远离又与医疗区、人员活动区等远离,同时处于常年下风向的污染区域是个难题,要求两种垃圾存放地远离的目的是怕其混放造成医疗废物流失。推荐医疗废物由专人运送,形成闭环管理,确保医疗废物不流失。其重点在于加强管理,而不是彼此远离。

医院废弃物存放地污水应排入医院污水处理系统。

附　医院废弃物存放地示意图(图5-1-1)

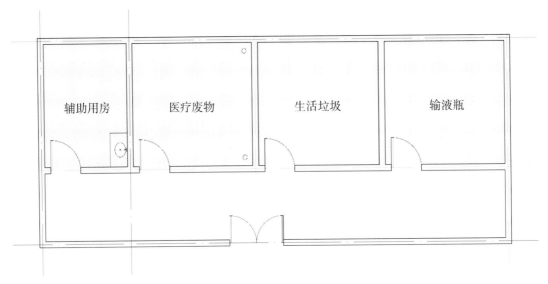

图 5-1-1　医院废弃物存放地示意图

医疗废物暂存地设置要求

　　我国 2003 年颁布了中华人民共和国卫生部令(第 36 号)《医疗卫生机构医疗废物管理办法》,对医疗废物收集、运送及暂存提出了明确要求。

　　远离医疗区、食品加工区、人员活动区和生活垃圾存放场所,方便医疗废物运送人员及运送工具、车辆出入;有严密封闭措施,设专(兼)职人员管理,防止非工作人员接触医疗废物;有防鼠、防蚊蝇、防蟑螂安全措施;防止渗漏和雨水冲刷;易于清洁和消毒;避免阳光直射;设有明显医疗废物警示标识和"禁止吸烟、饮食"警示标识。暂时贮存病理性废物的场所,应当具备低温贮存或者防腐条件。推荐在暂存地入口处设置地磅,解决进出称重问题。

　　近年来,行政主管部门在不断推进医疗废物管理信息化。临床科室各类医疗废物产生与交接、暂存地存放、与集中处置单位交接等环节均进行信息记录,并能汇总上报,整个医疗废物管理环节能够实时体现。对于信息化建设一定要以人为本,切不可唯领导要求是从;要充分考虑实际运行可操作性及成本,各科室医疗废物称重过程应简化,如采用自动计重收集车,通过云计算同时完成计重和记录,不宜采用现场称重、记录、打印、签字等多步操作信息化以免使医疗废物收集过程增加很多环节。医疗废物采用信息化可以对各个环节起到一定监督作用,但并非万能。如果管理跟不上,同样会有流失风险。应将更多注意力放在如何科学减少医疗废物量,如何将真正有害的废物进行收集和管理。

第二节　给水与排水系统

医院新建、扩建和改建时,应对院区范围内给水、排水工程进行统一规划设计。给水、排水管道不得从洁净室、强电和弱电机房以及重要医疗设备用房室内架空通过,必须通过时应采取防漏措施。

新建医院在水管铺设完成时应进行水压测试,应关注水压测试的合规性:给水管路冲洗必须用清洁水源;严禁取用污染水进行水压测试、冲洗;施工管路处于污染水域附近时,必须严格控制污染水进入管路以免造成管路污染。管路消毒在第一次冲洗之后,用有效氯离子含量>20 mg/L的清洁水浸泡24 h,再用清洁水进行第二次冲洗直至水质检测化验合格。整个测试过程一定要严格按照规范执行,切忌用污染水测试,以免导致整个给水系统污染,形成细菌生物被膜,为后续用水带来感染风险。

医院给水系统

包括生活用水给水系统、医疗用水给水系统、饮用水给水系统及消防用水给水系统。

医院生活用水加热器出水温度应大于60 ℃,以便有效控制军团菌生长繁殖,以免发生水源性感染。感染性疾病科给水管路应设置止回阀。

医疗及制剂用水(包括检验科、内镜室、血液净化室、口腔科、消毒供应、手术室等部门用水)应设置水处理系统,推荐就近设置水处理,以各自独立为宜,可采用全院统一安装的集中水处理系统。供水管路长的大医院,推荐在血液净化中心设二次水处理系统,进一步保障透析用水安全。

在手术室、消毒供应室、ICU等感控重点部门及公共场所推荐采用非手触式(如肘触式、脚踏式、感应式等)水龙头。

消防用水及其设施应符合消防相关要求。

医院污水系统

医院污水应进行源头控制和分离。医院宿舍区生活污水应直接排入城市污水排水管道,院区内普通生活污水可直接排入城市污水排水管道;医疗污水必须进行消毒处理;特殊医疗污水(如放射性废液)应单独收集,必须经预处理达到相应排放标准后方可与其他污水合并处理;传染病隔离病区污染区的污水经独立设置的管路进入预消毒池消毒后才能进入医疗机构污水处理系统。

医疗机构污水处理站选址应根据医疗机构总体规划、污水排放口位置、运输条件、环境卫生和管理维护要求等因素综合确定。医院污水处理构筑物位置宜设在医院建筑物当地夏季主导风向的下风向，推荐在医疗废物暂存地附近设置。医院污水处理设施应与病房、居民区等建筑物保持一定距离，并应设绿化防护带或隔离带；其周围应设围墙或封闭设施；应有交通、运输和水电条件，便于污水排放和污泥贮运。传染病医院及含有传染病房的综合医院污水处理站，其生产管理及生活辅助用房（如控制室、库房、值班室等）宜集中布置，应与污水处理区的建筑物严格隔离。

医院污水处理主要包括污水预处理、物化或生化处理和消毒三部分。为防止病原微生物二次污染，对污水处理过程中产生的污泥和废气也要进行处理。

预处理 医院污水进行预处理的目的是去除污水中的固体污物，调节水质、水量和合理消纳粪便，以利于后续处理。用于医院污水处理的化粪池主要有普通化粪池和沼气净化池两类。

预消毒池 预消毒的目的是降低污水中病原微生物的含量，以减少操作人员受到病原微生物感染的机会。普通综合医院可不设置预消毒池。传染病医院患者排泄物应进行预消毒后排入化粪池。隔离病区污染区的污水在进入污水处理系统前必须预消毒，预消毒池的接触时间不宜少于 0.5 h。常用的消毒剂有次氯酸钠、过氧乙酸和二氧化氯等，粪便消毒也可采用石灰。生化处理如采用加氯消毒的方法进行预消毒，则需进行脱氯，或采用臭氧进行预消毒。

污水处理系统中，格栅应设置在污水处理系统或水泵前，常与调节池合建。

调节池 调节池宜分为两组，每组容积按 50% 的水量计算。调节池应采用封闭结构，设排风口，防沉淀措施宜采用水下搅拌方式。调节池产生的污泥应定期清淘，与污水处理产生的污泥一同处理。

生物处理 采用生物处理，一方面可以降低水中污染物的浓度，以达到排放标准；另一方面可保障消毒效果。生物处理工艺主要有活性污泥法、生物接触氧化法、膜生物反应器技术、曝气生物滤池技术和简易生化处理等。

污水消毒是污水处理的重要工艺过程，其目的是杀灭污水中的各种致病菌。医院污水消毒常用的消毒工艺有氯（如氯气、二氧化氯、次氯酸钠）消毒、氧化剂（如臭氧、过氧乙酸）消毒、辐射（如紫外线、γ 射线）消毒。

应按国家现行标准配置 COD、氨氮、余氯、酸度计、溶解氧仪等测定仪表。传染病医疗污水检测应以在线自动检测仪检测为主，适当减少人为化验检测频次。水质取样应在污水处理工艺末端排放口或处理设施排出口取样。

水质监测指标包括理化指标、生物性污染指标两类。理化指标主要有：水温、pH、悬浮物（SS）、氨氮（NH_4^+-N）、化学需氧量（COD）、生化需氧量（BOD）和余氯等。理化监测指标取样频率为至少每 2 h 一次，取 24 h 混合样，以日均值计；pH、总余氯每日至少监测 2 次；总 α、总 β 放射性在衰变池排放前取样监测，每月监测不得少于 2 次。生物性污染主要包括细菌、病毒和寄生虫等污染。常以大肠菌群数作为生物性污染指标，粪大肠菌群数监测每月不得少于 1 次。

职业安全防护

　　所有操作和维修人员必须经过技术培训和生产实践,并持证上岗。同时,工作人员应经过职业安全防护知识培训。工作场所应配备手卫生设施。

　　工作人员应着工作服,取样时应戴口罩、手套。传染病医院(含带传染病房的综合性医院)位于室内的污水处理系统必须设有强制通风设备,并为工作人员配备隔离衣、手套、防护面罩、护目镜和防毒面具,以备必要时使用。

第三节 医用气体系统

医用气体系统包括氧气系统、压缩空气系统、负压吸引系统、笑气（一氧化二氮）系统、二氧化碳系统、氮气系统等。每个医用气体系统由气站、输气管路、监控报警装置和用气设备四部分组成。医用气体系统应确保系统运行的稳定及可靠性。

医用氧气系统将供氧站产生的氧气气源经过减压调节，通过管道输送到各个用气终端，在各个用气终端处设有快速插接的密封插座，插上用气设备（氧气湿化器、呼吸机等）即可供气。集中供氧系统主要用于医院病房、急救室、ICU 和手术室等处氧气供给。中心供氧站供氧方式可选用医用制氧机、液氧储罐及汇流排供氧三种方式之一，或其中两种方式组合。应在中心供氧站或值班室安装报警装置，当供氧压力超出使用压力上下限时，报警装置即启动，提醒有关人员采取相应措施。

新冠肺炎疫情救治对氧气需求量大，为了满足 ICU 等部门满员情况下高流量供氧的需要，多数医院增设了气源。所以，在新建中心供氧站时，推荐适当预留空间以备增添设备之用。

氧气使用终端配备了流量调节表、氧气湿化瓶和氧气管。氧气管应每人更换或有可见污染即刻更换。高流量给氧必须使用湿化瓶，湿化液应每天更换，应使用无菌水或纯化作湿化液，紧急情况下也可以采用冷开水作为湿化液。

真空负压吸引系统以真空泵机组作为负压源，通过真空泵抽吸使系统管路达到所需要负压值（保持在 $-0.02 \sim -0.07$ MPa），从而在手术室、抢救室和病房等终端处产生吸力，用于患者痰液、血液及分泌物等液体的吸引。

集中控制吸引器由真空泵、电磁阀、电气控制系统以及杀菌装置、真空缓冲罐、集污罐、分气缸、管路系统组成。

真空负压机房宜设置在地面建筑内，在条件有限时也可设于地下室，但负压机房不宜与正压空气机房设置为同一房间。真空泵常采用"一用一备"双机组配置，以确保全天候系统管路内压力低于环境压力。各管路内压力等实际运行数据宜实现远程监控以便于管理。

吸引中心真空泵排气口应位于室外，不应与医用空气进气口位于同一高度，且与建筑物门窗及其他开口距离不应少于 3 m；排气口应加装细菌过滤装置或消毒装置。如果排气口位于室内，应对室内空气进行消毒。

传染科应独立设置负压吸引管路。有条件的，可在传染科污染区设置独立负压吸引系统。

压缩空气系统主要为手术室、重症监护病房等区域医疗设备和口腔科治疗设备提供动力。压缩空气系统由压缩空气站、管道、压缩空气终端等组成。压缩空气站由空压机、储气罐、空气干燥器、三级过滤器及控制柜等组成。正压空气机房进气口位置应设置在远离医疗空气限定的污染物散发处的场所。当进气口设于室外时,应高于地面 5 m,且口须朝下并加保护网;进气口设于室内时,不得与医用真空汇流排设置在同一房间内。部分医院由于场地限制,不得不将正压空气机房与负压空气机房布置在同一个房间内,在此情况下应将空压机组的进气管延伸至室外或远离负压机组的地方,以避免在负压机组出现排气管意外漏气或进行机器检修时造成压缩空气源污染。推荐将空压设备的排气管直接通过风管引至室外或在机房与室外加轴流风机,以保障机房内温度相对稳定。

由于手术室和病房系统所用的压缩空气压力为 0.4～0.5 MPa,口腔科所用的压缩空气压力为 0.5～0.8 MPa,建议单独设计口腔中心压缩空气系统。或可在不同区域设计减压阀,根据实际需要调节压缩空气压力。

第四节　采暖、通风及空调系统

医院应根据其所在地区的气候条件、医院性质,以及部门、科室功能要求,确定在全院或局部实施采暖与通风、普通空调或净化空调。

采用散热器采暖时,应以热水为介质,且采暖供水温度不应大于 85 ℃;不应采用蒸汽供暖。散热器应便于清洗、消毒。洁净用房应采用板式或光管式散热器采暖,且应采取防护、防尘措施。

当采用自然通风时,中庭内不宜有遮挡物,当有遮挡物时宜辅之以机械排风。气候条件适合的地区可利用穿堂风,应保持清洁区域位于通风上风侧。

凡产生气味、水气和用于潮湿作业的用房(如中医艾灸室、卫生间等),应设机械排风。

空调系统应符合下列要求

应根据室内空调设计参数、医疗设备、卫生学、使用时间、空调负荷等要求合理分区;各功能区域宜单独成系统。各空调分区应能互相封闭。有洁净度要求的房间及严重污染房间应各自单独成一个系统。

采用集中空调系统的医疗用房送风量不宜低于 6 次/h。新风量每人不应低于 40 m^3/h,或新风量不应小于 2 次/h。经过经济和技术比较,对人员多的场所宜变新风量运行。

集中空调系统和风机盘管机组回风口必须设置初阻力小于 50 Pa、微生物一次通过率不大于 10%且颗粒物一次计重通过率不大于 5%的过滤设备。当室外可吸入颗粒物 PM_{10} 的年均值未超过现行国家标准《环境空气质量标准》(GB 3095—2012)中二类区适用的二级浓度限值时,新风采集口应至少设置粗效和中效两级过滤器;当室外 PM_{10} 的年均值超过年平均二级浓度限值时,应再增加一道高中效过滤器。

核医学检查室、放射治疗室、病理取材室、检验科、传染病病房等含有害微生物、有害气溶胶等污染物质场所的排风,应处理达标后排放。

没有特殊要求的排风机应设在排风管路末端,使整个管路为负压。

医院暖通空调(包括冷热源)应在保障诊疗与感染控制的前提下设计,按现行国家标准《公共建筑节能设计标准》(GB 50189—2015)有关规定执行。

医院空调系统分为舒适性空调和工艺性空调两种,舒适性空调普遍用于医院诊疗环境,如病房、门诊部、急诊部等,以维持舒适性室温。工艺性空调主要用于重点部门,除了维持舒适性室温以外,还有其他要求,如:手术室对温度湿度及空气洁净度都有要求,微生物实验室对温度、湿度及空气流向有要求。

舒适性空调运行及维护按照《公共场所集中空调通风系统卫生管理办法》2020 版要求执行,集中空调通风系统新风应直接来自室外,严禁从机房、楼道或天棚吊顶处间接吸取新风,新风口应远离建筑物排风口、开放式冷却塔和其他污染源,并设置防护网和初效过滤器。应具备应急关闭回风和新风设备、控制空调系统分区域运行装置、空气净化消毒装置、供风管系统清洗消毒用可开闭窗口等装置。应建立集中空调系统卫生档案,定期对集中空调系统进行检查、检测和维护:开放式冷却塔每年清洗不少于一次,空气净化过滤材料应每六个月清洗或更换一次,空气处理机组、表冷器、加热器及冷凝水盘每年清洗一次,检出嗜肺军团菌或风管内表面积尘量、细菌总数及真菌总数超标时应清洗相关部位风管及设备。

新冠疫情期间,有行政主管部门文件要求关闭所有集中式空调,只能使用全空气直流式空调。其实,应对使用集中空调进行利弊分析。现有证据已经证实新冠病毒以经呼吸道飞沫传播和接触传播为主要传播途径,在相对密闭环境中长时间暴露于高浓度气溶胶的情况下可发生较远距离传播。由于有回风存在,在收治新冠肺炎患者的房间有可能会有新冠病毒进入回风管路。国外也有研究发现在空调出风口采集到了新冠病毒核酸阳性样本,但核酸阳性是否就说明有传播风险还有待进一步研究证实。细菌通过自身分裂繁殖,而病毒的繁殖方式是复制,需要通过寄生进入生物活细胞,利用活体细胞里的营养物质来完成自身复制。空调系统中并无其复制所需的活体细胞存在,而且,集中式空调设置高压大风量风机,各种级别空气过滤器,同时,空气处理过程中的加热、加湿、冷却、除湿环节也是病毒难以承受的。另外,通风是减少气溶胶聚集的关键。所以,正常运行和维护的集中式空调能够有效降低新冠病毒感染风险,不必过多纠结回风关闭问题。应认真梳理集中空调系统,定期清洁或更换滤网、新风和排风口设置是否合理等,而不是强调所有集中空调都一律关闭。

工艺性空调主要用于对温度、湿度要求高,同时对排风或新风也有一定要求的诊疗环境,如手术室、病理科、ICU 等重点部门。工艺性空调分为恒温恒湿型空调、净化空调和降温型空调三种,前两种常用。应根据不同重点部门选择不同气流组织形式,手术室、移植病房、静脉用药调配中心等有一定空气洁净度的部门应选择工艺性空调,除满足温度、湿度要求外,还可通过不同层级过滤器净化空气。气流常采用"上送下回"形式,手术室为顶送风、双侧排风,移植病房、静脉用药调配中心为顶送风、单侧排风。微生物实验室关注重点是排风处理,送风应经过初效及中效过滤,排风应经过高效过滤或消毒,且尽可能采用下回风。病理科采用立柱式排风使空间排风无死角。ICU、新生儿室等宜采用"上送下回"形式。感染性疾病科病房采用顶送风、床头侧回风,负压隔离病房为全空气直流式空调。

对于全空气直流式空调也应一分为二来看:从理论上讲,它符合防控要求,所有空气没有循环利用,进入房间后全部直接排出;但就实际操作性而言,它能耗极大,机组难以长时间超负荷运转,鲜有医院能够满足此运行条件。同时,有无必要也是值得研究的课题。因为,收治相同病种呼吸道传染病患者,病房内空气循环利用并不增加新感染风险,而进入污染区的工作人员均采取了呼吸道防护措施。分别设置清洁区、潜在污染区和污染区通风系统,确保气流由清洁区向潜在污染区到污染区即可,无须强调全新风直流。另外,排风应经过高效过滤的要求是否可行也是值得研究课题。排风系统安装高效过滤器的初衷是过滤掉空气里的病原体,使排出的空气安全性得到保证。理论上讲很好,但实际应用中存在很多问题,因为高效过滤器本身并无杀菌功能,只是起到阻隔作用,而且,安装高效过滤器会导致气流阻力明显增加,随着使用时间的延长,阻力会越来越大。高效过滤器应安装在什么位置合适?每收治一名传染病患者就更换高效过滤器吗?或多长时间需要更换?由谁更换?在实际工作中,推荐在病房排风口安装可清洗消毒的初效过滤网,患者出院后清洗消毒该过滤网,在排风口内或附近安装消毒装置来解决排风消毒问题,而不是安装高效过滤器。

在对于环境清洁度要求高的场所如生殖中心胚胎培养室、静脉用药调配中心、手术室等,洁净技术的使用已经十分广泛,为医疗安全发挥了积极作用。但随着"医院感染零容忍"概念的提出,洁净技术被越来越广泛地应用于临床,重症监护病房、产房、感染科病房,甚至普通护理单元也在推广应用洁净技术来处理空气。必须认识到,由空气导致的医院感染微乎其微,这些广泛应用的洁净技术所能发挥的实际感控作用非常有限,而医院建设成本和运行成本却增加了很多。在未来,我们每个人(包括医务人员、建筑设计者、洁净设备生产者)都可能成为患者,都要为洁净设备运行带来高医疗成本买单。应对"医院感染零容忍"概念做出注解,对于医疗过失及违规操作导致的医院感染应该零容忍,而不是所有医院感染都不能发生。科学感控是我们的目标,但不需要将所有想当然的感控措施都做到极致,必须考虑感控措施的实际价值及性价比。空气质量导致的医院感染并不常见,是否有必要在临床广泛使用洁净技术是一个值得探讨的问题。

常见问答

❶ 中央空调系统应如何分类?

答 中央空调系统由主机和末段系统组成,按负担室内热湿负荷所用的介质可分为全空气系统、全水系统、空气-水系统、冷剂系统;按空气处理设备的集中程度可分为集中式系统和半集中式系统;按被处理空气来源可分为封闭式系统、直流式系统、混合式(一次回风式、二次回风式)系统。

❷ 什么是全空气中央空调?

答 室内热、湿负荷全部由集中处置过的空气来承担空调系统称为全空气空调系统。其中,空气可以全部来自室外(全新风系统),也可以采用一部分局部新风加一部分回风。由于空气的比热容小,系统占据的建筑空间大,能耗较大,但是能保证室内空气品质。

❸ 什么是空气-水系统中央空调?

答 中央空调房间热、湿负荷由集中处置过的空气与水共同承担。由于水的比热比空气大,空气-水系统所占用的建筑空间小于全空气空调系统。其中,中央空调冷却塔是开放式结构,灰尘、脏物、雨水等不可避免地进入其中,系统容易产生污垢、腐蚀等问题。水过滤器要定期清洗,以防杂物进入冷凝器造成管路堵塞。冷却水最好使用软化水,并对水质进行定期监测,若发现水质超标,须更换系统冷却水,并按要求添加适量除垢剂、缓蚀剂和除藻剂等。

❹ 什么是 VRV 系统?

答 VRV(variable refrigerant volume)空调系统即变制冷剂流量多联式空调系统(简称多联机),是通过控制压缩机制冷剂循环量和进入室内换热器的制冷剂流量,适时满足室内冷、热负荷要求的直接蒸发式制冷系统。VRV 系统由室外机、室内机和冷媒配管三部分组成。一台室外机通过冷媒配管连接到多台室内机,根据室内机电脑板反馈的信号,控制其向内机输送的制冷剂流量和状态,从而满足不同空间的冷热输出要求。该类空调节能高效,但需注意新风和排风设计问题。

❺ 什么是全空气直流空调?

答 空气全部来自室外(全新风系统),且经过房间没有回风全部直接排出,室内的热、湿负荷全部由集中处置过的空气来承担的空调系统称为全空气直流空调系统。这样的空调最大程度地确保了房间空气安全,但也存在其主机占用空间大、能耗极大的弊端。

❻ 作为感控人,应关注医院空调系统哪些方面?

答 首先应了解医院空调系统的基本布局和空调类别。对于舒适性空调,可以按照公共场所中央空调管理;对工艺性空调应进行重点监督管理。工艺性空调主要用于重点部门。这些部门有的强调温度、湿度控制,如新生儿室、ICU 等;有的强调排风及其处理,如病理科、微生物实验室等;有的既强调温度、湿度控制,又有洁净度要求,如手术室、移植病房等。以手术室为例,除了要监测手术室空气质量,还应关注洁净设备运行维护情况,如新风过滤网是否已按照要求清洗、手术室回风口是否有遮挡等。

第五节　洗衣房

采用社会化服务是大多数医院选择的医用织物处理方式,但社会化服务机构的工作质量也需要监督管理,推荐采用书面协议的形式来明确社会化服务机构对感染预防与控制措施的执行要求。偏远基层医疗机构由于缺乏社会化服务条件,应设置洗衣房。

按照国家《医院医用织物洗涤消毒技术规范》(WS/T 508—2016)要求,医院洗衣房应独立设置,远离诊疗区域,周围环境应卫生、整洁。

医院洗衣房建筑布局要求

设有两区(污染区和清洁区)、两车(污车,即回收车;洁车,即下送车)、三通道(工作人员通道、织物接收与发放通道)。

污染区(宜采用粉红色标记)内设有医用织物接收与分拣间、洗涤消毒间、污车存放处和更衣(缓冲)间等。

清洁区(宜采用浅绿色或浅蓝色标记)内设置烘干间,熨烫、修补、折叠间,储存与发放间、洁车存放处及更衣(缓冲)间等。

污染区和清洁区之间应有完全隔离屏障(两区之间设置的全封闭式、实质性隔断)。

室内地面、墙面和工作台面应坚固、平整、不起尘,便于清洁,装饰材料应环保、防水、防霉、耐腐蚀、耐高温。

各区域应通风、采光良好。

污染区及缓冲间应设洗手设施,宜采用非手触式水龙头开关。污染区内宜安装空气消毒设施如可移动紫外线杀菌灯(兼用于物体表面消毒)或循环风紫外线空气消毒器。

感控要求

污染区脏污织物应遵循先洗涤后消毒的原则,根据污染程度、性质分机或分批次清洗消毒;新生儿、婴儿医用织物应专机洗涤消毒,不得与其他医用物织混合洗涤;手术室织物应单独洗涤;抹布、拖布应单独洗涤。尽可能选择热洗涤方法。

应设传染病织物独立清洗设备;不推荐设置固定预消毒浸泡池;感染性织物不宜手工洗涤,宜选择专机洗涤消毒;首选热洗涤方式,宜使用卫生隔离式洗涤设备;机器洗涤消毒时,可采用洗涤和消毒同步程序(洗涤消毒 A_0 值应>600,如 75 ℃、30 min 或 80 ℃、10 min 等);盛装感染性织物的水溶性包装袋应在密闭状态下直接投入洗涤设备。

清洁区织物存放应注意避免再次污染。

每天工作结束后，应对工作区域，特别是有效消毒剂对污染区台面、地面进行擦拭、拖地。工作区域应保持良好通风，必要时进行空气消毒。

防护要求

污染区工作人员应遵循标准预防的原则，穿工作服，戴圆帽、口罩、手套、防水围裙和胶鞋，可根据需要加穿隔离衣。

清洁区工作人员应穿工作服、工作鞋，并保持手卫生。在污染区使用的个人防护用品不应与清洁区交叉使用。

附　医院洗衣房布局示意图（图 5-5-1）

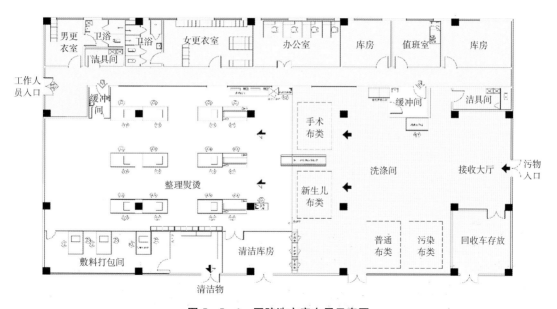

图 5-5-1　医院洗衣房布局示意图

第六节 医院物流传输系统

医院正常运行需要传送大量物品，包括药品、无菌包、患者床上用品及病员服、检查标本、餐食、行政办公用品，还有生活垃圾、医疗废物、污染被服等各类污染物品。大多数医院物流传输采用的是"工作人员＋推车＋电梯"方式，时常发生人为差错，而且有人力耗费多及电梯占用时间长等弊端，故物流传输一直是医院后勤管理的难题。近年来，随着科学技术的不断发展，医院采用的物流传输系统越来越多，其使用范围也越来越广。

物流传输系统是指借助信息技术、光电技术、机械传动等一系列技术和设施，在设定区域内自动运输物品的传输系统。它包括气动物流传输系统、轨道式物流传输系统、AGV 自动导引车传输系统等种类。

各物流传输系统的作用原理、组成、功能、运输的物品重量和体积等均有很大不同。医院物流传输系统还包括全自动或半自动药房、自动包药机、全自动库房、全自动检验标本分拣流水线、无人载货电梯、污物收集系统等物流系统。

气动物流传输系统以压缩空气为动力，借助机电技术和计算机控制技术，通过网络管理和全程监控，将各科病区护士站、手术部、中心药房、检验科等各工作点用传输管道连为一体，在气流推动下，通过专用管道实现药品、病历、标本等各种可装入传输瓶的小型物品的站点间智能双向点对点传输，是医院广泛使用的物流传输系统。气动物流传输系统一般用于运输相对重量轻、体积小的物品，它的应用可以解决医院主要的并且大量而琐碎的物流传输问题。

应关注传输瓶的密闭性和传输速度，原则上不用于血制品传递。因为传输血浆等血制品应选择低速，传输速度一般为 2.5～3 m/s，但大多数医院采用高速传输；另外，血制品运送有当面交接的要求，通过物流难以实现。

气动物流系统还有垃圾、污被服专用收集、传输系统。收集污染物品一定要有合适的收集容器，且容器为可清洗消毒材质。由于开放式收集管路清洗消毒难以实现或需高成本，反对采用开放式收集传输系统用于收集垃圾或污被服。

轨道式物流传输系统是指在专用轨道上，通过计算机控制下的智能轨道载物小车或箱式容器传输物品的系统。该系统可以用来装载重量相对较重和体积较大物品，如输液、批量检验标本、供应室物品等。该系统相对传输速度较慢，造价较高。应关注运输血、尿标本以及各种病理标本时容器在实际运行中密闭问题，部分系统还要考虑到标本可能会因振荡和翻转而泼洒，需配置陀螺装置(gyro)，使陀螺装置内的物品在传输过程中始终保持垂直瓶口向上状态，保证容器内液体不振荡和翻转。另外，系统应具有故障自动诊断、自动排除功能和故障恢复能力。与此类似的还有高架悬吊式物流传输系统。推荐将传输终端设置在护士站附近而不是治疗准备室里。

自动导引车传输系统(AGVS)又称无轨柔性传输系统、自动导车载物系统，是指在计算机和无线局域网络控制下无人驾驶自动导引运输车，经磁、激光等导向装置引导而沿程序设定路径运行并停靠到指定地点，完成一系列物品移载、搬运等作业功能，从而实现医院物品传输的系统。该系统主要用于取代劳动密集型手推车，运送病人餐食、衣物、医院垃圾，批量供应室消毒物品等，能实现楼宇间和楼层间传送。这种传输方式线路灵活，兼容各种传输容器，将是医院未来物流传输发展的方向。与其他输送方式相比，该系统初期投资较大。

第七节　临床营养科及膳食科

临床营养科是医疗机构内独立开展临床营养诊疗服务的临床科室,其主要工作内容有:患者营养筛查与评估、营养诊断及治疗、营养宣教实施与监督;按需提供医疗膳食、肠内、肠外营养建议或处方,特别是为特殊、疑难、危重及大手术患者提供营养处方。有条件的医疗机构可开设临床营养科病房,为患有营养失调病、营养代谢障碍等疾病的住院患者提供临床营养诊疗服务。

营养是常被人们忽略的抗感染利器,充足的蛋白质摄入是人体免疫力提高的基础。临床营养科的专业工作可以使患者抗感染达到事半功倍作用。临床营养科不但负责营养评估,还负责营养处方开具和实施。临床营养科除了有门诊诊室、办公室,还需要有肠内营养液配制场所。感控风险点主要在于肠内营养配制场所。应对具体操作人员进行培训和监督指导。

临床营养科建筑布局要求

应设置诊室、科室办公室、肠内营养配制室及库房。

大型医院临床营养科常独立设置,诊室通常设在门诊,科室办公室及肠内营养配制室根据情况设置在门诊部或者住院部;小型医院临床营养科常与膳食科合署办公,在膳食科内设置肠内营养配制室。

独立设置的肠内营养配制室应设置清洗间、配制间、库房等。清洗间主要用于原材料、配制工具及容器清洗、消毒,推荐设置小型电开水器,采用开水消毒配制工具及容器。配制间应保持清洁,每次操作前应清洁台面,操作结束应做好所有物体表面(含地面)清洁消毒。配制间可设外窗,宜有防蚊蝇设施,配制操作时应关闭外窗,操作结束后可以开窗通风,也可以设置空气消毒机在配制操作开始前 1 h 开机工作。

在膳食科内肠内营养配制室应设置配制间,由专人负责配制工作;清洗间及库房可与膳食科共用。工具及容器可以采用蒸汽消毒等方法。

医院膳食科是医院为工作人员、患者及家属提供餐饮服务的部门,所提供的服务通常包括职工餐饮、患者餐饮、对外服务三大方面,三方面设置应根据医院情况而定,可分可合,应关注食材准备、清洗、加工、存放、餐具清洗消毒等全过程管理。

膳食科应远离感染性疾病科、医疗废物暂存地等污染环境。应交通便利,与住院部之间应有无障碍通道用于餐车通过。应设食材接收及存放、清洗及备制、烧制、分装、装载、餐具餐车清洗消毒等区域。应关注生熟分开处理、餐具清洗消毒、冰箱物品存放等容易引发食物中毒的环节。

参考文献

［1］中华人民共和国住房和城乡建设部.综合医院建筑设计规范:GB 51039－2014［S］.北京:中国计划出版社,2015.

［2］中华人民共和国住房和城乡建设部.传染病医院建筑设计规范:GB 50847－2014［S］.北京:中国计划出版社,2014.

［3］中华人民共和国住房和城乡建设部.医院洁净手术部建筑技术规范:GB 50333－2013［S］.北京:中国计划出版社,2014.

［4］中华人民共和国住房和城乡建设部.生物安全实验室建筑技术规范:GB 50346－2011［S］.北京:中国建筑工业出版社,2012.

［5］病原微生物实验室生物安全管理条例［EB/OL］.［2019－01－增刊］.http://www.gov.cn/gongbao/content/2019/content_5468882.htm.

［6］医疗废物管理条例［EB/OL］.［2003－03－28］.http://www.nhc.gov.cn/wjw/flfg/200804/31d39591e46447cab6fa9e3884c9aa26.shtml.

［7］中华人民共和国卫生部.医院隔离技术规范:WS/T 311－2009［S］.北京:中国标准出版社,2009.

［8］中华人民共和国卫生部.医院空气净化管理规范:WS/T 368－2012［S］.北京:中国标准出版社,2012.

［9］国家卫生和计划生育委员会.经空气传播疾病医院感染预防与控制规范:WS/T 511－2016［S］.北京:中国标准出版社,2017.

［10］中华人民共和国国家卫生健康委员会.医院消毒供应中心第1部分:管理规范:WS/T310.1－2016［S］.北京:中国标准出版社,2017.

［11］中华人民共和国国家卫生健康委员会.医院消毒供应中心第2部分:清洗消毒与灭菌技术操作规范:WS 310.2－2016［S］.北京:中国标准出版社,2017.

［12］中华人民共和国国家卫生健康委员会.医院消毒供应中心第3部分:清洗消毒及灭菌效果监测标准:WS/T 310.3－2016［S］.北京:中国标准出版社,2017.

［13］中华人民共和国国家卫生健康委员会.重症监护病房医院感染预防与控制规范:WS/T 650－2019［S］.北京:中国标准出版社,2019.

［14］国家卫生和计划生育委员会.医院医用织物洗涤消毒技术规范:WS/T 508－2016［S］.北京:中国标准出版社,2017.

［15］国家卫生和计划生育委员会.医疗机构环境表面清洁与消毒管理规范：WS/T 512－2016［S］.北京：中国标准出版社，2017.

［16］国家卫生和计划生育委员会.软式内镜清洗消毒技术规范：WS/T 507－2016［S］.北京：中国标准出版社，2017.

［17］国家卫生和计划生育委员会.口腔器械消毒灭菌技术操作规范：WS/T 506－2016［S］.北京：中国标准出版社，2017.

［18］国家卫生健康委规划司关于征求医疗机构污水处理工程技术标准（征求意见稿）意见的函［EB/OL］.［2021－03－08］.http://www.nhc.gov.cn/guihuaxxs/gw1/202103/8f2ff50c88194fdf90773db43fec68af.shtml.

［19］郭彩玲，王凌云.白血病患者造血干细胞移植术后感染调查及其危险因素［J］.昆明医科大学学报，2020，41(3)：57－61.

［20］马蕾，钟沂芮，刘林，等.造血干细胞移植后侵袭性真菌病临床特点及危险因素分析［J］.第三军医大学学报，2020，42(17)：1735－1742.

［21］姜亦虹.医院感染相关监测实用手册［M］.南京：东南大学出版社，2019.

［22］赖震，周珏，单永新.医院空调系统规划与管理［M］.南京：东南大学出版社，2021.

［23］Mueller J T，Karimi S，Poterack K A，et al. Surgical mask covering of N95 filtering facepiece respirators：The risk of increased leakage［J］. Infection Control and Hospital Epidemiology，2021，42(5)：627－628.

［24］Drake C T，Goldman E，Nichols R L，et al. Environmental air and airborne infections［J］. Annals of Surgery，1977，185(2)：219－223.

我们是感控人，是懂"感染、知"管理、善"思考"的

专业人员。科学感控是我们追求的目标。

感控人是临床的合作伙伴，应将服务理念融入临督

工作，对待临床总是去提醒，经常是帮助，偶尔用批评。

建筑布局的感控审核，应做到心存善念，换位思

考。布局不仅要符合国家相关规范及标准，更要做

到科学合理，方便实用。[印章]